커피가 죄가 되지 않는
101가지 이유

An Unashamed Defense of Coffee:
101 Reasons To Drink Coffee Without Guilt

by

Roseane M. Santos, M.Sc., Ph.D.
Darcy R. Lima, M.D., Ph.D†.

커피가 죄가 되지 않는
101가지 이유

로잔느 산토스 박사,
다르시 리마 박사 지음

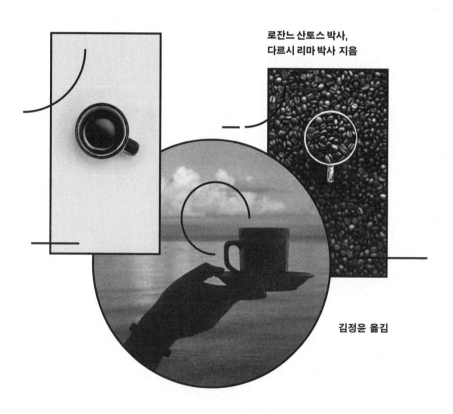

김정윤 옮김

가갸날

모닝커피를 마시는 순간 하루의 기분이 결정된다. 맛과 향이 풍부한 훌륭한 커피는 정신을 맑게 해주고, 영혼을 달래준다. 자신감도 북돋워준다. 하지만 밍밍하고 쓴 커피는 하루 종일 기분을 우울하게 만든다. 10억 명이 넘는 사람이 하루일과를 커피와 함께 시작한다. 커피는 물 다음으로 인류가 많이 마시는 음료다. 또한 커피 산업은 세계 경제에서 원유 다음 자리를 차지하는 큰 산업이다.

하지만 대부분의 사람들은 마음 편히 커피를 즐기지 못한다. 커피에 카페인이 들어 있어 몸에 나쁘다고 생각하기 때문이다. 그러나 커피는 카페인반 함유하고 있는 게 아니다. 항산화 물질, 무기물, 니아신, 락톤 같은 건강에 이로운 생리활성 화합물 역시 커피의 주요한 성분이다. 이 책은 커피를 둘러싼 세간의 오해를 바로잡고, 오히려 커피가 건강에 유익하다는 것을 증명하기 위해 집필되었다. 적정량의 커피를 꾸준히 마시면 숱한 질병을 예방할 수 있다. 지난 20년간 커피의 효능을 입증하는 방대한 연구가 실시되었지만, 일반 대중들은 그 내용을 잘 모른다. 대중이 접근하기 어려운 전문지에 실렸기 때문이다. 커피 애호가들이 이 책을 즐겼으면 좋겠다. 모두가 이해할 수 있는 방식으로 학계의 연구 성과를 집약해 보여주고 있으니.

커피는 인류 역사에서 경제적 사회적 생리학적으로 매우 중요한 역할을 해왔다. 베토벤, 쇼팽, 바흐, 바이런, 볼테르, 발자크, 괴테, 헤밍웨이, 카사노바, 나폴레옹 같은 역사적 인물들의 커피 사랑은 유별났다. 우리와 동시대를 사는 빌 게이츠 같은 혁신가와 대중 스타들의 커피 사랑도 그에 못지않다. 사람들이 커피를 마시는 이유는 갖가지다. 카페에 들르는 사람들은 저마다 스페셜티 커피나 더블 에스프레소, 카페라떼처럼 자신의 취향에 맞는 커피를 주문한다. 커피의 생리를 잘 알수록 그 오묘한 맛에 더 깊이 빠져들 수 있다.

이 책은 만인이 사랑하는 음료, 커피의 세계로 독자를 초대하는 탐구서다. 커피의 세계에 새롭게 눈 뜰 수 있기를 기대한다.

머리말

독자 여러분 자신의 만족을 위해 이 머리말을 읽을 것을 요청하노니,
여러분이 즐거우면 나 또한 즐거울 것이오.

— 프란치스코 살레시오

이 책은 자신 있게 커피를 변호하는 사상 최초의 책이다. 우리는 강한 확신과 설득력 있는 논리로 커피를 옹호할 것이다. 그동안 커피에 가해진 비판은 너무도 부당한 것이었다. 법정에 선 가까운 친구를 변호하듯, 우리는 열정을 다할 것이다. 공저자인 우리 두 사람 모두 커피광이다. 세상에는 우리 외에도 커피광이 많을 것이다. 사람은 많은 것을 논쟁하고 토론하기보다 한 가지 믿음으로 살아간다. 수 세기 동안 부당한 처우를 받아왔지만, 커피는 이제 당당히 변호 받을 권리가 있다. 논란은 어리석은 자와 지혜로운 자를 평준화시킨다. 어리석은 자라고 그것을 모르지 않기에, 끝없이 논쟁을 유발하는 것이다. 인류가 처음 커피를 마시기 시작한 때부터, 커피는 일과 놀이 전역에 걸쳐 사회 관습을 변화시켜왔다. 일을 잠깐 쉬며 커피를 마시는

휴식시간coffee break은 이제 현대인들의 중요한 문화가 되었다.

놀라울 만큼 많은 새로운 연구가 커피를 알맞게 마시면 더욱 건강히 오래 살 수 있다는 것을 알려준다. 정크푸드와 탄산음료는 비만, 당뇨, 치주질환, 심장질환을 유발한다. 커피 애호가는 커피를 전혀 마시지 않거나 정크푸드 혹은 탄산음료를 즐기는 사람에 비해 사망률이 낮다. 우리 모두가 따뜻한 커피를 휴대하고 다닌다면, 세상이 더욱 아름다운 곳으로 변할지도 모르겠다. 물론 커피가 모든 문제를 해결해주지는 않겠지만, 분명한 효과를 장담한다.

매일 커피를 마시면 우울증, 자살, 알코올 중독, 간경화, 성인 비만, 파킨슨병, 알츠하이머병, 통풍 같은 병을 예방할 수 있다. 현대 과학의 축적된 정보가 이를 증명한다. 또한 커피는 집중력과 기억력 향상에 도움이 되며, 항산화 물질이 유리기를 잡아주는 역할을 해 건강한 세포를 유지시켜준다. 직장암, 간암, 유방암, 자궁암, 피부암 예방에도 효과가 있다. 잘 로스팅한 커피에는 심혈관계를 보호하는 성분이 생성된다. 지구력 향상, 비만 예방, 충치 예방, 기관지천식 증상의 완화에도 도움이 된다. 맑은 정신을 유지해야 하는 운전자와 학생들에게 커피의 효과는 인공 음료에 비할 바가 아니다. 커피 재배부터 시작해 따뜻한 커피 한 잔을 추출하는 일에 이르기까지 커피 산업의 전 과정에 종사하는 사람이 세계 인구의 10퍼센트나 된다. 세상에서 가장 중요한 작물의 하나가 커피다.

카페인은 커피에 함유된 다양한 생리활성 화합물 가운데 아주 작은 부분일 뿐이다. 잘 로스팅한 커피 원두에는 항산화 물질인 클로로겐산, 로스팅 과정에서 클로로겐산이 분해되어 생성되는 강력한 락톤, 비타민 PP, 그리고 인, 철분, 아연 같은 무기물이 다량 들어 있다. 커피 한 잔을 마실 때 섭취하는 카페인의 양은 커피 품종에 따라 다르다. 아라비카종에는 1퍼센트, 로부스타종에는 2퍼센트 정도의 카페인이 들어 있다.

커피는 또한 특유의 감미로운 향을 풍기는 수천 종류의 휘발성 물질을 함유하고 있다. 후각은 대부분의 동물에게 생사의 문제다. 우리 인간에게도 냄새를 감별하고, 좋은 레스토랑이며 카페 등지를 탐지하는 유용한 감각이다. 후각은 기억을 떠올리고, 상처를 치유해준다. 그런데 커피 향은 더욱 놀라운 작용을 한다. 대뇌 변연계의 보상중추를 자극해 강력한 생물학적 힘을 발휘하게 하는 것이다. 사회성과 우정을 증진시키는 보상 시스템에도 영향을 미친다. 그래서일까. 독특한 사교 음료인 커피는 지나가던 행인도 카페로 인도해 잊지 못할 추억을 만들어준다. 커피는 어떤 음료와도 비교할 수 없는 가장 친근한 음료다.

여러분께 이 책을 드린다. 우리의 목표는 가장 간결한 방식으로 화학적 요소부터 건강상의 효능까지 현대 커피 과학이 밝혀낸 최신 정보를 제공하는 것이다. 독자들이 이 책을 읽으면서 직접 확인하고 입증할 수 있기를, 그리하여 어둠 속에서 길을 찾기를 바라는 마음 간절하다.

로잔느 산토스 M.Sc., Ph.D.
다르시 리마 M.D., Ph.D.

커피가 죄가 되지 않는
101가지 이유

커피가 죄가 되지 않는
101가지 이유

커피가 죄가 되지 않는
101가지 이유

커피가
몸에 좋은 이유

COFFEE IS ...

1

과일이다

채식주의자가 아닌 사람들도 유기농 식품을 많이 찾는다. 채소와 과일은 다이어트 효과가 좋다. 고혈압, 심장질환, 뇌졸중, 암 같은 질병을 예방하고, 당분 흡수를 조절해 식욕을 억제한다.

많은 사람들이 심혈관계 질환, 암, 비만, 당뇨병으로 사망한다. 세계보건기구WHO는 전 세계 허혈성 심장질환 환자의 31퍼센트와 뇌졸중 환자의 11퍼센트가 과일과 채소를 충분히 섭취하지 않아 발병했다는 조사 보고서를 내놓았다. 과일과 채소의 소비를 늘리면 해마다 270만 명의 목숨을 살릴 수 있다. 과일과 채소를 매일 4백 그램 이상 섭취하면 만성질환을 예방할 수 있다고 한다.

커피는 칼로리를 진혀 포함하고 있지 않다. 대부분의 과일은 수분 함유율이 높기 때문에, 칼로리가 낮다. 그래서 과일을 많이 먹으면 체중을 줄이기 쉽다. 과일은 인체에 필요한 수분을 공급해주고, 우리 몸이 활기를 띠게 만든다. 풍부한 수분과 식이섬유는 포만감을 제공함으로써, 과식할 염려도 줄여준다. 식사하기 전에 과일을 한 조각 먹거나 커피를 한 잔 마시면, 체

중을 줄이는 데 도움이 된다.

양배추, 브로콜리 같은 겨자과 채소, 당근, 녹색 이파리 채소 같은 식물성 식품들은 암과 심장질환을 예방하는 효과가 있다고 한다. 신체의 영양 균형을 잡아줄 뿐만 아니라, 정신건강과 심리적 안정에도 좋은 영향을 미친다.

커피나무 열매는 세상에서 가장 인기 있는 음료를 만드는 과일이다. 카페인이 인위적으로 첨가되는 탄산음료나 에너지 음료와 달리, 커피는 자연 그대로의 음료이다. 커피는 꼭두서니과에 속하며, 아라비카coffea arabica와 로부스타coffea canephora의 두 품종으로 크게 나뉜다. 커피 열매는 그 어떤 과일보다도 몸과 마음에 중요한 역할을 하는 생리활성 물질을 풍부하게 함유하고 있다.

미 농무부는 자체 개발한 피라미드 표를 통해 미국인들에게 채소와 과일 섭취를 권장하고 있다. 채소와 과일을 많이 섭취하는 사람은 그렇지 않은 사람보다 만성질환에 걸릴 확률이 줄어든다는 것이다. 피라미드 표는 과일이나 백 퍼센트 과일 주스 모두 과일 항목으로 분류하고 있다. 커피 역시 식품 피라미드 속의 과일로 분류되어야 한다. 커피 열매가 몸에 좋은 음료의 원료이기 때문이다.

하버드 대학교 공중보건대학원 연구진이 다소 문제가 있는 미 농무부의 피라미드 표를 대체할 건강식단 피라미드를 개발했다. 미 농무부의 피라미드와 모양은 흡사하지만, 하버드 대학교의 건강식단 피라미드는 최근 십 년 동안 이루어진 연구 결과를 반영해 설계되었다. 건강식단 피라미드는 기존의 피라미드 표에 드러난 오류를 보완해, 사람들이 더욱 건강한 식생활을 영위할 수 있도록 유용한 정보를 제공하기 위한 것이다.

한편 매일 꾸준히 운동하고, 그럼으로써 체중을 조절해나가도록 동기를 부여하는 것도 건강식단 피라미드의 주요한 목표다. 운동과 체중은 떼려야 뗄 수 없는 관계 속에 있으면서, 건강에 큰 영향을 미치기 때문이다. 그 가운데는 아시아, 라틴, 지중해, 채식 등 다양한 종류의 식단 피라미드가 망라되어 있다. 모두 과학적 근거를 기반으로 설계되어 건강한 식생활 정보를 제공한다.

어느 피라미드에서도 커피를 제외시킬 근거는 없다. 의사와 과학자들이 내일 서너 잔씩의 커피를 마셔가며 개발한 식생활 피리미드이니 말이다.

2

천연 다이어트 식품이다

커피 한 잔은 몇 칼로리나 될까? 체중 조절에 신경 쓰면서도 커피를 즐기는 사람이 많다. 좋아하는 커피 속에 들어 있는 지방, 칼로리, 설탕의 함유량을 정확히 알아내기는 쉽지 않다. 사람들이 기본이 되는 블랙커피만 마시는 것은 아니다. 집에서 내려 마시든, 단골 커피숍에 들르든, 무궁무진한 방식으로 즐긴다. 향을 첨가해서, 거품을 내서, 토핑을 얹어, 얼음을 넣어, 심지어 얼려 마시는 방식까지 매우 다양하다. 블랙커피는 천연 다이어트 식품으로 칼로리가 전혀 없다. 커피에 어떤 재료를 첨가하는가에 따라 지방, 설탕, 칼로리의 함유량에 차이가 생기는 것이다. 다음 두 표를 통해 커피 전문점에서 파는 커피 속의 칼로리와 지방, 탄수화물의 함량이 첨가하는 재료에 따라 어떻게 달라지는지 알아보도록 하자.

커피는 칼로리가 전혀 없을 뿐만 아니라, 다이어트에 도움을 준다. 믿기지 않겠지만, 매일 아침 모닝커피로 하루를 시작하면 신진대사가 활성화된다. 하루 일과처럼 마시는 커피 한 잔의 효과다. 커피에 함유된 카페인이 내분비계를 활성화시켜 신진대사를 촉진시킨다. 카페인이 비만 예방에 도

표1. 커피와 칼로리

첨가 재료 (1테이블스푼)	지방(g)	탄수화물(g)	칼로리
크림	6	0	52
크림과 우유 1:1 혼합	2	0	20
일반 크림 대용품 (액체)	1.5	2	20
일반 저지방 크림 대용품 (액체)	0.5	2	10
향 첨가 크림 대용품 (액체)	1.5	5	35
향 첨가 저지방 크림 대용품 (액체)	0	3	20
일반 크림 대용품 (가루)	5	3	33
일반 저지방 크림 대용품 (가루)	1	4	25
향 첨가 크림 대용품 (가루)	2.5	7	45
향 첨가 저지방 크림 대용품 (가루)	0	7	40
전유 全乳	0.5	1	9
무지방 우유	0	1	5
설탕	0	12	48

비고: 함유량은 여러 커피 전문점의 평균치임.

＊ 미 농무부, 2006년 USDA 국가영양소 데이터베이스 표준자료.

표2. 카페라떼와 칼로리

카페라떼 에스프레소 (472ml)	지방(g)	탄수화물(g)	칼로리
전유 全乳	14	21	260
무지방 우유	0	24	160

＊ 미 농무부, 2006년 USDA 국가영양소 데이터베이스 표준자료.

움을 준다는 증거가 있다. 카페인을 섭취하면 체온이 올라가서 칼로리를 소모하게 된다. 카페인이 든 음료를 가까이 하지 않던 사람이 과도하게 섭취하면 혈당이 증가한다. 뚱뚱한 사람과 당뇨병 환자에게서 좀 더 두드러진다. 하지만 카페인을 자주 섭취하는 사람에게는 이러한 현상이 나타나지 않는다. 커피가 다이어트에 얼마나 효과가 있는지 명확히 하기 위해서는 좀 더 실증적인 연구가 필요하다.

카페인은 혈중 유리지방산 농도를 증가시키는 효과가 있다. 지방 조직에서 지방이 분해되어 혈액 속 유리지방산으로 전환되는데, 카페인이 지방 조직에 미치는 아데노신의 영향을 상쇄하기 때문일 것으로 짐작된다. 카페인은 혈중 콜레스테롤 농도에는 아무런 영향을 미치지 않는다.

음식을 적게 먹고 영양분 섭취를 억제하는 단순 다이어트 방법으로는 원하는 만큼 체중을 줄이고, 이상적인 몸매를 유지하기 힘들다. 물론 운동량이 부족하다거나, 먹는 양을 충분히 줄이지 않았기 때문이라는 핀잔을 들을 수도 있다.

블랙커피는 칼로리가 전혀 없기 때문에 천연 다이어트 식품이다. 커피에 다른 재료를 첨가해도 칼로리는 매우 낮은 수준이다. 크림을 넣을 경우 236밀리리터당 약 50칼로리, 액체 크림 대용품은 40칼로리 미만, 전유全乳는 10칼로리 미만, 설탕은 20칼로리 미만, 향을 첨가한 시럽은 80칼로리 이하이다. 카페라떼(에스프레소 1샷에 데운 우유와 우유 거품을 1:3 비율로 첨가)는 전유일 경우 180칼로리 미만, 무지방 우유일 경우 백 칼로리 미만, 카푸치노(에스프레소 1샷에 데운 우유와 우유 거품을 1:1 비율로 첨가)는 전지우유일 경우 125칼로리 미만, 무지방 우유일 경우 70칼로리 미만으로 모두 칼로리가 낮다.

3

항산화 물질이 풍부하다

항산화 식품이 활성산소의 작용을 억제하고, 심장질환, 암, 노화 증상을 억제해준다는 광고를 흔히 볼 수 있다. 그러나 항산화 식품을 과다 복용하면 우리 몸의 회복 능력과 적응력이 떨어진다. 일부 항산화 물질은 다량 섭취할 경우 운동력 회복에 방해가 되기도 한다. 그렇기 때문에 항산화 물질은 반드시 일반 식품으로 섭취해야 한다. 활성산소는 우리 몸에서 지방산, 트리글리세리드, 콜레스테롤 같은 몸에 꼭 필요한 지방 분자를 나쁜 물질로 변화시켜서 효과적인 회복을 방해하고, 세포의 노화를 촉진한다. 아테롬성 동맥경화증이나 심혈관계 질환 역시 활성산소 때문에 LDL 콜레스테롤이 산화되어 염증을 유발하고, 경동맥에 플라크가 축적되는 것이다. 항산화 물질이 많은 과일과 채소를 충분히 섭취한 사람들은 심혈관계 질환이나 암, 백내장에 걸릴 확률이 그렇지 않은 사람보다 낮다.

노화, 심혈관계 질환, 암, 파킨슨병, 치매같이 나이가 들어감에 따라 자연스럽게 찾아오는 다양한 징후들의 근본 원인은 산화로 인한 몸의 손상 때문이다. 활성산소와 싸우는 항산화 물질은 다양한 질병을 예방하고, 치료하는 효과가 있다. 항산화 물질은 자연식품으로 섭취하여야 하며, 질병을 예방하기 위해서는 젊은 시절부터의 식습관이 중요하다. 보조식품 형태로 항산화 물질을 복용하는 것은 커피, 차, 토마토 같은 자연식품으로 섭취하는 것보다 효과가 덜하다.

필라델피아 스크랜턴 대학교의 연구에 의하면, 커피가 미국인들이 가장 많이 섭취하는 항산화 물질이라고 한다. 일반적으로는 항산화 물질이 풍부한 과일과 채소의 섭취를 권장한다. 이 연구는 놀랍게도 미국인들이 커피를 통해 항산화 물질을 가장 많이 섭취하고 있다는 것을 처음 밝혀내었다. 연구 팀은 채소, 과일, 견과류, 향신료, 기름, 음료 등 백여 종 식품의 항산화 물질 함유량을 측정하였다. 그리고 미 농무부에서 발표한 각 식품별 1인당 평균 섭취량 데이터베이스와 비교했다. 식품별 항산화 물질의 함유량과 1인당 섭취량을 계산한 결과, 항산화 물질로 가장 많이 섭취한 식품은 커피였다.

항산화 물질은 암, 심장질환, 백내장 등을 예방하는 데 도움이 된다고 한다. 그렇기 때문에 세계 여러 나라는 이 같은 질병을 예방하는 데 효과적인 채소와 과일의 섭취를 적극 권장하고 있다. 노르웨이 오슬로 대학교의 릭쇼스피탈렛 의과대학에서 최근 내놓은 연구 성과는 커피가 중요한 항산화 물질이라는 주장을 견고하게 뒷받침해준다. 연구진은 사람들이 다양한 식품군 가운데서 어떠한 비율로 항산화 물질을 섭취하는지를 조사하고, 혈장 항산화 물질과의 연관관계를 분석하였다. 그 결과 매일 마시는 커피가 매우 중요한 항산화 물질의 섭취원이라는 것을 밝혀냈다. 과거에도 커피에 항산화 물질이 다량 함유되어 있다는 연구가 발표된 적은 있지만, 릭쇼스피탈렛 의과대학의 연구는 커피가 주요 항산화 물질원이라는 것을 입증한 최초의 사례이다.

아라비카종 커피는 클로로겐산 같은 페놀성 화합물 항산화 물질을 7퍼센트 가량 함유하고 있다. 로부스타종의 함유량은 10퍼센트 남짓이다. 클로로겐산은 커피에 가장 많이 함유된 폴리페놀이며, 커피 항산화 물질의 대부분을 차지한다. 커피는 흔히 마시는 그 어떤 음료보다도 더 많은 양의 항산화 물질을 함유하고 있는 것이다. 차와 커피 모두 항산화 물질을 풍부하게 갖고 있지만, 커피가 차보다 네 배가량 효과가 좋다고 한다. 하지만 커피를 어떻게 다루는가에 따라 항산화 물질의 함유량에 차이가 나타난다. 커피를 지나치게 강하게 로스팅하면 항산화 물질은 거의 모두 파괴되고 카페인만 남는다.

미국심장협회는 항산화 물질을 식품 보조제보다 음식으로 섭취할 것을 권장하고 있다. 항산화 보조제 섭취가 심혈관계 질환을 예방하거나 치료하는 데 효과가 있다는 것을 입증한 연구는 아직 없다고 한다. 미국심장협회는 항산화 물질과 비타민을 채소, 과일, 곡물, 생선, 콩, 가금류, 지방이 없는 살코기를 통해 섭취할 것을 권장한다. 과일과 채소를 충분히 섭취하면 심혈관계 질환에 걸릴 확률을 현저하게 낮출 수 있다.

4

다양한 영양소를 함유하고 있다

커피는 많은 주요 식품보다 더 풍부한 영양소를 지니고 있다. 커피 생두는 11퍼센트의 단백질과 1퍼센트 남짓한 아미노산을 함유하고 있다. 10퍼센트에서 20퍼센트 사이의 지방질은 대부분 트리글리세리드와 유리지방산이다. 35퍼센트에서 55퍼센트 가량은 당류인데, 다당류도 포함한다. 칼륨, 철분, 아연 같은 무기질도 3퍼센트에서 5퍼센트 남짓 많은 양이 들어 있다. 게다가 알카로이드의 하나인 트리고넬린 성분을 함유하고 있는데, 물질 대사에 필요한 영양소인 니아신이 0.5퍼센트쯤 된다. 또 다른 항산화 물질인 클로로겐산도 7퍼센트에서 9퍼센트 가량 지니고 있다.

그러나 생두를 섭씨 약 2백 도의 고온에서 로스팅하면, 단백질, 아미노산, 당류, 지방질이 모두 분해되고 만다. 대신 천 종류가 넘는 휘발성 화합물이 생기고, 클로로겐산의 일부는 락톤으로 변한다. 커피를 로스팅할 때 휘발성 화합물이 어떤 과정을 통해 생기는지는 정확히 알려지지 않았다. 카페인은 커피의 중추라고 할 수 있는데, 로스팅 과정을 거쳐도 파괴되지 않는다. 하지만 그 외의 함유물질은 다르다. 그렇기 때문에 우리가 마시는 최종

표3. 생두 성분 (%)

성분		아라비카	로부스타
카페인		1.2	2.2
트리고넬린		1.0	0.7
무기질 (41%=K)		4.2	4.4
산	클로로겐산	6.5	10.0
	지방족 화합물	1.0	1.0
	퀸산	0.4	0.4
당류	자당	8.0	4.0
	환원당	0.1	0.4
다당류		44.0	48.0
리그닌		3.0	3.0
펙틴		2.0	2.0
단백질		11.0	11.0
유리아미노산		0.5	0.8
지방질		16.0	10.0

* *Encyclopaedia of Food Science, Food Technology and Nutrition*, Academic Press, 1993.

커피 음료에서 느끼는 맛과 향은 휘발성 화합물 수백 가지와 카페인, 클로로겐산, 트리고넬린, 무기질 같은 수용성 물질이 뒤섞여 만들어내는 것이다.

폐놀산은 식물의 신진대사에 필요한 물질로, 모든 식물에서 찾아볼 수 있다. 과일과 채소에 함유된 폐놀산을 섭취하면 관동맥성 심장질환, 뇌졸중, 암 같은 질병으로부터 몸을 보호할 수 있기 때문에, 폐놀산에 대한 관심이 점차 높아지고 있다. 로원베리rowanberry는 신선한 상태일 때 백 그램당 최고 103밀리그램의 페놀산을 함유하고 있다. 초크베리(100g당 96mg), 블루베리(100g당 85mg), 스윗로원베리(100g당 75mg)도 페놀산 함유량이 높다. 음료 가운데는 커피(100g당 97mg)가 페놀산 함유량이 가장 높다. 커피 생두를 고르게 로스팅하면, 페놀산이 클로로겐산, 락톤 혹은 퀴니드로 변한다. 이러한 화합물은 매우 중요한 약리적 특성을 지니고 있다.

　카페스톨cafestol과 카월kahweol은 자연적으로 발생하는 디테르펜으로, 커피에만 있는 성분이다. 테르펜류는 식물과 꽃이 지니고 있는 에센셜 오일의 주성분이다. 커피 음료의 디테르펜 함유량은 커피 추출방식에 따라 다르다. 커피를 추출하는 과정에서 카페스톨과 카월을 함유하고 있는 지방 성분이 원두에서 빠져나오게 된다. 스칸디나비아와 터키에서 주로 사용하는 끓여서 추출한 커피에 함유량이 가장 높고, 인스턴트커피, 드립커피, 여과식 커피에는 거의 남지 않는다.

　페놀산은 에스테르, 에테르 또는 유리산의 형태로 자연에서 발생한다. 커피산, 페룰산, 쿠마르산은 페놀산의 종류로 주로 퀸산과 화합물을 이루어 자연에서 발생하는데, 흔히 클로로겐산이라 불린다. 커피의 클로로겐산 함유량은 로부스타 원두가 7에서 10퍼센트, 아라비카 원두가 5에서 8퍼센트 사이이다. 커피 생두를 로스팅하면 카페인을 제외한 모든 화합물에 영향을 마친다. 로스팅이 잘된 원두는 갈색을 띤다. 이탈리아 스타일의 에스프레소와 같이 지나치게 오래 로스팅한 진한 커피는 카페인만 다량 함유하고, 무기질, 클로로겐산, 락톤은 아주 적다. 커피 생두의 질이 중요하지만, 알맞게 로스팅하는 일에도 세심한 주의를 기울여야 한다. 맛과 향을 살리려고 지나치게 볶으면, 최고 품질의 생두라 하더라도 영양소는 모두 파괴되고 만다.

5

기능성 식품이다

    건강 관련 책을 읽을 때면 조심해야 한다. 오탈자 하나 때문에 목숨이 위태로워질 수 있기 때문이다. 기능성 식품이란 기존 영양소보다 더 건강상의 이점을 가져다주는 음식을 말한다. 여기서 기존 영양소란 비타민, 무기질 및 일일 권장량이 정해져 있는 영양소를 말한다. 이러한 영양소는 비타민 C, E와 칼슘처럼 식생활에 필수적이다. 필수영양소로 지정되지 않은 영양소에 대해서도 더 많은 내용이 밝혀지고 있다. 예를 들어 1999년 FDA는 대두 단백질이 몸에 좋다는 주장을 승인하였다. 크랜베리 주스에 함유된 프로안토시아니딘은 요로尿路 건강에 좋으며, 요구르트에 함유된 활생균은 면역체계를 강화하는 데 도움을 준다.

    아침식사 대용 시리얼을 만드는 회사는 하루 섭취 권장량의 25퍼센트에서 33퍼센트 가량의 비타민과 무기질을 제품에 첨가한다. 건강 보조식품은 건강한 식생활을 돕는 보조식품(담배는 제외)으로 비타민, 무기질, 허브 등속의 식물, 아미노산, 추출물, 혹은 이들 가운데 몇몇을 섞은 것을 말한다. 건강 보조식품은 일반 식품에 비해 규제가 훨씬 느슨하고, 소비자가 이의를

제기하기도 쉽지 않다.

오늘날 대부분의 심장질환 전문의에게 커피가 클로로겐산, 퀸산, 니아신을 함유하고 있음은 물론 카페인보다 더 많은 양의 비타민 PP를 지니고 있다는 것은 더 이상 새로울 것도 없다. 재배지의 특성에 따라 유지油脂와 휘발성 화합물에서 수백 가지의 다른 모습을 띠는 것도 잘 알려진 사실이다. 현재 전 세계적으로 다양한 분야에서 커피의 이점에 대한 연구가 실시되고 있는데, 과거의 역학 분야 연구에 크게 힘입고 있다. 차, 초콜릿 같은 음료와 식품처럼, 커피도 이제는 건강 기능성 식품으로 인정받고 있다. 커피에 함유되어 있는 화합물이 새로이 발견되고, 중앙신경계, 심혈관계, 내분비계, 골격 구조 등 인체에 가져다주는 이점이 밝혀졌기 때문이다.

커피에는 다양한 질병을 예방하는 기능이 있다. 하지만 병을 치료하는 기능은 없을 것이다. 환자는 의사의 치료를 받아야 하지만, 건강한 사람은 커피를 마심으로써 정신적 신체적 건강을 유지할 수 있다. 커피를 마시는 일은 운동과 비교될 수 있다. 운동이 부족하면 몸의 기능이 떨어지는 것은 말할 것도 없지만, 지나쳐도 문제다. 커피도 마찬가지다. 커피를 지나치게 많이 마시거나 전혀 마시지 않는 경우 모두 몸에 해롭다. 커피는 아침 일찍, 일어난 지 얼마 되지 않았을 때 마시는 게 좋다.

트리고넬린은 커피의 맛과 향을 좌우하는 중요한 요소인데, 로스팅 과정에서 니코틴산 혹은 니아신이라고도 불리는 비타민 PP 같은 부산물을 만들어낸다. 식물 가운데 유일하게 커피에서만 고온에서 니아신이 합성된다. 다른 식물의 경우는 오히려 영양소가 파괴되어버린다. 니아신은 항펠라그라pellagra-preventing, 즉 pp비타민이라고 불리는데, 펠레 아그라pelle agra라는 이탈리아어에서 유래하였다. 펠라그라(니코틴산 부족으로 생기는 질환)는 그리 흔한 질병은 아니지만, 이따금 발생하곤 한다. 로스팅한 커피 원두와 인스턴트커피에 백 그램당 10에서 40밀리그램 정도의 니아신이 함유되어 있다.

커피 생두와 로스팅을 거친 원두는 단백질, 펩티드, 유리아미노산의 함유량이 각기 다르다. 커피에 함유된 단백질의 종류는 커피 종에 따라 큰 차이가 없다. 하지만 생두와 로스팅한 원두 사이의 단백질량에는 차이가 나타난다. 로스팅하면 단백질 함유량이 감소하고, 단백질이 변성됨에 따라 이 화학적 특성이 변한다. 또 휘발성 화합물과 방향족 화합물이 생성된다.

커피에는 당류 혹은 탄수화물도 들어 있다. 자당(6~7%)이 가장 많고, 포도당(0.5~1%)과 과당(0.3%)이 소량 함유되어 있다. 커피의 당류가 사람에게 어떠한 영향을 미치는지 좀 더 활발한 연구가 필요하다. 지방은 편리하고 농축된 에너지원이다. 지방, 지질, 기름은 커피 생두에 많이 함유되어 있다. 지질은 커피의 향과 관계가 있으며, 로스팅 과정에서 대부분 온존된다. 커피를 로스팅하면 오히려 방향芳香 화합물의 총량과 종류는 증가한다.

커피에는 무기질도 다량 들어 있다. 특히 칼륨, 마그네슘, 칼슘이 많으며, 그밖에도 수많은 무기질이 미량 함유되어 있다. 커피에 칼륨은 많지만, 나트륨은 많지 않다는 사실에 주목할 필요가 있다. 고혈압 같은 심혈관계 질환을 앓고 있는 사람이 피해야 할 다른 음료나 식품과는 전혀 다르다.

6

중독성이 없다

알코올, 모르핀, 이상주의... 그 어떤 형태라 할지라도 중독은 사람에게 해롭다. 카페인이 중독성 물질 아닐까 우려하는 사람이 많다. 그러나 커피에 소량 들어 있는 카페인은 단지 금단현상을 일으킬 뿐이다. 적지 않은 사람이 자주 마시면 중독될까봐 커피를 꺼린다. 의사들이라고 다르지 않다. 그러나 세계반도핑기구World Anti-Doping Agency에 따르면 카페인은 더 이상 금지된 물질이 아니며, 카페인이 중독물질이라고 확신을 갖고 말하는 사람은 없다. 세계반도핑기구 모니터링 프로그램은 카페인, 부프로피온 등을 금지약품으로 지정하지 않았다.

정기적으로 혹은 매일 커피를 마시는 것은 규칙적인 운동과 비교할 수 있다. 운동을 중단하면 몸이 항의하기 시작한다. 불쾌한 기분, 체중 증가, 수면장애 등은 운동을 그만둔 운동선수들이 보이는 금단현상이다. 중독이란, 해로운 효과를 뻔히 알면서도 담배, 알코올, 코카인, 모르핀과 같은 물질에 상습적으로 빠져들거나 노름, 절도 같은 행동을 반복하는 것을 일컫는다.

최근 의학계에서는 의존과 중독 개념을 구분해 사용하기 시작하였다.

더 전통적인 개념인 신체적 의존은 의존으로, 정신적 의존은 중독으로 용어를 재정리했다. 습관은 매일 운동하거나 커피를 마시는 것처럼 전혀 해롭지 않은 범위에 속한다. 모든 중독성 약물은 강한 희열감과 보상받은 듯한 느낌을 유발한다. 이 같은 약물을 반복적으로 우리 몸이 받아들이게 되면 내성이 생기고, 같은 효과를 얻기 위해 차츰 용량을 늘이게 된다. 약물 사용을 중단하면 금단현상이 생긴다. 사용을 중단했을 때 금단현상이 생겨야 의존성으로 불리게 된다.

카페인만 복용하면 의존 효과가 나타날 수 있다고 한다. 심한 경우에는 중독 현상이 생길 수 있다. 하지만 커피와는 관련이 없다. 미국인은 매일 평균 약 3백 밀리그램의 카페인을 섭취하는데, 커피 두 잔을 가득 마셨을 때의 양이다. 이 정도의 카페인은 오히려 몸에 긍정적인 영향을 미친다. 카페인을 조금씩 섭취하는 사람은 대부분 정신이 더 맑고 잠도 깨어 있는 상태를 유지한다. 많은 양을 섭취하면 불안감이나 신경과민 증세를 보일 수 있다. 그러나 이러한 증상들은 건강에 크게 해롭지 않다. 알코올이나 니코틴 같은 다른 중독성 물질과 비교하면 카페인의 부정적인 효과는 미미한 수준이다.

차, 코코아 혹은 콜라 같은 탄산음료를 통해 섭취하는 카페인의 양이 사실은 놀라울 정도로 많다. 매일 5백 밀리그램 이상의 카페인을 복용하면, 두통, 짜증, 무기력증이 나타나고, 드물게는 매스꺼움과 우울증 등의 금단현상을 보인다는 연구가 있다. 커피가 비난을 받아야 한다면, 그것은 커피에 들어 있는 몸에 좋은 성분에 대한 금단현상 때문이다. 산소와 물은 우리에게 매우 중요한 물질이다. 산소와 물 중독이 훨씬 강하고, 산소와 물에 대한 금단현상은 목숨과 직결된다.

커피를 자주 마시면 카페인에 대한 내성이 생기는데, 이로 인해 카페인이 건강을 위협하는 일은 없게 된다. 이 같은 현상은 빠르게는 사오 일 정도 꾸준히 마실 때부터 일어난다. 습관적으로 커피를 마셔서 생긴 내성을 담배나 고단백 음식 식습관과 연관 지어 생각해보자. 약물을 분해하는 간의 능력이 가속화되어 삼사십 잔의 커피를 마시더라도 최소한의 체액 및 혈류역학 현상이 생길 뿐이다. 하지만 이삼 주 지나면 이러한 효과는 서서히 사라진다. 많은 양(매일 12잔에서 15잔 정도)의 커피를 습관적으로 마시는 사람은 내성이 강화될 뿐만 아니라, 정신적 의존증을 보이기도 한다. 불쾌감, 두통, 무기력증, 짜증, 집중력 부족, 불안 증세 등이 동반된다. 이렇게 많은 양을 습관적으로 마시는 사람이 커피를 끊으려고 할 때는 서너 달에 걸쳐 서서히 양을 줄여가며 끊어야 한다.

하루에 커피 네 잔까지는 사람에게 해가 되지 않는다. 오히려 몸에 좋을 수 있다. 만약 커피에 대한 내성이 생겨 양을 늘려 마셔야 한다면, 하루에 한 잔 정도 더 마신다든지, 며칠, 몇 주, 혹은 몇 달에 걸쳐 서서히 조절하는 것이 좋다. 공황장애, 불안증, 심장 부정맥, 위궤양 같은 질병을 앓고 있는 사람은 의사와 상담한 뒤 커피를 마시는 게 안전하다.

7

지구에 이롭다

우리는 실로 '커피 행성'에 살고 있다. 수십 억 지구 인구 가운데 10퍼센트 가량이 커피 재배와 커피 관련산업에 의존하고 있다. 커피는 자연적이고 지속가능한 작물이다. 커피는 탄소를 매우 효과적으로 흡수하며, 토양의 균형을 이루는 데 도움을 준다. 커피는 지구 환경을 개선하는 데 이바지한다. 지구에 살고 있는 사람의 몸에 매우 유익해 온갖 질병을 예방해준다. 심지어 물보다도 몸에 좋다. 약 95퍼센트가 수분이며, 특유의 몸에 좋은 화합물이 섞여 있기 때문이다. 직접적이든 간접적이든 커피는 커피 생산국에 사는 6억 명에게 영향을 미칠 뿐만 아니라, 커피를 소비하는 전 세계 수십억 명의 삶에 영향을 준다.

커피 산업은 아시아, 아프리카, 라틴아메리카 40개가 넘는 나라의 경제성장, 소득분배, 고용창출, 국가재정에 매우 중요한 역할을 해오고 있다. 전 세계 2천 5백만 명 이상의 농부와 그들의 가족이 커피 재배를 통해 수입을 올리고 있다. 그들의 대부분은 영세 농부들이다. 역사적으로 커피는 원유 다음으로 국제 무역에서 중요한 1차 상품이었다. 커피 생산국에게 커피

콜롬비아의 커피 농장

산업은 일본의 자동차산업, 독일의 화학산업, 미국의 IT산업 같은 존재다. 커피 산업에 어려움이 닥치면 커피 생산국들이 사회 경제적 타격을 입게 된다. 세계은행은 아프리카, 아시아, 라틴아메리카에 커피가 유일한 소득원인 소규모 커피 재배 농가가 약 2천 5백만 가구라고 추산하였다. 평균 5인 가족으로 셈하면 커피가 1억 2천 5백만 명이나 되는 인구를 부양하는 셈이다.

커피는 경제뿐만 아니라 지구의 지속가능성에서도 매우 중요한 역할을 한다. 세계에서 가장 큰 커피 시장은 미국이다. 세계에서 커피를 가장 많이 소비하며, 15만 명이 넘는 인구(전임과 파트타임 포함)가 커피 산업에 종사한다. 커피 산업으로 인해 형성된 소매, 각종 기구 제조, 물류, 창고, 포장 같은 간접적인 영역까지 포함하면 커피 산업의 실제 역할은 훨씬 중요하다. 적어도 소비자 천 명당 한 명꼴인 160만 명가량이 직간접으로 커피 산업과 관련된 일을 하고 있다. 또 18세 이상의 미국 성인의 60퍼센트가 넘는 1억 6천만 명이 하루에 평균 3잔의 커피를 마신다고 한다.

　일본에서는 커피가 더 전통적인 음료인 차를 대체하고 있는 실정이다. 커피 산업은 일자리 4백만 개를 창출함으로써 총 일자리의 5퍼센트를 차지한다. 캐나다 커피협회는 커피가 캐나다에서 가장 큰 요식업 품목으로서 일자리 백만 개를 창출하고 있다고 발표하였다. 총 일자리의 7퍼센트를 차지하는 비율이다. 최근 유럽 커피협회가 펴낸 자료에 의하면, 커피와 직접적인 연관을 갖는 새로운 일자리 4만 개가 창출되었다. 이들이 취급하는 커피의 양은 60킬로그램짜리 3천 만 포대의 규모로서, 130억 달러의 산업적 가치를 갖고 있다. 여기에는 커피숍에서 일하는 종업원은 포함되어 있지 않다. 유럽 스페셜티 커피 협회는 스페셜티 커피 시장이 유럽에서만 일자리 50만 개를 창출하는 것으로 추산하고 있다. 이탈리아는 해마다 5백만 포대를 수입함으로써 유럽에서 커피를 세 번째로 많이 수입하는 국가이다. 이탈리아에는 평균 종업원 3명을 고용하는 카페 약 11만 곳이 문을 열고 있다. 이탈리아의 카페에서 소비되는 커피만도 하루에 1억 잔을 헤아린다.

　거대한 커피 체인점 스타벅스는 수십 개 국가에 몇천 개의 커피숍을 거느리고 있다. 그곳에서 일하는 종업원만도 10만 명이 넘는다. 커피숍의 숫자는 끊임없이 증가하고 있다. 사람들이 가장 방문하고 싶어하는 카페는 스쿨오브와이즈School of Wise(지혜로운 자들의 학교)나 페니 유니버시티Penny University(1페니 대학교)라고 불리던 곳이다. 과거 카페의 전통을 오늘까지 유지하는 곳들이다.

　커피는 바리스타라는 새롭고 중요한 직업을 탄생시켰다. 바리스타라는 말은 처음에는 에스프레소 음료를 만드는 기술자를 일컫는 말이었다. 그 뜻이 확장되어 일종의 커피 소믈리에, 즉 커피 원두의 종류, 질, 블렌딩, 로스팅, 에스프레소 추출, 라떼아트 등 커피에 관한 총체적인 전문 지식을 갖춘 사람을 가리키는 말이 되었다. 완벽한 한 잔의 커피를 추출하는 예술과 장인의 세계는 세계 바리스타 챔피언십 같은 경쟁의 장을 탄생시켰다. 최고의 커피 이벤트인 세계 바리스타 챔피언십에는 해마다 50개가 넘는 나라의 국가대표들이 참가한다. 사람들이 주기적으로 커피를 마시는 첫째 이유가 지구를 살리고 인류를 돕기 위해서라는 인식이 바리스타와 커피 애호가들 사이에 점차 공유되어가고 있다.

8

지속가능하다

전 세계의 모든 분야에서 지속가능한 발전이라는 개념이 주목받고 있다. 국제사회는 이윤을 창출하면서도 지속가능한 산업을 권장하고 있다. 현재의 어려운 경제 환경 속에서 친환경 산업이 경쟁력이 있을까? 투자는 지속적으로 감소하고 있고, 유가는 유동적이다. 각국 정부는 온실 가스 배출을 줄이고 신재생 에너지 생산을 늘리기보다는 금융계를 살리는 데 자원을 투입하고 있다. 경제적인 어려움 때문에 지속가능성과 환경 보존은 우선순위에서 밀리고 있다. 그렇기 때문에 기후변화가 그 어느 때보다 큰 조명을 받고 있음에도 불구하고 사람들의 행동에는 변화가 생기지 않는 것이다.

커피를 재배하고 커피를 사고파는 것은 지속가능한 발전에 크게 기여하는 일이다. 커피는 수많은 일자리를 창출하며, 사회적인 이윤과 정치적 안정에 기여한다. 따라서 교육과 보건 서비스 같은 인적 자본에 더 많은 투자가 필요하며, 정보기술에 대한 접근성이 확장되어야 한다. 경제적인 측면에서 커피 재배 농부들은 극심한 경제적 어려움을 겪어왔다. 최근 들어서야 조금 형편이 나아지고 있다. 커피의 가치사슬에 엮여 있는 모든 사람들의 협력을 강화해 커피를 재배하는 농부들과 노동자들의 삶의 질을 개선해야 한다. 그것이 커피 제품의 질을 향상하는 길이고, 효과적으로 환경을 보존하는 길이다.

커피는 상록수로서 이산화탄소를 흡수하고, 토양을 안정화하는 데 크게 기여하는 작물이다. 커피나무 자생지에는 토종 생물의 다양성이 훨씬 잘 보존되어 있다. 커피는 농촌에 일자리를 창출하고, 지역사회 안정에 도움을 준다. 커피를 재배하는 지역에서 지역사회에 커피만큼 긍정적인 영향을 미치는 대체 경제활동은 상상도 할 수 없다. 경제적 지속가능성에 문제가 생기는 것은 커피 가격이 폭락했을 때이다.

커피 가격이 폭락하면 커피를 재배하던 사람들이 빚의 구렁텅이에 빠져 농지를 버리는 일조차 발생한다. 커피 재배 농부들이 적자를 내면서까지 커피를 계속 재배할 수는 없다. 소비자들이 커피 재배가 환경에 미치는 영향을 인지하는 것은 매우 중요하다. 커피나 커피를 원료로 만든 음료를 마시기만 해도 커피 공급망에 긍정적인 영향을 미칠 수 있다. 오늘날 커피를 재배하고 가공하는 사람의 대부분은 환경의 지속가능성을 고려한다. 하지만 커피 공급자들의 경제적 안정과 생활이 보장되어야 커피의 질이 유지될 수 있는 것이다.

열대우림연맹Rainforest Alliance은 지속가능성을 증진시키기 위해 일하는 대표 기관의 하나다. 자연 생태계를 보존하고 커피 생산자들의 삶의 질을 증진시키기 위해 지속가능성에 대한 기준을 마련하였는데, 토지 이용방법, 경영 행태에 대한 내용부터 소비자 행동의 변화를 이끌어내기 위한 전략까지 망라하고 있다. 한편 전 세계의 커피 산업계와 소비자들도 하나가 되어 사회적 책임을 다하는 방식으로 커피가 생산되고 서비스가 제공될 수 있도록 노력하고 있다.

오늘날 커피를 재배하는 지역은 그 어느 때보다 지속가능성과 사회적 책임을 중시하고 있다. 몇십 년 혹은 몇백 년 동안 같은 토지에서 살아온 농부들은 숲을 보존하고, 토지 침식을 막고, 수질을 보존하는 데 필요한 생활의 지혜를 터득하였다. 브라질, 콜롬비아, 과테말라, 코스타리카를 비롯한 여러 나라는 숲, 강, 샘을 보존하는 규정은 물론, 숲, 커피 재배지, 그리고 다른 농작물 재배지와 목초지의 균형을 유지하기 위한 엄격한 법규를 마련하였다. 사회적 책임은 적정 임금을 지급하는 데서부터 시작된다. 커피 재배 농민들은 비슷한 지역에서 다른 작물을 재배하는 사람들보다는 그나마 나은 임금을 지급받고 있다. 농부들이 자신이 소유한 땅에서 농사를 짓는 소규모 농업이 폭넓게 존재하는데다, 노동조합 및 기술력의 발전 덕분이다. 커피 재배 농민을 위한 교육, 보건 서비스도 확장되고 있다. 커피 산업에서 발생하는 수입은 소비시장을 창출함으로써 지속가능한 경제발전을 가능하게 한다.

9
공정무역 물품이다

공정무역 시스템은 공정한 방식의 무역을 통해 가난한 국가의 농부와 노동자들이 자신들의 지역사회를 발전시킬 수 있도록 돕는다. 공정무역 운동은 1990년대에 상품가격이 급격히 떨어졌을 때에 처음 시작되었다. 오늘의 커피 무역 덕분에 '인증' 혹은 '공정무역' 목재도 생겼다. 지난 12년 동안 전 세계적으로 공인된 벌목지역은 1억 1,500만 에이커 남짓이다. 세계 전체 숲 면적의 1퍼센트에 해당한다. 공인 벌목의 개념은 공정무역 커피를 인증하는 제도에서 파생되었다.

공정무역 커피란, 친환경 방식으로 커피를 재배하기로 약속한 농부에게서 시가보다 높게 커피 원두를 구매하는 것을 가리킨다. 세계 인구의 절반에 가까운 사람들이 하루에 채 10달러를 벌지 못한다. 스페셜티 커피 원두 반 봉지 값이다. 커피 가격은 결코 싸지 않다. 에스프레소 한 잔 값이 천 원에서 2만 원에 이르기까지 천차만별이다. 최종 소비자 가격에 영향을 미치지 않고도 커피 공급망의 초기단계에서 가격을 올리는 것이 가능하다. 바로 공정무역 커피가 운영되는 방식이다. 중간유통을 거치지 않아 커피 생산자들에게 더 많은 이익을 가져다준다.

　소비자들은 간단한 방법으로 공정무역 시스템을 활성화시킬 수 있다. 다름아닌 커피를 많이 마시는 것이다. 그것은 모두의 번영과 건강에 이바지한다. 몸에 해로운 불량식품과 화학 첨가물을 넣어 만든 음료 대신 몸에 좋은 커피를 마시면, 공정한 커피 무역이 촉진될 것이다. 더불어 사람들의 건강도 좋아질 것이다. 커피 가격은 수요와 공급의 시장원리에 의해 오르거나 내려간다. 더 정확히 말하면 수요보다는 공급에 의해 결정되는 부분이 크다. 훨씬 비싸고 효과도 입증되지 않은 인공 음료와 비교할 때, 커피가 건강에 미치는 중요하고도 큰 역할을 사람들이 잘 모르기 때문이다. 그런 까닭에 커피 수요에는 큰 변화가 나타나지 않는다.

　2006년의 세계 커피 수요는 1억 1,600만 포대 남짓으로, 2005년보다 1퍼센트 가량 늘었다. 커피 생산국의 국내수요가 약 3,100만 포대이니, 8,500만 포대가 수출되어 소비된 셈이다. 핀란드, 덴마크, 스웨덴, 노르웨이 같은 스칸디나비아 국가들의 커피 수요가 가장 높았다. 만약 의사들이 카페인이 아닌 커피의 건강상의 이로움에 대한 질 높은 연구를 지속한다면, 커피 수요가 해마다 5퍼센트씩 상승한 브라질만큼 전 세계의 수요가 상승할 것이다. 또 그러면 커피 가격이 자연스럽게 상승할 것이기 때문에, 재배하는 국가들의 수입 역시 늘어날 것이다.

　엘니뇨현상 때문에 커피 가격과 수요에 부침이 생긴다고는 할 수 없다. 그것이 커피를 재배하는 일부 국가에 부정적인 영향을 끼치고, 커피의 공급과 수요 사이에 일부 불균형을 초래할 수는 있다. 하지만 엘니뇨 같은 기후현상의 영향과 가격변동성을 과장하는 것은 투기적 행위를 이롭게 할 뿐이다. 시장에서의 수요와 공급이 우리의 건강, 의약품, 직업, 학교에 어떻게 영향을 끼치는지 생각해본 적 있는가? 엘니뇨는 또한 어떤가? 소비자들의 건강은 커피 생산자들이 좌우하지, 엘니뇨나 수요 공급을 이용하는 투기 자본에 달려 있는 게 아니다. 따라서 커피 생산 국가들에 더 많은 몫이 돌아가야 한다. 소비자들의 건강을 향상시키기 때문에, 커피 수요는 더욱 늘어나야 한다. 커피 산업계가 유기농 커피나 지속가능한 커피뿐 아니라 건강에 좋은 커피를 제공하는 실질적인 사회적 책임을 다한다면, 사회 경제적 불평등에서 비롯된 불균형이 자연스럽게 해소될 것이다. 건강을 생각한다면 이렇게 중요한 무역이 불공정하게 이루어지도록 방관해서는 안된다

절반이 넘는 유기농 인증 커피가 공정무역 조합에서 생산된다. 그러나 공정무역 인증을 받은 농가가 아니라면 혜택을 보장받을 수 없다. 공정무역 시장에서 인증을 받은 유기농 커피는 가격에 프리미엄이 붙는다. 소규모 농부들은 산림을 벌채하거나 화학비료를 구입할 만큼의 재정적 능력이 없다. 그렇기 때문에 대를 이어 전통적이고 지속가능한 방식의 재배방법이 전수되어왔다. 농부들에게 친환경 농업의 대가를 지불하는 것이 지속가능한 농업을 증진하는 가장 효과적인 방법이다. 또한 공정무역 운동은 유기농 농업이 가져다주는 혜택을 농부와 소비자 그리고 자연이 모두 나누어가질 수 있도록 보장한다. 유기농Organic, 그늘 재배Shade Grown, 친조류Bird Friendly 검증 라벨은 농부들과 환경 모두에 유익한 지속가능한 농업기술을 장려하는 역할을 해왔다. 그러나 공정무역 인증과정이 모두를 아우르는 데 한계가 있는 것도 사실이다.

10

콜라보다 몸에 좋다

커피는 19세기 말 수요가 급증해 미국 전역으로 퍼져나갔다. 당시, 조지아 주 애틀랜타 시 출신의 약사인 존 팸버턴이 대단한 발명을 하게 된다. 커피와 경쟁할 상품을 탄생시킨 것이다. 그것은 카페인과 코카인을 함유한 차가운 음료였다. 팸버턴은 남미에서 자생하는 식물 코카Erythroxylon coca와 콜라Cola acuminata의 추출물을 이용해 시럽을 만든 뒤, 놋쇠로 만든 세발 냄비로 코카콜라를 만들었다. 코카콜라라는 이름은 팸버턴의 회계사였던 프랭크 로빈슨이 처음 제안했다. 이 음료는 팸버턴이 운영하는 애틀랜타의 약국에서 1886년부터 판매되기 시작하였다. 첫해 매출은 50달러로 원료값 70달러에도 못 미칠 만큼 부진했다.

1903년 이전에 자양강장제로 판매된 코카콜라는 코카인과 카페인을 다량 함유하고 있는 콜라 열매 추출물을 원료로 사용하였다. 그러자 FDA에서 음료에 코카인 성분을 사용하는 것을 금지시키고, 카페인 함유량도 2퍼센트 이하로 규제하였다. 오늘날 대단한 인기를 누리고 있는 청량감 있는 코카콜라 음료의 원료는 대부분 설탕과 카페인이며, 다이어트 콜라는 설탕

을 다른 원료로 대체한 것이다. 크기에 따라 한 병에 들어가는 카페인 함유량이 120에서 4백 밀리그램으로서, 커피 두 잔 분량에 해당한다. 화학원료가 다량 함유되어 있는 이 음료는 어린아이부터 청소년, 성인에 이르기까지 전 세계의 다양한 연령층이 즐겨 마신다. 건강상의 문제가 특별히 보고된 바는 없다. 그러나 크게 사회문제화되고 있는 청소년들의 비만과 화학원료를 섞은 인공 식품 사이에는 긴밀한 연관성이 있어 보인다. 최근의 자료들은 탄산음료 형태로 섭취한 카페인과 청소년층의 고혈압이 상관관계가 있음을 보여준다. 벤젠과 암 사이의 연관성도 보고되고 있다.

　　펩시도 약사가 개발한 음료이다. 펩시는 탄산수, 설탕, 바닐라, 희귀한 기름과 콜라 열매를 이용해 만들었다. 펩시는 처음에는 배탈 치료제로 사용할 목적이었다. 펩시라는 이름은 소화불량증dyspepsia 혹은 펩시 음료에 함

유되지는 않았지만 배탈 치료에 사용되었던 펩신Pepsin 뿌리에서 유래되었
다는 가설이 있다.

　　카페인은 점점 나쁜 소문이 돌면서 사람들의 최대의 적이 되어버렸다.
미국의 탄산음료 회사 두 군데가 발암물질로 합성될 수 있는 물질 두 가지
를 음료에 사용했다는 혐의를 받은 적이 있다. 두 회사는 결국 음료 제조법
을 바꾸었다. 에너지 음료인 볼트 제로의 표본에서는 13ppb의 벤젠이, 같
은 회사의 다른 음료에서도 5~10ppb의 벤젠이 검출되었다고 한다. 미국의
음용수 벤젠 허용치는 5ppb 이하이며, WHO의 기준치는 10ppb이다. 음료
에서 검출되는 미량으로 신체에 특별한 영향이 발생하지는 않겠지만, 벤젠
은 전 세계 보건 관련 기관이 발암물질로 지정한 물질이다. 벤젠을 둘러싼
법적 공방은 FDA 소속 연구원들이 일부 음료에서 법정 기준 이상의 벤젠이
검출된다는 사실을 밝히면서부터 시작되었다.

　　음료를 만드는 데 흔하게 사용되는 원료인 벤조에이트류 방부제와 구
연산 혹은 아스코르빈산(비타민 C)이 혼합되어 벤젠이 발생한다는 것이 가장
유력한 설이었다. FDA와 음료회사들은 건강상의 문제가 발생하지는 않을
것이라고 이야기하고 있다. 그러나 많은 음료회사들은 벤조에이트를 소르
브산칼륨으로 대체하고 있다. 영국에서는 세계보건기구 기준치 이상의 벤
젠이 검출된 음료 4종이 리콜되었다. 식품안전 당국과 음료회사들은 음료
에서 벤젠이 극히 미량으로 검출되는 경우는 건강상의 문제가 없음을 재차
강조한다.

　　하버드 대학의 과학자들이 두 차례에 걸쳐 15만 명의 방대한 집단을
대상으로 연구를 진행하였다. 연구진은 실험을 시작할 때는 정상혈압이었
으나 시간이 지남에 따라 고혈압이 발병한 여성 피실험자들을 추적했다. 실
험 결과 콜라를 마시는 것과 고혈압 발병이 연관성이 있는 것으로 밝혀졌

다. 그러나 생체학적인 연관성을 입증하지는 못했다. 콜라 음료에 함유되어 있는 캐러멜 색소와 고과당 옥수수 시럽의 영향 등 다양한 가능성이 제시되었다. 과당을 다량 먹인 실험용 동물에서도 고혈압이 발견되는 등 유사한 결과가 도출되었다.

11

차와 초콜릿보다 몸에 좋다

중국에서 약 5천 년 전 처음 발견한 녹차는 오랫동안 몸에 좋은 음료로 알려져 왔다. 차는 학명이 카멜리아 시넨시스Camellia sinensis라는 식물의 잎으로, 강력한 항산화 물질과 플라보노이드를 다량 함유하고 있다. 플라보노이드는 식물에 많은 대사산물로서, 가장 상세한 연구가 이루어진 폴리페놀군 물질이다. 화합물만도 수천 종을 헤아린다. 하루에 녹차를 3잔에서 4잔 정도 꾸준히 마시면 심근경색을 예방하는 효과가 있다. 또 차가 암을 예방한다는 연구도 있다. 증거는 불충분하다. 식품보조제의 섭취가 건강에 이롭다는 것은 입증되지 않았다. 매일 사과 하나씩을 먹는 편이 건강에 더 좋을 수 있다. 미국과 유럽 국가들에서 진행된 수많은 실험은 과일과 채소 같은 플라보노이드가 다량 함유된 식품을 충분히 섭취하면, 심장질환, 암, 신경병질환의 예방에 도움이 된다는 것을 보여준다.

최근의 연구결과에 의하면, 차는 함께 섭취한 음식에 함유된 철분의 흡수를 방해한다고 한다. 빈혈을 앓고 있는 사람은 식사를 하면서 차를 마시지 말아야 한다는 뜻이다. 차는 40세 이상의 고연령층에서 인기가 많은 데, 건강상의 효과는 다소 과장된 면이 있다. 차가 암과 심장병 예방에 효과적이라는 것을 입증한 실험 결과는 꽤 많다. 사람을 대상으로 한 추가 임상 실험이 필요한 단계다. 영국차협회는 차에 항산화 물질이 다량 함유되어 있다고 발표하였으며, 차가 건강에 긍정적인 효과를 가져다준다는 것을 밝힌 논문도 여럿이다. 그러나 차가 과일이나 채소 그리고 무엇보다 커피의 대체 식품이 될 수는 없다.

초콜릿은 환상적인 맛을 가졌다. 초콜릿은 카카오나무 열매로 만들며, 아즈텍 문명의 지도자 모크테수마가 이 음료를 소개하면서 큰 인기를 누렸다. 우리가 알고 있는 초콜릿은 17세기의 정복자 코르테즈가 고향 스페인으로 가지고 가면서 서구 세계에 알려졌다. 기존의 초콜릿 음료는 쓴맛이 강했다. 하지만 스페인 사람들은 고춧가루 대신 설탕과 바닐라, 시나몬을 첨가해 창의적인 방법으로 초콜릿을 만들기 시작했다. 왜 초콜릿은 뿌리칠 수 없는 매혹적인 맛을 내는 걸까? 초콜릿의 매력은 단연 훌륭한 맛에 있을 것이다. 그 깊고 풍부한 맛은 강렬한 열망을 불러일으킨다. 초콜릿 중독자들은 늘어나는 몸무게와 치아 건강, 여드름 때문에 걱정이 태산 같다. 1662년에 헨리 스텁이라는 영국 의사는 초콜릿 30밀리리터 속에 살코기 5백 그램보다 더 많은 지방과 영양분이 들어 있다며, 초콜릿을 약으로 처방하기 시작했다. 밀크초콜릿은 1875년 다니엘 피터의 손으로 태어났다. 피터는 동료 앙리 네슬레의 도움을 받아 쓴맛이 강한 다크초콜릿에 분유를 섞는 데 성공하였다. 그리하며 오늘날 세상 사람들의 사랑을 받는 밀크초콜릿이 탄생하였다.

과학자들은 초콜릿을 너무 많이 먹으면 몸에 해롭다는 속설을 하나씩 반증하기 시작하였다. 예컨대, 초콜릿을 먹어도 여드름이 생기거나 심해지지 않는다고 한다. 또한 초콜릿을 많이 먹는다고 치아 건강에 해롭지도 않다. 초콜릿에는 설탕이 들어간다. 설탕이 충치를 생기게 만드는 박테리아를 증식시키지만, 초콜릿은 설탕의 효과를 억제하는 성분 역시 함유하고 있다. 뉴욕 이스트만 치의학 센터의 연구원들은 초콜릿이 인산염를 비롯한 다양한 무기질을 함유하고 있기 때문에, 간식 가운데 충치가 발생할 확률이 가장 낮은 음식이라고 밝혔다.

활동량이 많지 않은 여성은 건강한 몸무게를 유지하는 데 하루 1,900 칼로리가 필요하며, 남성은 약 2,400칼로리가 필요하다. 1주일에 5백 그램을 감량하려면 하루에 5백 칼로리씩 적게 섭취해야 한다. 칼로리만 따지면 그 누구도 초콜릿이 효과적인 다이어트 식품이라고 말할 수 없을 것이다. 보통의 초콜릿 과자 한 개에는 250칼로리 정도가 들어 있다. 다이어트하는 사람이 가끔 먹어도 괜찮은 수준이다. 과학자들은 코코아와 초콜릿류가 고혈압 환자의 혈압을 낮춰주고, 혈액 순환을 돕고, 심장 건강을 증진시킨다는 증거를 찾아냈다. 초콜릿에 함유되어 있는 특정 물질이 혈액 순환과 혈압 유지에 필수적인 산화질소를 합성하는 데 도움을 준다는 연구도 보고되었다. 또 다른 연구는 코코아에 함유되어 있는 플라보노이드가 혈액 속의 지방 같은 물질이 산화되어 혈관을 막는 것을 방지하고, 혈소판이 뭉쳐 혈전이 생기는 것을 방지해준다고 한다. 일반적으로 밀크초콜릿보다 다크초콜릿에 플라보노이드 함유량이 많다. 그러나 코코아 가루와 초콜릿 시럽을 제조하는 과정에서 플라보노이드 대부분이 제거된다고 한다. 따라서 과학적인 증거를 살펴볼 때, 커피가 초콜릿보다 비만, 성인 당뇨, 심장질환, 뇌질환, 암 등을 예방하는 데 더 효과적이라고 할 수 있다.

12

와인과 맥주보다 몸에 좋다

와인을 마시면 긴장이 풀리고 기분도 좋아진다. 의사들은 수천 년 동안 와인이 건강에 좋다고 이야기해왔다. 그러나 그 좋은 와인도 지나치게 많이 마시면 끔찍한 숙취 현상이 나타나고, 알코올 의존증이 생길 수 있다. BC 450년 무렵 히포크라테스는 해열제, 소독제, 이뇨제, 영양제로 특정 와인을 처방했다. 사람의 건강을 해치는 병원체 대부분이 와인에 함유되어 있는 산과 알코올 성분에 의해 소멸되기 때문이다. 그래서인지, 17세기까지도 물보다 와인이 더 안전한 수분 섭취 방식이었다. 영국 의사 앤드류 보어드는 유럽 전역을 돌아다니며 수 세기 동안 인간은 맹물보다 알코올음료를 선호해왔다는 사실을 밝혀냈다. 중세에서 근세 초기에 걸쳐 유럽 전역이 물의 오염으로 고통을 겪었다. 박테리아가 증식한 오염된 물을 특별한 조치를 취하지 않고 마셨기 때문에 콜레라가 만연하였다.

프래밍햄 심장 연구Framingham Heart Study (생활습관이 질병에 미치는 관계를 밝히기 위해 미국 매사추세츠 주의 작은 마을 프래밍햄 주민들을 대상으로 실시한 연구—편집자 주)에 의하면, 주기적으로 적정량의 와인을 마시는 사람이 그렇지 않은 사람에 비해 관상동맥으로 사망하는 확률이 50퍼센트 낮았다. 미국 텔레비전 뉴스 프로그램인 〈60분〉60 Minutes에 '프랑스인의 모순'이라는 개념이 소개되면서 미국에서 와인이 인기를 얻기 시작했다. 프랑스인의 모순이란, 프랑스인들이 미국인들보다 지방을 더 많이 섭취하지만 관상동맥 질환은 더 적게 걸린다는 이론으로, 와인이 몸에 이롭다는 주장이었다. 프랑스 음식을 빛내주는 레드 와인이 프랑스인의 심장도 보호해준다는 것은 다양한 연구를 통해 입증되었다. 붉은 포도의 껍질과 씨에 대량으로 함유된 플라보노이드가 좋은 콜레스테롤은 높여주고, 나쁜 콜레스테롤은 낮춰주며, 혈전 생성을 방지해준다.

그리하여 레드 와인은 몸에 좋은 알코올음료라는 인식이 굳게 자리 잡는다. 일반적으로 남부 프랑스인들은 치즈, 버터, 계란과 기타 고지방, 고콜레스테롤 식품을 많이 섭취한다. 이러한 식습관은 심장질환을 발생시킨다고 알려졌음에도 불구하고, 미국인의 발병률보다 현저하게 낮았다. 주기적으로 와인을 섭취하는 것이 프랑스인의 모순의 비결이었다.

하버드 대학교 공중보건대학원은 10만 명의 여성을 대상으로 14년 동안 연구 프로젝트를 진행하였다. 14개 주에 사는 25세에서 42세 사이의 참여 여성들은 2년에 한 번씩 설문지를 전달받았다. 각자의 생활방식과 새로 진단받은 질병 등을 상세히 기술해야 했다. 답변자들은 알코올 섭취량에 따라 3개 군으로 분류되었다. 하루에 한 잔에서 두 잔(알코올 섭취량 15~30g)의 알코올을 섭취한 여성들은 당뇨에 걸릴 확률이 현저하게 떨어졌다. 알코올을 더 많이 섭취하거나 더 적게 섭취한 여성들은 전혀 마시지 않거나 과거에 알코올 중독 증세를 보인 사람보다 당뇨병에 걸릴 확률이 낮았다. 맥주와 와인을 선호하는 사람들은 당뇨병에 걸릴 확률이 비슷했다. 도수가 높은 증류주를 선호하고 하루에 30그램 이상의 알코올을 섭취하는 사람들은 알코올을 전혀 섭취하지 않는 사람보다 당뇨병에 걸릴 확률이 150퍼센트 높았다.

과도하게 마시는 것은 전혀 마시지 않는 것보다 더 해롭다. 와인이나 다른 알코올음료 한 잔당 물 한 잔을 곁들여 마시는 것도 좋은 습관이다. 해장술은 숙취를 해소하는 방법 중 가장 몸에 해롭다. 최적의 건강 상태를 유지하는 비결이 낮에는 커피를, 저녁에는 와인을 마시는 것일지 모른다. 하지만 와인은 어린 아이들에게 권장할 수 없는 반면, 우유를 탄 커피는 모든 사람들에게 좋은 음료이다.

벤자민 프랭클린은 "맥주는 하나님께서 우리를 사랑하고 또한 우리가 행복하기를 바라는 증거다"라고 말한 적이 있다. 그후 한 세기 동안 관찰하고 20년 동안 머리를 모아 과학적으로 규명한 결과, 우리의 희망사항대로 맥주가 몸에 좋다는 것이 입증되었다. 맥주는 즐거움을 가져다줄 뿐만 아니라, 더욱 오래 그 즐거움을 누릴 수 있도록 건강에도 좋다. 라이트 맥주는 칼로리와 탄수화물 함유량이 일반 맥주보다 낮다. 보리 와인이나 임페리얼 스타우트 같은 도수 높은 맥주는 칼로리와 탄수화물 함유량도 더 높을 수 있다. 페일 에일이나 필스너같이 종류에 따라 함유하는 화합물이 달라질 수도 있다. 그러나 종류를 불문하고 모든 맥주는 영양이 풍부한 음료일 뿐만 아니라, 음식과도 궁합이 잘 맞는다. 그러나 여전히 커피가 와인이나 맥주보다 몸에 좋다.

13

증류주보다 몸에 좋다

사회주의와 자본주의의 중간단계가 알코올 의존증이다. 전 세계 성인의 90퍼센트가 주기적으로 알코올음료를 마시는데, 그 가운데 40에서 50퍼센트 가량이 일시적이나마 알코올로 인한 문제를 겪는다. 특히 남성이 심하다. 남성의 10퍼센트, 여성의 5퍼센트 남짓이 지속적인 알코올 의존증 증세를 보인다. 미국 성인의 약 3분의 2가 주기적으로 술을 마시고, 술 마시는 사람의 15퍼센트 남짓은 술고래라고 한다.

마흔여덟 살에서 일흔여덟 살 사이의 의사 만 2천 명을 대상으로 생활습관을 조사하는 연구가 영국에서 진행된 적이 있다. 하루에 알코올 16그램에서 24그램 정도를 섭취한 사람들의 사망률이 가장 낮았다. 적정량을 지키는 것이 중요하다. 과음하는 사람들은 하루에 한두 잔 마시는 사람들보다 사망률이 높았다. 적정량의 알코올을 섭취하는 집단은 관동맥성 심장질환에 걸릴 위험도가 30퍼센트 내지 50퍼센트가량 떨어졌다. 적정량의 알코올을 마시면 좋은 콜레스테롤인 HDL콜레스테롤 수치가 상승하고, 심장병과 뇌출혈을 일으킬 수 있는 혈전증의 가능성이 줄어든다. 또한 스트레스

를 낮춤으로써 동맥경련을 예방해준다. 동맥이 굳는 질병인 아테롬성 동맥
경화증도 줄여준다.

대규모 건강 연구 프로젝트인 '간호사 건강 연구'에 따르면 술을 마시
지 않는 사람보다 적정량을 마시는 사람에게서 담석 발생 빈도가 낮았다.
제2형 당뇨병의 발생도 술을 마시는 사람이 낮게 나타났다. 적정량의 술을
마시는 집단의 관동맥성 심장질환 발병 위험도가 40퍼센트가량 낮았다. 간
호사 건강 연구는 12년 동안 서른네 살부터 쉰아홉 살 사이의 여성 간호사
8만 5천여 명을 대상으로 진행되었다.

2만 명이 넘는 남성 외과 의사들을 11년 동안 관찰한 연구도 흥미롭
다. 적정량의 음주를 하는 집단이 협심증과 심근 경색은 30퍼센트에서 35
퍼센트 남짓, 심혈관 사망 원인은 20퍼센트에서 30퍼센트 남짓 위험도가
낮았다. 미국암협회는 9년 동안 서른 살에서 백 살 사이의 50만 명 가까운
사람들을 집단 연구하였다. 그 결과 적정량의 알코올을 섭취하는 사람들의
심혈관 사망 위험도가 30퍼센트에서 40퍼센트 낮았다. 일주일에 두세 잔의
술을 마시는 사람들이 술을 전혀 마시지 않는 사람들보다 고혈압 발생 위험
도도 낮았다.

알코올 역학 연구의 권위자인 아서 클라츠키 박사 연구팀은 의사가 환
자에게 '적정량의 알코올'을 조언할 수 있도록 하는 '알고리즘'을 발표했다.
관동맥성 심장질환을 앓고 있는 스무 살에서 마흔 살 사이의 환자(여성은 스
무 살에서 쉰 살)에게 적정한 음주량은 일주일에 한 잔에서 세 잔 사이였다. 그
들은 또한 심장질환을 갖고 있는 마흔 살(여성은 쉰 살)이 넘은 사람은 다이어
트 목록에 적정량의 알코올을 추가할 것을 권장하고 있다. 임신한 여성과
알코올 중독 및 금연 치료를 받고 있는 사람은 예외다.

미국심장협회의 지침 또한 적정량의 음주를 권장한다. 그렇다면 적정

량은 어느 정도일까? 하루에 남자는 한두 잔, 임신하지 않은 여성은 한 잔 가량이다. 한 잔은 맥주 350cc 정도를 가리킨다. 임신 또는 수유중인 여성이 마셔도 되는 적정량의 알코올은 어느 정도일까? 미국 과학자들은 유럽의 동료들보다 기준을 낮게 설정하는 편이다. 유럽의 기준은 여성은 하루에 한 잔, 남성은 한 잔에서 세 잔 사이이다. 적정한 음주가 건강에 혜택을 가져다준다는 사실이 널리 받아들여지고 있음에도 불구하고, 술이 여전히 건강에 위협적인 것도 사실이다.

오피오이드 길항제 날록손은 FDA가 승인한 유일한 알코올 의존증 치료제다. 알코올 의존증은 전 세계적인 문제이다. 최근 연구에 의하면 커피 섭취와 알코올 의존증은 반비례한다. 로스팅한 커피 원두에는 알코올 금단 현상을 줄여주는 클로로겐산과 락톤이 함유되어 있다. 그렇기 때문에 커피는 알코올보다 몸에 좋을 뿐만 아니라, 또한 알코올 의존증을 해소해주는 음료이기도 하다.

14

탄산음료보다 몸에 좋다

탄산음료가 얼마나 흔하게 마실 수 있는 음료인지를 탄산음료를 끊기로 마음먹기 전까지는 모를 것이다. 소다, 팝, 소다팝 등으로 불리는 소프트드링크는 알코올음료인 하드드링크와 대조적으로 알코올이 들어가지 않은 것이 특징이다. 콜라, 스파클링 워터, 아이스 티, 레모네이드, 스쿼시, 과일 펀치 같은 게 가장 일반적인 소프트드링크다. 탄산음료는 맛과 용량, 설탕이 들어가고 들어가지 않은 데 따라 매우 다양하다. 용기에 담아 판매하기도 하고, 카페나 음식점 같은 곳에서 컵에 따라 판매하기도 한다.

미 농무부는 하루 설탕 섭취량이 10찻숟가락 2천 칼로리를 넘지 않을 것을 권장하고 있다. 그러나 대부분의 소프트드링크는 이보다 많은 양을 함유하고 있다. 일부러 첨가하지 않는 한, 소프트드링크에는 비타민, 미네랄, 섬유질, 단백질, 기타 필수 영양소가 들어 있지 않다. 소프트드링크에는 색소, 인공 향료, 유화제 같은 화학 첨가물이 많이 들어간다. 생각보다 많은 사람들이 탄산음료에 중독되어 있다.

탄산음료 때문에 유아 비만이 급증했다. 지난 15년 동안 비만율은 두

배로 증가하였다. 소프트드링크는 흔히 패스트푸드 같은 고칼로리 음식과 함께 소비된다. 따라서 소프트드링크를 자주 마시는 어린이는 뚱뚱해지고, 나중에 성인이 되었을 때 당뇨에 걸릴 확률이 높아진다. 탄산음료를 멀리하는 습관이 몸에 배도록 노력할 필요가 있다. 그러나 판매자들은 적당히 마시면 탄산음료로 인해 생각만큼 살이 찌지 않는다고 주장한다. 더 나아가 소프트드링크를 적당히 마시면, 삶이 건강해지고 균형 잡힌 생활에 보탬이 된다고까지 주장한다.

문제는 사람들이 탄산음료를 적당히 마시지 않는다는 것이다. 대부분의 사람들은 설탕을 지나치게 많이 섭취한다. 꽤 많은 부분이 탄산음료 때문이다. 두 살 이상 미국인들이 탄산음료를 통해 먹는 설탕의 양은 하루 칼로리 섭취량의 21퍼센트를 차지한다고 한다. 탄산음료와 과일 주스를 통해 섭취하는 설탕의 양은 1977년부터 2001년 사이에 3배 증가했다. 노스캐롤라이나 대학교 복합비만 프로그램 센터장인 배리 폽킨 박사는 "많은 사람들이 자신들이 마시는 음료 속에 얼마나 많은 칼로리가 들어 있는지 깨닫지 못하거나 잊어버리곤 한다. 기호음료가 비만을 일으키는 주범이다"고 밝혔다.

공공이익과학센터 센터장인 마이클 제이콥슨은 다이어트 탄산음료를 마시기보다 인공감미료 스플렌다로 단맛을 낸 음료를 찾아 마실 것을 권장한다. 그 외의 단맛을 내는 물질은 피하라고 말한다. 이러한 설탕 대용품은 모두 FDA의 승인을 받았다. 인공 감미료의 하나인 아스파탐이 최근 화제에 오른 적이 있다. 몇몇 사람들이 아스파탐이 뇌종양을 비롯한 질병과 상관관계가 있다고 인터넷에서 주장하면서다. 그러나 FDA는 여전히 아스파탐은 아무런 건강상의 문제가 없다고 주장한다. 또 미국심장협회 역시 단맛을 내는 물질 모두 안전하다며, 당뇨 환자나 체중감량을 원하는 사람에게 권장하고 있다.

    설탕 대체 첨가물은 무칼로리 식품이라고 불린다. 칼로리도 없고, 혈당을 높이지 않으며, 단맛을 내기 때문이다. 설탕이 10찻숟가락 들어간 음료보다 대체물질이 든 음료를 마시는 것이 나을 수 있다. 탄산음료보다는 두유나 우유가 좋다. 우유도 영양분이 많은 식품이다. 칼로리 섭취를 신경 쓰고 있다면 저지방 우유를 추천한다. 탄산음료를 즐겨 마시는 사람은 물이 맛이 없다고 생각할 것이다. 물에 레몬이나 민트를 넣어 마시면 맛있게 마실 수 있다. 습관적으로 마시는 해로운 탄산음료를 멀리하는 보다 확실한 방법은 몸에 좋은 커피를 마시는 일이다.

15

샴페인보다 몸에 좋다

세상에서 참기 어려운 세 가지는 차가운 커피, 미지근한 온도의 샴페인, 흥분한 여자라는 말이 있다. 샴페인의 본고장 샹파뉴는 자연이 아름다운 곳이다. 샹파뉴라는 이름은 라틴어로 들판을 의미하는 캄푸스campus 혹은 캄파니아campania에서 유래하였다. 초기의 탄산이 든 알코올음료는 우연의 산물이었다. 프랑스에서는 뱅그리vin gris를 오래 숙성시키지 않고 마셨다. 그런데 오크통에 담아 해외로 수출할 때, 따뜻한 날씨 때문에 2차 발효가 진행되었다. 탄산이 생긴 새로운 종류의 음료는 도착지에서 특별한 조치 없이 그대로 병에 담아 팔렸다. 탄산은 샹파뉴 지역의 학자와 상인들의 호기심을 자극했다.

프랑스 수도사들이 처음으로 탄산이 들어 있는 와인을 병에 담기 시작했다. 프랑스어로 거품을 일컫는 말인, 무스mousse를 병 안에서 만들어내는 방법을 고안한 것은 베네딕트 수도회의 수도사들이었다. 샹파뉴 지방은 기온이 낮아 포도 수확기도 비교적 짧으며, 다른 프랑스 지역보다 시기도 늦다. 그렇기 때문에 포도가 발효하는 시간 역시 짧다. 발효하는 과정에서

프랑스 샹파뉴 지방의 포도밭

이스트가 포도의 당분을 알코올로 분해하다가, 추운 겨울이 오면 발효가 멈춘다. 수도사들이 이듬해 봄에 병 안에서 일어나는 2차 발효를 이용해 샴페인 만드는 방법을 발전시켰다. 2차 발효 과정에서 이산화탄소가 발생해 우리가 아는 샴페인의 톡톡 튀는 맛이 완성된다.

샹파뉴 지방은 북쪽이기 때문에 포도나무가 햇볕을 충분히 받지 못하는 경우가 많다. 그래서 와인을 만들면 덜 익은 포도로 인해 톡 쏘는 듯한 맛이 생긴다. 미완성된 와인의 맛을 부드럽게 해주고, 대중의 취향에 맞는 감미로운 와인이 되게 해준 것은 설탕이었다. 장 샤프탈이라는 저명한 화학자는 발효과정에서 설탕을 첨가하는 방식을 적극 옹호하였다. 그것이 알코올 도수를 올려주는 등 가장 유익한 방법으로 판명되었다. 샤프탈리자씨옹 Chaptalisation은 '설탕 추가'를 의미한다. 나중에는 농축 포도즙을 첨가하는 방식으로 발전하였다. 하지만 이 같은 발전은 품질의 향상에는 기여하였지만, 병이 폭발하는 문제를 야기하였다.

많은 사람들이 샴페인이 몸에 좋다고 생각해 마신다. 실로 샴페인은 다양한 건강상의 효능을 지녔다. 예컨대 기름진 음식을 먹을 경우, 지방을 작은 입자로 분해시켜 위장에 무리가 덜 가게 돕는다. 소화가 잘 되고 칼로리가 높아, 수술 후에 마시기에 적당하다. 자연재료로 만들었기 때문에, 숙취나 두통이 생기지 않는다. 또 알코올 도수가 낮아서 우울증을 완화하고, 해열작용이 있으며, 임산부의 입덧도 완화한다고 한다. 사람들이 샴페인을 터뜨리며 특별 이벤트를 축하하는 데는 충분한 이유가 있다. 샴페인은 경축 행사를 빛내줄 뿐만 아니라, 수 세기에 걸쳐 소비해온 사람들의 건강 증진에 놀라운 역할을 해왔다.

샴페인을 마시면 알코올과 탄산의 상호작용으로 인해 더 빨리 취기가 오른다. 알코올과 탄산이 결합하면 알코올이 더 빨리 흡수된다. 하지만 샴페인은 가격이 비싸기 때문에 많이 마시지 않는다. 샴페인이 우리 몸에 좋은 영향을 끼친다는 연구는 꽤 많다. 우선 알츠하이머병과 파킨슨병을 예방하는 데 도움을 준다. 샴페인이 건강에 유익한 이유는 폴리페놀 때문일 것으로 추정된다. 폴리페놀은 산화 스트레스를 받은 세포의 죽음을 방지하는 산화 방지제이다. 따라서 샴페인 잔을 들고 건배하는 것은 비유적인 방법으로 우리의 건강과 행복을 기원하는 행위다.

레드 와인이 폴리페놀을 더 많이 함유하고 있지만, 샴페인에도 많다. 붉은 포도 껍질이 햇볕에 오랫동안 노출되어 그럴 것이다. 샴페인이 티로솔이나 커피산 같은 페놀계 화합물을 다량 함유하고 있다는 것이 연구를 통해 밝혀졌다. 샴페인이 뇌의 노화를 장기적으로 예방하는지는 아직 입증된 바 없다.

지금 한 가지는 분명하다. 그것은 커피가 샴페인보다 우리 몸에 좋다
는 것이다. 폴리페놀도 커피에 훨씬 많이 함유되어 있다. 결론적으로 낮에
커피를 서너 잔 마시고, 저녁에 샴페인이나 와인을 한 잔 마시는 것이 가장
이상적이다. 건배!

16

에너지 음료보다 몸에 좋다

에너지 음료가 인기를 끌고 있다. 에너지 음료들은 정력을 증강시키고, 숙취에서 빨리 깨어나게 해주는 등 다양한 효능을 갖고 있는 듯이 주장한다. 그러나 에너지 음료에 들어가는 혼합물이 무엇인지 그 정체를 온전히 알기는 어렵다. 1987년에 레드불이 처음 출시된 이후, 에너지 음료는 날개 돋친 듯 팔렸다. 2000년부터 2005년 사이에 에너지 음료 산업은 7백 퍼센트 이상 성장했다. 에너지 음료는 소비자들에게 자신들이 필요로 하는 에너지 성분이 그 속에 들어 있다고 믿게 만든다. 에너지 음료는 타우린과 과라나 등을 함유해 카페인의 효과를 증폭시키는 점에서 탄산음료와 구별된다. 그래서 십대 청소년들과 이삼십대 젊은 층에 인기가 있다. 그러나 그 어떤 에너지 음료도 FDA의 충분히 실험을 거치지 않았다.

타우린은 아미노산의 일종으로 레드불의 주원료이다. 타우린은 주로 땀과 소변으로 배출된다. 제조회사들은 타우린이 디톡스 효과를 일으킨다고 주장한다. 아미노산의 작용으로 운동을 하고 난 다음 빨리 회복되는 등 건강상의 효능이 있다는 것이다. 그러나 소비자 건강 보고서는 제조회사들의 주장을 신뢰하지 않고 있다.

에너지 음료에는 카페인이 많이 들어 있는 반면에, 스포츠 음료에는 카페인이 없는 경우가 많다. 카페인을 함유한 음료를 마시면 순간적으로 에너지가 생기는 느낌이 들지만, 나중에는 몸이 전보다 더 피곤해지는 느낌을 받게 된다. 카페인은 몸이 떨리는 느낌을 가져다준다. 많은 소비자들은 그 같은 현상을 좋아하지 않는다. 운동이나 육체 활동을 많이 하는 사람에게는 물이 좋다.

버펄로 대학교 중독연구소는 에너지 음료와 공공보건의 연관성을 연구했다. 에너지 음료가 약물 남용이나 위험 행동의 요인이 되는지를 살펴본 것이다. 에너지 음료의 소비 행태까지 상세히 연구하지는 않았으나, 에너지 음료의 소비와 위험 행동 사이에 상관관계가 있음을 보여주는 두 건의 연구 결과가 도출되었다. 에너지 음료를 즐겨 마시는 사람들은 마시지 않는 사람들보다 알코올 섭취와 마리화나 복용으로 인한 문제를 2배가량 더 일으켰다. 안전하지 않은 성생활에 탐닉하고, 자동차 안전띠를 착용하지 않으며, 익스트림 스포츠를 즐기거나 그밖에도 여러 가지 형태의 위험한 행동에 거리낌이 없었다.

최근 에너지 음료와 관련된 사망사고가 발생함에 따라 프랑스, 터키, 덴마크, 노르웨이, 아이슬란드 같은 유럽 국가들은 일부 음료를 금지하는 조치를 취했다. 카페인이나 타우린이 많이 들어 있는 에너지 음료는 모두 금지되었다. 스웨덴에서는 약국에서만 판매할 수 있도록 하였다. 캐나다는 에너지 음료의 판매를 금지한 적이 있고, 지금은 위험을 알리는 경고문을 부착하도록 하고 있다. 어린이나 임산부에게 해롭고, 알코올과 함께 마시거나 많은 양을 마시면 위험이 따른다는 내용이다.

'코카인'이라는 이름을 가진 음료가 레드불의 경쟁상품으로 출시되었다. 마약은 함유하지 않았지만, 레드불보다 카페인 함유량이 350퍼센트나 더 높다. 프랑스는 전 세계에서 가장 인기 있는 에너지 음료인 레드불을 한때 금지시킨 적이 있다. 카페인과 타우린이 너무 많이 들어 있기 때문이다. 판매 금지는 풀렸지만, 에너지 음료가 위험하다는 그들의 생각에는 변함이 없다. 프랑스 보건당국은 영구적인 금지 조치를 마련하기 위해 노력하고 있다.

에너지 음료 28개를 분석해본 결과 카페인 함유량이 콜라의 평균 14배, 커피의 7배였다. 카페인을 지나치게 많이 마시면 혈압 상승, 심장 박동 증가, 불안 증세 등이 생긴다. 존스홉킨스 대학의 그리피스 박사는 에너지 음료에 카페인 알약과 같은 경고문이 부착되어야 한다고 주장한다. 오늘날 에너지 음료 시장은 엄청 커졌다. 특히 젊은 층과 청소년들은 습관처럼 마신다. 카페인 함유량이 특히 많은 에너지 음료에라도 경고문을 부착하자는 움직임이 활발해지고 있다.

17

운전할 때 최고의 음료다

운전할 때 어떤 음료를 마시는 게 좋을까? 답은 커피다. 최근 일어난 교통사고의 원인은 다음과 같다. 첫째, 사고를 일으킨 운전자의 70퍼센트가 제한 속도를 위반하였다. 둘째, 사망이나 중상자가 발생한 교통사고의 3분의 2가 제한속도 50킬로미터 이하에서 발생하였다. 셋째, 시속 60킬로미터로 달리면 50킬로미터일 때보다 사망사고를 일으킬 확률이 2배 이상 높다. 그리고 사망사고의 원인은 다음과 같은 순이었다. 과속, 음주나 약물 중독, 휴대전화, 졸음운전, 차체 결함, 운전자 부주의, 안전벨트 미착용, 운전 미숙…

세계보건기구와 세계은행이 함께 발행한 보고서 The Global Burden of Disease는 비감염성 질환이 2020년까지 77퍼센트 증가할 것으로 예상하고 있다. 주요인은 교통사고의 증가 때문이다. 한 해 동안에 열다섯 살에서 스무 살 사이의 운전자 4천여 명이 교통사고로 사망하고, 30만여 명이 부상을 입는다. 청소년 운전자들의 교통사고 사망원인 가운데 31퍼센트는 음주운전이었다.

세계보건기구가 펴낸 다른 보고서에 의하면, 열다섯 살부터 마흔네 살 사이에 부상을 입어 사망한 사람 가운데 가장 큰 부분을 차지하는 것은 교통사고로 인한 것이었다. 자동차 사고로 부상을 입은 사람의 숫자는 한 해 동안 4천만 명이 넘는다. 사망자와 중상자를 발생시키는 주원인으로 졸음운전이 눈에 띄게 증가하고 있다. 졸리거나 심신이 피로한 상태에서 운전하는 것은 교통사고를 불러오는 행위나 마찬가지다.

졸음 증상은 누구라도 쉽게 알 수 있다. 다양한 징후가 나타나는 까닭이다. 하품, 무거운 눈꺼풀, 흐려지는 시야, 떨어지는 고개, 차선 이탈, 느린 반응 속도, 집중력 저하, 공상, 불규칙한 속도... 음악을 듣거나 따라 불러보아도 쏟아지는 졸음을 쫓을 방법이 없다. 이런 행위는 잠시 잠깐 도움을 줄 뿐이다. 찬바람을 맞는 것 역시 해법이 되지 못한다. 단 몇 초 꾸벅 하는 사이에 끔찍한 사고가 일어날 수 있다.

영국 러프버러 대학교의 수면 연구팀이 운전자들이 졸음을 쫓는 방법을 연구했다. 졸린 상태의 피실험자들이 자동차 운전 시뮬레이터로 운전을 하면서, 사람들이 흔히 사용하는 잠 쫓는 방법을 시도하게 하였다. 창문을 열고 차가운 바람을 맞는 방법, 음악을 크게 트는 방법, 정신이 들게 하기 위해 자신의 얼굴을 때리는 방법 등을 시도하였다. 하지만 그 어느 것도 성공적이지 못했다. 가장 효과가 탁월한 방법은 '카페인 낮잠'이었다. 카페인 낮잠은 간단하다. 커피를 마신 뒤 15분 동안 낮잠을 자는 것이다. 커피는 사람을 졸리게 만드는 호르몬인 아데노신의 효과를 완화시켜준다고 한다. 한 잔의 커피와 짧은 낮잠의 마법이 최상의 각성 상태를 만들어준다. 낮잠은 15분으로 한정하는 것이 좋다. 그 이상 자게 되면 오히려 더 피곤해지기 때문이다. 아데노신은 장시간의 불면 상태 동안 뇌에 축적되어 사람을 잠들게 유도한다. 잠을 자는 동안에는 아데노신 농도가 감소하고, 그래서 잠에서 깨어나게 된다.

　장시간 운전하면서 충분한 휴식을 취하지 않는 운전자들을 계도하기 위한 캠페인이 스코틀랜드에서 시행되었다. 캠페인 기간 동안 운전자들은 커피를 제공받았다. 직업의 일환으로 운전하는 사람들은 자신의 건강을 돌볼 충분한 여유를 갖기 어렵다. 따라서 캠페인의 주대상은 먼 거리를 운전하는 직업 운전자들이었다. 비행기로 출장 갔다가 공항에 세워둔 차를 몰고 돌아오는 운전자들도 대상이었다. 적절한 휴식을 취하지 못했을 가능성 때문이었다. 스코틀랜드 경계를 넘어오는 자가운전 여행자들에게도 주의를 환기시켰다.

　휴식시간을 갖고 잠깐이라도 눈을 붙이는 것이 졸음운전을 예방하는 유일한 해결책이다. 커피같이 카페인을 함유한 음료를 마시면서 정기적으로 휴식을 취해야 효과적이다. 커피를 마시고 안전운전하자.

18

스스로 섭취량을 조절할 수 있다

추운 겨울날이 아니더라도 습하고 쌀쌀한 날씨가 계속되면 따뜻한 커피 한 잔이 최고다. 커피는 1년 내내 마실 수 있고, 섭취량을 스스로 조절할 수 있는 유일한 음료다. 적정량을 넘어서면 몸이 알아서 반응한다. 추운 날 밤에 위스키나 보드카를 들이켜 보라. 한번 마시기 시작하면 멈추기 쉽지 않다. 커피 마실 때는 그럴 걱정이 없다. 물론 카페인도 과도하게 섭취하면 중독 현상이 나타난다.

파라셀수스는 "모든 것이 독이다. 독이 들어 있지 않은 것은 없다. 알맞게 복용할 때만 독이 되지 않는다"고 썼다. 파라셀수스는 콜럼버스가 신대륙을 향해 항해를 떠난 다음해인 1493년에 스위스에서 태어났다. 그는 의학계의 루터라 불렸다. 지동설을 주장한 코페르니쿠스 못지않게 16세기 후반의 과학 논쟁에서도 중요한 위치를 차지한다. 자신을 중독시킬 정도로 과도하게 커피를 마시는 사람은 없다. 커피 소비는 자기 조절이 가능하다. 수 세기에 걸쳐 사람들은 어떻게 커피를 마시고 조절해야 하는지 배워왔다. 그것이 알코올이나 탄산음료와 다른 점이다. 커피는 이른바 자기 제어가 가능한 유일한 음료다. 커피 애호가였던 볼테르는 "남용하지 말고 알맞게 마셔라. 과하거나 못 미치면 행복할 수 없다"고 말했다.

세계 인구의 80퍼센트가 커피를 비롯해 카페인이 들어 있는 음료를 마신다. 생각보다 많은 사람들이 정신질환을 앓고 있는 것으로 분류된다. 정신질환 진단을 받은 사람 가운데 일부는 단지 카페인 중독증 때문이고, 정신질환과 카페인 중독증이 겹치는 사람도 적지 않다. 극단적인 주장을 펴는 학자들은 불안증, 주의력 결핍증, 공황장애, 우울증, 성격장애, 정신분열증 같은 정신질환을 앓는 사람들은 커피를 마시지 말라고 권장한다. 그러나 이는 커피가 카페인의 주범이라는 근거 없는 억지주장이다. 만일 실제로 커피를 마셔서 카페인 중독에 걸린 경우가 있다면, 일반 커피를 디카페인 커피와 섞음으로써 카페인 섭취량을 서서히 줄여가야 한다. 그래야 커피 금단 현상인 두통과 메스꺼움을 피할 수 있다.

카페인이 다량 함유된 음료의 인기가 사회생활 전반에서 점점 높아지고 있다. 텔레비전 드라마의 주인공들이 커피숍에 앉아 이야기를 나누는 장면도 자주 등장한다. 수많은 새로운 음료들이 시장에 출시되곤 한다. 그 가운데는 기존 음료보다 카페인이 훨씬 많이 든 음료도 많다. 그러나 카페인 중독에 대한 언급은 없다. 그렇기 때문에 카페인 중독 환자들이 그 위험성을 깨닫기란 쉽지 않다. 카페인 중독에 관한 교육이 필요하다. 하지만 카페인 과다로 사망하는 경우는 매우 드물다. 카페인이 든 음료를 마셔서 목숨이 위태로울 만큼 카페인을 섭취하기란 흔치 않은 일이다. 수분도 그만큼 많이 섭취하기 때문이다.

카페인 알약의 경우를 살펴보자. 그것은 전혀 다른 이야기다. 코네티컷 주에 사는 열아홉 살 소녀가 사망하는 사고가 발생했다. 사인은 카페인 과다 복용이었다. 알약으로 된 카페인 24알을 섭취했던 것이다. 약병에는

커피만큼 안전하다고 적혀 있었다고 한다. 과하게 복용할 경우 위험하다는 경고문은 쓰여 있지 않았다. 얼추 계산해보면 카페인 4,800밀리그램 남짓을 섭취한 셈이다. 같은 양의 카페인을 커피로 섭취하려면 시간이 훨씬 오래 걸릴 것이다. 알약을 먹으면 카페인이 한꺼번에 흡수되어 위험하다. 이 비극적인 이야기를 교훈삼자. 알약은 절대 남용해서는 안된다. 고혈압과 심장질환 같은 지병이 있다면 더욱 조심해야 한다.

　　카페인 5그램에서 10그램, 커피 80잔 분량에 해당하는 양을 한꺼번에 섭취해야 카페인 중독에 걸린다. 어린아이들은 더 적은 양으로도 중독 증상을 보일 수 있다. 적당한 양은 괜찮다. 하지만 카페인을 과다 섭취하면 위험하다.

19

안전하다

의사들의 말을 귀담아 들어보면 마음 놓고 먹을 수 있는 먹을거리가 없다. 신학자의 말을 들으면 모든 것이 불손하고, 군인의 말을 들어보면 언제 어디나 위험이 도사리고 있다. 두통, 배탈, 어지럼증, 불면증, 심장 이상증세 등이 발생하면 가장 먼저 커피를 끊게 된다. 의사들이 커피가 만병의 근원이라고 이야기하기 때문이다. 1820년에 독일인 화학자 프레드리히 페르디난드 룬게가 처음으로 카페인을 추출하는 법을 개발하고 연구하기 시작했다. 그 이후부터 카페인은 커피 애호가들과 의사, 그리고 과학자들 사이에서 큰 걱정거리가 되었다. 초기 연구의 대부분은 과도한 카페인 섭취가 우리 몸에 끼치는 부정적 영향에 집중되었다. 적정한 커피 섭취가 우리 몸에 가져다주는 유익한 점은 무시되었다.

사람 몸에 카페인이 어떤 영향을 끼치는지 실로 방대하고 다양한 연구가 진행되었다. 카페인에 대한 거의 모든 것이 밝혀졌다고 해도 좋을 정도다. 그러나 커피와 사람의 건강에 관련된 연구는 그리 많이 이루어지지 않았다. 대부분 커피가 카페인을 함유하고 있기 때문에 건강에 몹시 해로울 수 있다는 견해를 확산시키는 것들이었다. 거의 모든 과학 논문이 커피에 함유되어 있는 카페인의 양은 얼마만큼이며, 정제된 카페인이 사람과 동물한테 끼치는 영향은 무엇인지에 초점을 맞추었다. 차츰 카페인이 커피에 함유되어 있는 주된 항정신성 물질이라는 오해가 생겼다.

　과학의 발견은 사실 궁금증을 하나씩 해결해나가는 과정이다. 1987년 초반에 FDA는 탄산음료에 함유된 카페인이 인체에 해롭지 않다는 사실을 재차 증명하였다. 최근의 연구는 탄산음료에 함유되어 있는 카페인은 인체에 해롭지 않으나, 과도한 당분 섭취가 소아 비만의 원인이라는 것을 밝혀냈다. 미국 국립과학원, 국가연구위원회 그리고 외과의사회는 적정량의 카페인 섭취는 인체에 아무런 해가 되지 않는다고 밝혔다. 카페인을 정기적으로 섭취하다가 중단하면 나른함이나 두통 같은 일시적인 금단현상이 나타날 수 있으나, 중독을 일으키지는 않는다. 카페인 구연산염은 조산아의 무호흡증 치료제로 사용되기도 한다. 아이의 몸무게 1킬로그램당 20밀리그램씩 처방한다. 또한 척수천자 후유증으로 생기는 두통이나 편두통 치료제로도 카페인을 많이 사용한다.

　아라비카 원두보다 로부스타 원두가 카페인 함유량이 더 높다는 것을 염두에 두어야 한다. 카페인은 로스팅을 해도 그 양이 달라지지 않기 때문에, 경우에 따라 생각보다 카페인을 더 많이 섭취할 수도 있다. 커피를 장기적으로 섭취해도 혈압, 콜레스테롤 수치, 혈당 수치, 혹은 수면의 질에는 영향을 미치지 않는다. 커피로 섭취한 카페인은 심근경색, 비뇨기 질환, 췌장암 혹은 유방암 등과는 아무런 연관이 없다. 적정량 즉, 하루 5백 밀리그램을 초과하지 않게 섭취한다면, 카페인이 인체에 안전하다는 것이 오늘날 모든 연구의 공통 의견이다. 커피 서너 잔에 해당하는 양이다. 그 이상 섭취하면 건강에 문제가 생길 수 있다.

인류 역사상 카페인 중독으로 목숨이 위태로워졌다는 기록은 그리 많지 않다. 커피와 차, 콜라 같은 음료가 세계적으로 널리 애용되고 있음을 고려하면 더욱 그렇다. 커피 중독 사례를 다룬 논문은 매우 찾기 힘들다. 커피의 안전성이 높다는 증거다. 카페인의 치사량은 5그램에서 10그램가량이다. 커피 2백 잔, 콜라 같은 음료 백 병 분량에 해당되는 수치이다.

물론, 커피를 자주 마시지 않는 사람이 커피 20잔에서 50잔 분량에 해당하는 카페인을 한꺼번에 섭취하면 위험할 수 있다. 매일 커피를 마시는 사람들은 카페인 내성이 강하게 생겼기 때문에, 놀라울 정도로 많은 양을 마시기 전까지는 카페인 중독증세를 보이지 않는다. 카페인 중독증세는 주로 중앙신경계와 심혈관계에 나타난다. 불면증, 불안증, 흥분증상 같은 현상이 대표적이다. 심한 경우에는 귓속이 울리고 시야에 반짝거림이 생기는 빈맥증세까지 보일 수 있다. 근육이 심하게 수축하며 떨리는 증세가 생기는 경우도 있다. 섭취한 카페인의 양이 증가할수록 증세는 더욱 심화되며, 구토, 경련, 코마 상태에까지 이를 수 있다. 무엇이든지 지나치면 모자라느니만 못하다. 커피, 음식, 비타민, 돈, 심지어 사랑까지 말이다.

20

산모가 마셔도 안전하다

카페인, 그리고 간접적으로는 커피가 표준체중에 미달하는 아이를 출산하거나 유산을 일으키는 등 임산부에게 해롭다는 인식이 오랫동안 지속되었다. 임산부들이 커피를 많이 마시기 때문에, 과학자들은 카페인이 임산부에게 미치는 영향을 연구하기 시작했다.

카페인을 많이 섭취하면 기형 동물이 발생할 확률이 높아진다는 연구 결과가 1990년대 초에 발표되었다. 이 같은 동물 실험을 근거로 커피와 관련된 부정적이고 검증되지 않은 논문이 다수 발간되었다. 대부분 사람에게도 같은 효과가 나타날 것이라는 가정 아래 이루어진 연구였다. 동물 실험만으로 사람에게 같은 효과가 나타난다고 단정할 수는 없다. 많은 여성들이 임신 기간중에 카페인을 함유한 음료를 흔히 마신다. 체중 60킬로그램인 여성이 하루에 144밀리그램(체중 1kg당 2.4mg) 이내의 카페인을 섭취하면 안전한 범위에 속한다. 아직까지 카페인 섭취로 인한 '기형 발생 신드롬'이나 기형아가 태어났다는 사례는 보고된 적이 없다.

미국 국립보건원 산하의 국립의학도서관이 소장하고 있는 40여 년간의 데이터베이스를 기반으로 임산부의 카페인 섭취를 연구한 논문이 간행되었다. 뉴욕 주 보건환경 부서에서 일하는 저자는 카페인이 사람에게 기형을 유발한다는 증거는 어디에도 없다고 결론짓고 있다. 산모가 커피를 마시면 태아 기형이 발생할 가능성이 있다는 견해를 바꿀 만한 역학적 증거가 아직은 충분하지 않다. 그러나 많은 데이터는 커피가 임산부에게 해롭지 않다는 것을 일러준다. 적정량의 카페인을 섭취하면 조산하거나 저체중 아이가 태어날 가능성은 없다.

덴마크 국립보건청은 여성들에게 하루 커피 3잔 이상을 마시도록 권고하고 있다. 덴마크 의학자인 보딜 베크 박사는 "임신중 적정량의 카페인을 섭취하면 태아의 성장에 아무런 영향을 미치지 않는다"고 말했다. 베크 박사가 이끄는 연구팀은 임신 초기의 건강한 여성 1,200명에게 하루에 커피 3잔 이상 마시도록 했다. 심지어 하루에 커피 7잔 이상을 마신 산모가 낳은 아이의 체중에도 차이가 없었다. 또한 조산율이 높지도 않았다. 연구자들이 커피를 단지 카페인의 관점에서만 바라보고, 다른 방식의 커피 소비나 커피에 함유되어 있는 생리활성 화합물에 주의를 기울이지 않고 있음을 기억할 필요가 있다.

여성의 카페인 섭취에 관한 가장 업데이트된 연구는 하버드 의과대학 레비통 박사와 오클라호마 대학 코원 박사의 공동 연구다. 두 연구자는 카페인 섭취가 생식 기능을 떨어뜨린다는 설득력 있는 증거는 없다고 결론 내렸다. 현재까지 축적된 이용 가능한 모든 의료 데이터는 임신중 적정량의 카페인을 섭취하면 태아의 상태에 아무런 영향을 미치지 않는다는 결과를 보여준다. 하지만 임신 말기의 임산부는 커피 섭취량을 줄이는 게 좋다. 카페인의 반감기 때문이다. 아직도 의사와 임산부들은 카페인이 임신에 해로운 것으로 간주하는 경향이 있다. 따라서 연구가 더욱 진척되어 커피가 임신 상태에서도 안전하고 건강한 음료라는 것이 입증되기까지는, 임산부는 커피에 우유를 섞어 마시고 하루 2잔을 넘지 않는 것이 좋겠다.

세계기형유발물질정보센터는 카페인이 기형아를 태어나게 하는 증거는 전혀 없다고 밝히고 있다. 마더리스크Motherisk라는 단체가 권고하는 임신중 하루 카페인 섭취량은 150밀리그램 이하다. 반면에 세계기형유발물질정보센터는 하루 3백 밀리그램까지를 적정량으로 규정해, 적정량의 커피는 여성의 생식력을 감소시키거나 출산시 기형아를 낳을 확률을 높이지 않는다고 본다. 미국소아과학회는 아이에게 젖을 먹이는 여성은 커피를 마시지 말 것을 권장하고 있다. 그럼에도 불구하고 어머니가 하루 한 잔 정도의 커피를 마신다고 젖먹이 아이에게 부정적인 영향이 발생하지는 않을 것이라고 이야기한다.

21

아이들이 마셔도 안전하다

미국 사람들은 카페인 때문에 아이들에게 커피를 잘 주지 않는다. 그럼에도 불구하고 대부분의 청소년들은 고카페인 탄산음료를 즐겨 마신다. 큰 콜라 한 병 속에는 커피 4잔 분량의 카페인이 들어 있다. 탄산음료는 또한 고칼로리이기 때문에 비만 현상이 날로 증가하고 있다.

커피 생산국가에서는 커피와 우유를 초등학교 급식 식단에 포함해 제공하는 프로젝트가 진행중이다. 커피가 비만을 예방해주기 때문이다. 뿐만 아니라 커피가 당뇨, 우울증, 자살 같은 병리 현상에도 도움을 주기 때문이다. 일종의 '커피 모순'이라 할 수 있겠다. 카페인과 커피는 아이들에게 해롭지 않다. 미국 베데스다 국립보건원은 카페인이 아이들에게 미치는 영향은 판별하기 어려운 수준으로 위험하지 않다고 밝혔다. 아이들에게 커피를 먹이는 것을 꺼리는 사람들이 많다. 잘 모르면서 카페인이 아이들에게 해로울 것이라는 편견을 갖고 있기 때문이다. '끔찍한 카페인'이 들어 있는 커피를 어떻게 아이들에게 줄 수 있느냐고 지레 겁을 먹기도 한다. 그러나 그들은 지난 수십 년 동안 우리 아이들이 카페인이 잔뜩 들어간 탄산음료를 얼마나 많이 마셔왔는지 잊고 있는 셈이다. 아이들에게 탄산음료를 줄 바에는 자연 음료인 커피를 마시게 하는 것이 더 바람직하다.

수십 년 동안 의사들과 카페인 전문가들은 아이들의 고칼로리 음료 섭취를 수수방관해왔다. 이들 음료는 블랙커피와 비슷한 양의 카페인을 함유하고 있다. 탄산음료를 습관처럼 마시는 아이들이 많기 때문에, 청소년들의 비만이 급증하고 있다. 최근 부모들의 의견을 토대로 카페인이 아이들에게 어떤 영향을 끼치는지 대규모 연구가 진행되었다. 그 결과 카페인 음료를 섭취한 아이들이 그렇지 않은 아이들보다 과격하고 파괴적인 행동을 보인다는 결론이 도출되었다. 그러나 학업 집중도와 아이들의 행동을 관찰한 교사들의 평가 사이에는 상관관계가 낮았다. 두 연구 사이의 차이가 커서, 카페인이 과격하고 파괴적인 행동을 유발한다는 부모들의 평가기준을 통계학적으로 온전히 신뢰하기는 어렵다. 어린이와 청소년들이 적정량의 카페인을 섭취하더라도 부정적인 효과가 발생한다는 것을 증명한 사례는 없다.

학교는 청소년들이 성인이 되기 전에 통과해야 하는 공간이다. 하지만 불행히도 그것은 풍요로운 사회에서만 가능하다. 아이가 유치원에 들어가기까지는 아이를 평가하는 다양한 방법이 있을 수 있다. 학교에 다니는 어린이들은 정해진 틀 속에서 치르는 시험 성적이 평생을 꼬리표처럼 따라다니게 된다. 실제 성적과 기대치 사이에 불일치가 나타나는가 하면, 전체 학생의 6퍼센트 남짓은 수학 장애 증후군을 보인다.

미국에서는 1966년부터 저소득층 아이들에게 무료 아침 급식을 제공하는 제도가 마련되었다. 급식 혜택을 받는 아이들의 영양상태가 호전되었는지 연구된 적은 없다. 그러나 브라질, 페루, 자메이카에서는 집과 학교 모두에서 아이들의 생활이 개선되었다. 출석률이 높아지고, 아이들의 인지 능력이 향상되었다. 특히 영양상태가 저조한 아이들을 중심으로 그 효과가 두

드러졌다. 미국에서도 무료 아침 급식을 제공받는 아이들이 그렇지 않은 아이들보다 성적과 출석률이 좋고, 더 영양가 높은 아침을 먹고 있다는 연구 결과는 보고된 적이 있다.

학교에서 아이들에게 급식하는 점심 식단을 어떻게 짜는 게 가장 이상적인지 아직 정설은 없다. 아침식사로 제공되는 학교 급식은 미 농무부에서 제공하는 기준에 따라 마련된다. 대부분 우유, 시리얼, 빵이나 머핀, 과일, 주스같이 칼로리가 높고 비만을 심화시키는 음식으로 구성되어 있다. 라틴아메리카의 학교에서만 아침 급식에 커피가 포함되어 있다.

커피는 배고픔 외에도 다른 다양한 문제를 해결해준다. 학교 성적을 향상시키고, 불량식품과 알코올음료의 섭취를 줄여준다. 미국의 무료 점심 식사 제공 제도는 영양분을 충분히 섭취하지 못하는 아이들에게 매우 유익한 성과를 보여주고 있다. 하지만 아침 급식 제도의 효과는 아직 충분히 검증되지 않았다. 특히 아침식사 식단이 약물중독이나 우울증과 어떤 관계가 있는지는 더 지켜보아야 한다. 60퍼센트 가까운 초등학생들이 점심 급식 프로그램에 참여하고 있는 반면에, 아침 급식 프로그램에 참여하는 비율은 그 3분의 1밖에 되지 않는다.

22

피부에 좋다

미모는 가죽 한 꺼풀에 불과할 뿐이다. 그러나 우리 피부는 신체 보호, 체온 조절, 면역 반응, 생화학 합성, 감각 탐지, 다른 사람과의 사회적 성적 상호작용 등 여러 중요한 기능을 담당한다.

표피는 우리가 눈으로 볼 수 있는 피부 표면이다. 방수기능을 통해 우리 몸을 보호하는 최전방 방어체계이다. 피부의 종류에 따라 표피의 두께가 다르다. 진피에는 신경, 혈관, 유선, 땀샘이 있다. 또한 콜라겐과 엘라스틴도 있어 피부를 유연하고 견고하게 유지해준다. 그 아래는 지방층으로서 굵은 혈관과 신경이 들어 있다. 체온과 피부의 온도를 조절하는 부위다. 노화를 가장 먼저 확인할 수 있는 곳이 바로 피부이다. 피부를 팽팽히 유지해주는 마법의 묘약은 없지만, 젊은 피부를 유지하는 방법은 여럿 있다.

우리가 먹는 음식은 노화 현상을 비롯해 우리 몸 전체에 영향을 미친다. 노화를 막아주는 과일이나 채소를 풍부하게 섭취하면, 생명을 연장할 수 있다. 뿐만 아니라 나이에 비해 젊음을 유지할 수 있다. 노화를 방지하는 과일과 채소는 비타민 C, 비타민 A, 비타민 D, 비타민 E, 셀레늄, 베타카로틴,

리코펜, L글루타티온과 산화방지제를 함유하고 있어야 한다. 여기에 부합하는 최고의 과일은 오렌지, 귤, 라임, 자몽, 바나나, 딸기, 블루베리, 사과, 멜론, 복숭아, 살구 등이다. 최근 이 목록에 커피가 추가되었다.

뷰티 산업은 더 아름다워지고 싶어하는 소비자들의 심리를 잘 파악하고 있다. 많은 사람들에게 커피와 카페인은 바쁜 하루를 살아가는 데 없어서는 안되는 필수품이다. 그러나 이제는 카페인을 꼭 앉아서 음료를 마시며 섭취할 필요는 없다. 최근 하드 캔디라는 화장품 회사에서 카페인이 들어간 립스틱을 출시했다. 바쁜 여성이라면 입술에 바른 립스틱을 날름 먹으면 된다. 카페인을 함유한 헤어스프레이, 토너와 크림류도 있다. 이런 카페인을 함유한 제품들은 피부를 탱탱하게 가꾸는 데 효과적이라고 광고한다. 화장품 회사 클라란스는 다리와 엉덩이 탄력을 개선하는 화장품에 카페인을 넣어 출시하였다. 카페인이 우리 몸속의 셀룰라이트를 분해하는 데 도움을 준다고 한다.

쥐를 대상으로 한 실험에 의하면, 카페인은 피부암 억제에도 효과를 보였다. 러트거스 대학교의 과학자들이 카페인이나 녹차에서 발견된 물질이 함유된 크림을 피부암에 걸린 털 없는 쥐 환부에 바르고 자외선에 노출시켰다. 그랬더니 쥐 피부에 자라고 있던 암 조직의 크기가 절반으로 줄었다. 카페인이 이들 세포에 작용해 마치 세포의 자살을 유도하도록 프로그래밍된 듯이, 비정상적으로 성장하는 세포를 자폭하게 만든다는 것이다. 이것은 자외선 차단 효과가 아니라, 생물학적 효과이다. 카페인이 선택적으로 작용해 비정상적인 세포만 죽였으며, 일반 세포에는 영향을 미치지 않았다.

라로슈포제의 로잘리악 제품 라인은 붓기 완화제품으로 주사나 안면홍조가 있는 사람들을 위해 개발되었다. 토픽스 리플레닉스가 개발한 화장품에도 자외선 차단 효과가 있는 카페인을 함유한 제품이 있다. 카페인은 혈관을 수축하는 효과가 있기 때문에 아이크림에도 널리 활용된다.

카페인은 홍반을 줄여주고 숨이 차는 현상을 막아준다. 소염제 효과도 확인되었다. 페놀 클로로겐산을 다량 함유하고 있는 커피 생두는 산화방지제 성분이 주목을 끌고 있다. 과학자들은 커피를 섭취하고 피부에 바르면, 항암 효과가 있다고 이야기한다. 커피 과육을 이용해 만든 화장품이 자외선으로 손상된 피부를 개선하는 데 효과적이라는 연구도 발표되었다. 커피 과육에 함유된 폴리페놀은 녹차에 들어 있는 폴리페놀보다 더 강력한 효과를 보인다고 한다. 녹차 속의 폴리페놀은 지금까지 알려진 가장 강력한 산화방지제이다.

23
하루 종일 마실 수 있다

커피는 혼자 마셔도 좋지만, 친구와 함께 마시면 더 좋다. 물론 좋아하거나 사랑하는 사람과 마시면 금상첨화다. 커피를 처음 마시는 입문자에게는 아침에 마실 것을 권하고 싶다. 커피를 마실 때 우유를 곁들이면 더욱 균형 잡힌 영양 섭취를 할 수 있다. 어린이와 청소년들에게는 양질의 영양분 섭취가 무엇보다 중요하다.

커피를 입에 대기 시작한 지 4일에서 7일 정도 지난 다음부터는 하루 서너 잔까지 늘려도 된다. 아침에 일어나자마자 7시쯤 한 잔, 오전 10시경 한 잔, 점심을 먹은 다음 대략 오후 1시경 한 잔, 그리고 오후 3시 무렵 한 잔을 마시는 식이다. 몇 주 지난 다음부터는 각자의 필요와 생활양식에 따라 마시는 양을 더 늘릴 수 있다. 지식 노동, 독서, 운동, 흡연, 그리고 현대인에게 일반적인 일상생활 속에서 스트레스를 받았을 때 등을 꼽을 수 있다. 하루에 안전하게 마셔도 되는 최대 커피 섭취량이 어디까지인지는 알려진 바 없다. 의학적으로 매우 중요하기 때문에 연구가 필요한 영역이다.

17세기의 런던은 커피하우스 시대라고 불렸다. 우후죽순 커피하우스

17세기 영국의 커피하우스

가 늘어나고, 커피하우스에 드나들던 사람들에게 활력이 넘치던 시기였다. 커피하우스는 사업가들에게 임시 사무실 같은 존재였다. 나중에 런던의 중요한 기관들이 커피하우스 주위에 들어서면서 그 사업상의 중요성은 더 커졌다. 20세기에 들어서서까지 증권시장 직원들은 커피하우스 시대의 관습에 따라 '웨이터'라고 불렸다. 세계 최대 보험회사 로이즈의 이름도 런던의 커피 애호가 이름을 따 지은 것이다.

런던에 자리한 모든 커피하우스가 비즈니스 중심으로 운영된 것은 아니었다. 정치와 교육의 측면에서 커피하우스는 중요한 공간이었다. 잡지《태틀러》Tatler가 "용감, 즐거움, 여흥"이라고 표현한 바와 같이 쾌락을 즐기던 사람들도 단골로 드나들었다. 커피하우스가 런던 클럽의 조상 격인 셈이다. 커피하우스의 오락실에 둘러앉아 카드 게임을 벌이기도 하였다.

이탈리아인 프란시스 화이트는 1693년 런던에 '화이츠'라는 커피하우스를 열었다. 당시 사람들은 그곳을 '초콜릿 하우스'라고 불렀다. 실제로 초콜릿을 팔았는지는 불분명하다. 1702년에 확장 이전하면서 화이츠는 당대의 가장 세련된 신사들을 위한 오락실로 유명세를 타기 시작했다.

소설가 조나단 스위프트가 화이츠를 "영국 귀족의 절반을 파멸시킨 곳"으로 묘사할 정도로 그곳의 단골들은 노름꾼이었다. 화가 윌리엄 호가스도 화이츠에서 전 재산을 잃고 망연자실해하는 남자의 그림을 남겼다. 1773년에 일어난 화재로 화이츠는 불타고 만다. 다시 건물을 지은 다음 화이츠는 클럽으로 변신하였다. 클럽으로 전환한 런던 커피하우스의 효시다.

커피하우스에서 사생활이 보호되는 클럽으로 전환되기 시작하면서, 18세기 말엽에는 커피하우스의 쇠퇴기가 찾아왔다. 단골손님을 확보하기 위해 커피하우스는 회원으로 가입한 사람만 출입하도록 하는 회원제 운영 방식을 도입하였다. 화이츠에 뒤이어 주도적인 위치를 차지한 세인트제임스와 코코아트리 같은 곳이 대표적이다.

최첨단을 걷던 가장 중요한 커피하우스들의 사적 클럽으로의 변신은 기득권층의 대표 음료였던 커피에도 하나의 도전이었다.

"클럽의 발명으로 이어진 커피하우스의 역사는 예절, 도덕, 정치의 역사이기도 한데, 사람들은 하루 종일 커피를 마시며 자기들만의 문화를 즐겼다."

영국 작곡가 아이작 디즈레일리가 남긴 말이다.

24

정크푸드가 아니다

정크푸드junk food는 영양분은 별로 없으나, 칼로리가 높은 음식을 말한다. 이 용어는 공공이익과학센터의 마이클 제이콥슨 센터장이 1972년에 처음 사용한 것으로 알려졌다. 정크푸드는 일반적으로 포화지방산과 염분, 설탕, L-글루탐산나트륨, 타르트라진 등의 화학조미료를 함유하고 있으며, 단백질, 비타민과 섬유소는 부족하다. 제조 비용이 얼마 들지 않고, 유통기한이 길며, 냉장도 필요 없다. 그렇기 때문에 제조업자들이 선호한다. 소비자들 역시 구매하기 쉽고 맛이 강하기 때문에 애용한다.

정크푸드는 여러 모로 건강에 좋지 않다. 아이들을 주고객층으로 설정해 마케팅 전략을 세우는 점도 많은 우려를 사고 있다. 아침식사 대용으로 먹는 시리얼이 몸에 좋은 식품으로 둔갑한 것은 아이러니다. 설탕, 소금은 물론 지방 함유량이 높은 경우가 대부분이기 때문이다. 정크푸드로 분류되는 스낵류는 불포화 지방산을 함유하고 있어 더러 몸에 유익할 수도 있다. 그러나 충분한 영양소 없이 칼로리만 섭취하는 것은 해롭다는 것을 알아두는 것이 좋겠다. 이런 식품은 염분 함유가 높은 경우가 많기 때문에, 고혈압에 걸릴 위험이 높다.

2006년 영국의 스타 셰프 제이미 올리버는 세간의 이목을 끄는 캠페인을 벌였다. 그후 아이들이 주로 시청하는 텔레비전 프로그램이 방영되는 동안에는 아이들을 겨냥한 식품 광고를 할 수 없는 규정이 생겼다. 광고에 연예인이나 만화 캐릭터를 사용하는 것도 금지되고, 건강에 유익하다는 주장도 할 수 없게 되었다. 학교 급식에서 정크푸드를 배제하는 움직임이 확산되면서, 정크푸드 대신 우유와 커피가 점차 그 자리를 차지하고 있다.

정크푸드는 몸에 좋지 않지만 구미를 당기는 속성이 있다. 정크푸드를 오랫동안 먹게 되면 건강에 해롭다. 그것을 알면서도 사람들은 정크푸드의 늪에서 헤어나지 못한다. 치즈 맛 나는 과자, 지폐 모양의 껌, 심지어는 고기 맛 나는 껌까지 있다. 길목마다 초콜릿을 판매하는 자판기가 설치되어 있다. 소금이 많이 들어간 과자는 혈액 속의 염도를 높이고, 고지혈증을 유발한다. 돼지 껍질 튀김 과자는 가장 끔찍하다. 돼지 껍질을 얇게 저며 끓는 기름 속에 넣어 만든다. 수분과 돼지고기에 함유된 영양 성분은 모두 사라지고 만다. 대신 지구 오존층을 파괴해 지구 온난화를 심화시킬 뿐이다.

영국심장협회는 햄버거, 치킨너겟, 핫도그에 공통적으로 함유된 재료를 보여주는 포스터를 만들었다. 한 자선단체가 수집한 통계를 조사해본 결과 여덟 살에서 열네 살 사이의 어린이 가운데 36퍼센트가 감자튀김의 주원료가 감자라는 사실을 몰랐다. 영국심장협회는 정부가 적절한 조치를 취하도록 요구하였다. 영국 어린이 가운데 44만 명 이상이 2년 안에 비만해지고, 그후로도 비만 어린이는 계속 늘어날 것이라고 한다. 우유를 가지고 치즈를 만든다는 사실을 모르는 어린이들이 3분의 1을 넘었다. 아이들은 자신들이 무엇을 먹고 있는지조차 모르고 있다. 음식을 금지시키거나 아이들에게 특정 음식을 먹지 말라고 경고하는 것만으로는 부족하다. 교육 캠페인을 통해 아이들이 올바른 식습관을 가질 수 있도록 교육해야 한다. 의사와 교사들은 아이들이 건강한 식단을 제공받을 수 있도록 더욱 노력해야 한다.

학교는 더 균형 잡힌 식단을 아이들에게 제공해야 한다. 정부는 학교 급식 예산을 확대해야 한다. 기름진 감자튀김, 햄버거, 형편없는 소시지, 냉동 피자 조각 대신 몸에 좋은 샐러드, 바로 조리한 파스타, 말린 과일, 그리고 우유를 곁들인 커피나 블랙커피를 아이들에게 제공해야 한다. 상식적으로 생각해보면 어떤 음식이 몸에 더 좋은지 누구라도 알 수 있다. 설탕과 소금 범벅인 음식이 그렇지 않은 음식보다 몸에 좋지 않다는 것도 조금만 생각하면 알 수 있다.

우유를 탄 커피는 정크푸드가 아니다. 그러므로 남녀노소 모두 건강하게 즐길 수 있다.

25

지적인 음료다

커피를 마시거나 친구들과 담소를 나누는 일처럼 연애보다 더 흥미로운 것을 찾는 사람이 지식인이라고 할 수 있다. 예술인이나 작가들은 작업 활동을 하면서 커피를 즐겨 마신다. 커피는 오래 전부터 창의력 증진에 도움 되는 음료였다. 좋은 기분, 창의력, 영감을 불러일으킨다.

아랍인들이 인류 최초로 커피를 재배하고 교역하기 시작했다. 무슬림 성서인 코란에 따라 술은 금지되었다. 대신 마시면 힘이 나는 커피가 적당한 대체품이었기 때문에, 무슬림 사이에서 큰 인기를 끌었다.

집에서뿐만 아니라 카흐베카네라는 커피하우스에서도 커피를 마셨다. 카흐베카네는 그 어떤 가게보다 인기가 높았다. 사람들은 갖은 약속과 업무를 위해 카흐베카네를 방문했다. 커피를 마시기 위해서뿐만 아니라, 대화를 나누고, 음악을 듣고, 공연을 관람하고, 체스를 두거나 당시의 가장 중심이 되는 정보를 얻기 위해. 카흐베카네는 '지혜로운 자들의 학교'라 불렸다.

커피는 진실한 사람들에게 내린 천사의 신성한 선물이라 생각되어 신

알제리 알제의 커피하우스

실한 무슬림 사이에서 인기였다. 무함마드의 제자늘도 커피 열매를 물에 끓여 마셨다. 커피를 마심으로써 졸지 않고 오래 기도할 수 있었다. 무슬림들이 아내를 4명까지 둘 수 있는 정력을 가질 수 있었던 것도 커피 덕분 아니었을까? 물론, 술탄들은 아내 수에 제약이 없었다. 모든 무슬림들이 커피를 마시게 되었다. 남편이 아내에게 커피를 제공하지 못하면 이혼을 요구하는 것도 가능했다. 더 나아가 죽는 순간 위장에 커피가 들어 있으면 천국으로 갈 수 있다고 믿었다.

수 세기 동안 이슬람 제국 사람들은 커피를 즐겨 마셨으며, 전 세계에서 가장 선진화된 문명과 문화를 가졌다. 이슬람 제왕들이 대규모 학교와 도서관을 짓던 시절에 유럽 대륙에서는 여전히 야만족이 활보하고 있었다. 바그다드에서 탄생하고 나중에 카이로에도 세워진 지혜의 집House of Wisdom

은 다양한 주제의 책이 갖춰진 도서관이었으며, 변호사, 천문학자, 언어학자, 의사 들이 강연을 펼치는 장소였다. 또한 그리스 의술이 비잔틴제국에서 추방된 기독교 종파에 의해 아랍 세계로 유입되었다. 아랍인들은 커피를 마시며 밤늦게까지 그리스어, 시리아어, 히브리어를 번역했다.

커피숍은 사람들이 만나 교류하고 지역 내의 문제를 해결하는 장이다. 이러한 전통은 유럽에서도 이미 3백여 년 전부터 시작되었다. 영국에서는 1610년에 처음 커피를 마시기 시작했다. 지식을 나누고 토론하는 장소인 커피하우스는 1650년대에 옥스퍼드에 처음 생겨나 런던으로 퍼졌다. 조용하고 그윽한 분위기 때문에 맥주나 진을 마시는 시끄러운 바를 대체하는 장소가 되었다. 커피하우스는 책장, 거울, 질 좋은 가구로 꾸며져 학구적인 분위기가 물씬했다.

새롭게 떠오른 중산층 덕분에 커피 수요는 빠른 속도로 증가하였다. 중산층의 한 축을 이루게 된 상인과 직장인들은 이제는 손발이 아니라 두뇌를 사용해 일하는 집단이었다. 런던의 커피하우스 입장료는 1페니였다. 커피하우스에 가면 작가, 정치인, 기업가, 과학자 들과 함께 다양한 논의에 참가할 수 있었다. 규모가 큰 커피하우스들은 자체 소식지를 발간했다. 1700년대에는 영국 최초의 신문이 대규모 커피하우스에서 배포되고 낭독되었다. 커피하우스 문화는 지식인들을 불러 모았으며, 지식 기반의 여론을 형성하였다.

'공부하는 사람들의 클럽'이라고 불린 학회 구성원들이 스트랜드의 커피하우스에서 주기적인 모임을 가지면서 커피하우스가 지식인들의 모임장소로 널리 알려지기 시작했다. 아이작 뉴턴, 천문학자 할리 교수, 대영박물관의 기초를 세운 한스 슬론 등은 그레시안 커피하우스의 단골이었다.

조나단 스위프트는 런던의 커피하우스를 방문한 후 친구에게 편지를 썼다. 영국 정치계가 커피하우스에서 볼 수 있는 진실보다 못하다는 내용이었다. 그만큼 커피하우스는 정치계에서도 중요한 역할을 하였다. 당시 집권했던 두 당 휘그당Whigs과 토리당Tories 소속 정치인 모두 커피하우스를 드나들었다. 휘그당원은 세인트제임스, 토리당원은 코코아트리를 일종의 '제2본부'로 택했다.

커피숍이 현대사회에서도 큰 사회적 역할을 하고 있기 때문에, 여러 대학에서 커피숍 사회학 수업이 개설되고 있다. 강의 커리큘럼에서 중요하게 다루는 내용의 한 부분이 17세기의 커피하우스 역사다. 오늘날 우리의 삶은 휴대폰과 이메일 관계망을 통해 이루어지는 약속의 연속에 불과하다. 따라서 사회학자들은 커피를 마신 다음 빈둥거릴 수 있고, 약속 없이도 우연히 사람들을 만날 수 있는 커피숍 같은 '제3의 장소'의 중요성을 강조한다.

26

과학적 도전의 대상이다

세간에 알려진 사실을 무턱대고 믿는 것은 옳지 않다. 하지만 그 같은 미망 속에서 헤어나기는 쉽지 않다. 카페인을 검색해보라. 커피에 함유된 성분 가운데 가장 널리 알려지고, 가장 연구가 많이 이루어진 물질이다. 구글에서 카페인을 치면 0.11초 만에 2,150만 건이 넘게 검색된다. 커피를 검색하면 0.06초가 채 되지 않아 3억 3,700만 건이 나온다. 커피에 함유된 가장 강력한 항산화 물질 클로로겐산은 0.24초에 29만 건 검색된다.

카페인을 과도하게 섭취하면 문제가 생길까? 자세히 알아보도록 하자. 아마도 과학자와 의사들은 커피를 떠올리기만 해도 글쓰기에 장애가 생기는 모양이다. 대부분 카페인은 몸에 해롭기만 하다고 생각한다. 그래서 상투적으로 '카페인은 나쁘다' '카페인은 중독성이 있다' '카페인은 우리의 최대 적이다'라고 쓴다. 아마도 커피가 건강에 영향을 미친다고 쓴 카페인 관련 논문만도 수백만 개는 될 것이다. 그런데 그 많은 연구자들 대부분은 가장 흔한 커피 품종인 아라비카와 로부스타의 차이도 모른다.

카페인은 커피를 다룬 대부분의 논문과 책에 등장한다. 니아신에 대

한 언급은 매우 드물다. 커피에 들어 있는 그밖의 다른 항산화 물질에 대한
언급은 더 적다. 최근 들어서야 일부 연구자들이 커피 품종과 로스팅 정도
에 따라 화합물이 어떻게 다르고, 그것이 사람의 건강에 어떤 영향을 끼치
는지 연구하기 시작했다. 연구 논문을 발표한 과학자의 대부분은 커피에 카
페인 말고도 몸에 유익한 다른 성분이 다량 함유되어 있다는 사실을 모르
고 있다. 커피에는 천여 가지에 이르는 휘발성 화합물을 기반으로 하는 생
리활성 화합물이 들어 있다. 우리의 건강을 증진시키고 즐거움을 가져다주
는 물질이다. 카페인은 잘 로스팅된 커피에서 발견되는 수많은 생리활성 화
합물 가운데 작은 부분을 차지할 뿐이다.

　커피 속에 들어 있는 물질 가운데 가장 잘 알려진 카페인이 공공의 적
으로 비방 받고 있는 것은 엄연한 현실이다. 하지만 적절하게 섭취하면 즐거
움과 건강을 가져다주는 몇 안되는 물질이라는 사실이 흥미롭기만 하다. 커
피를 마시는 것은 단순히 카페인을 섭취하는 것과는 다르다는 것을 알아야
한다. 카페인은 탄산음료에서부터 중독성 의약품에 이르기까지 다양한 물
질 속에 서로 다른 모습으로 존재한다. 이들 다른 물질의 부정적인 효과는
커피와는 아무런 관계가 없다.

　따로 분리된 카페인, 혹은 인공 음료 속에 제멋대로 첨가된 카페인은
커피 생두 속에 들어 있는 카페인처럼 자연에서 찾을 수 있는 것과는 차이
가 있다. 카페인에 관한 책이나 글의 대부분은 사람들의 관심을 끌 목적으
로 그 부정적 효과를 강조한다. 많은 사람들이 커피나 카페인이 함유된 음
료를 마시기 때문이다. 하지만 그 대부분은 커피가 아니라 설탕이 많이 첨
가된 콜라라든지 카페인을 함유하고 있는 다른 음료의 문제점을 지적하는
경우이다. 또 작은 동물을 대상으로 한 실험의 결과이거나, 사람을 피실험
자로 한 경우에도 보통 사람이 커피로 섭취할 수 있는 양보다 훨씬 많은 양

의 카페인을 복용했을 때 나타난 효과를 설명하는 사례가 다반사다.

발표된 지 오래된 논문은 대부분 카페인을 함유하고 있다는 이유로 커피가 몸에 해롭다고 주장한다. 또한 커피를 대상으로 한 과학 논문의 거의 전부가 카페인 함유량이나 순수 카페인이 사람과 동물의 건강에 미치는 효과를 다룬 것들이다. 카페인이 커피에 함유되어 있는 대표적인 정신 활성 물질이라고 알려졌지만, 그것은 사실이 아니다. 지금까지 카페인이 사람의 건강에 어떤 영향을 끼칠 수 있는지 온갖 이론과 추측이 개진되어왔다. 하지만 심층 연구가 시작된 것은 불과 15년 정도밖에 되지 않는다. 더나아가 새로운 연구 결과는 주로 전문지에만 실리기 때문에, 커피 애호가들이 쉽게 접근하기 어렵다.

사람의 건강 문제를 연구해온 화학자들은 커피에 함유된 클로로겐산이 건강에 유익한지 해로운지 상반된 견해를 제시하고 있다. 최고 수준의 연구소에 소속된 과학자들이 아직도 퀴니드quinides와 퀴논quinones의 차이조차 모르는 게 현실이다. 퀴니드가 커피에 들어 있는 성분으로서 당뇨나 뇌졸중 등에 효과가 있는 것으로 알려진 반면에, 퀴논은 물감의 원료일 뿐인데도 말이다.

27

주의력과 기억력을 높여준다

학교 교실, 회의실 같은 데서 "집중해주세요"라는 말을 자주 듣게 된다. 사람들은 쉽게 집중력이 흐트러진다. 지능을 가늠하는 척도에는 집중도가 포함된다. 카페인이나 커피를 섭취하면 주의력과 기억력이 크게 향상된다. 또 카페인은 사람의 생리 수면에 영향을 주므로, 밤늦게까지 잠을 자지 않을 때 효과적이다. 카페인 2백 밀리그램 정도를 섭취하면 집중도가 향상되고, 기분이 개선된다. 그리고 일하려는 의지, 에너지, 자신감을 높여준다. 두통과 졸음을 쫓는 효과도 있다. 카페인을 적정량 섭취하면 행복감이 향상될 수 있다. 청각 능력과 주의력 향상에도 크게 도움 된다.

카페인의 시간대별 효과를 연구한 결과, 기억력과 논리력은 늦은 오전에 가장 큰 폭으로 개선된다고 한다. 오랫동안 집중력을 필요로 하는 작업, 논리 추론 작업, 의미론적 기억을 필요로 하는 작업에서 카페인의 효과가 컸다. 오랜 시간 동안 잠을 자지 않고 있는 상태에서 나타나는 몽롱한 의식을 각성시키는 효과도 크다. 카페인은 수면 부족에서 오는 신체 능력의 저하를 방지함으로써, 활력, 피로감, 정신적 혼돈을 개선시켜준다. 48시간 동안 잠을 자지 않은 피실험자들을 대상으로 카페인을 투입한 결과, 졸음을 쫓는 효과뿐 아니라 기분을 환기시키는 효과도 보였다.

카페인을 섭취하면 인지기능이 크게 강화될 수 있다. 젊은 사람들보다는 고령자들 사이에서 효과가 더 높게 나타났다. 또한 학생들의 학업 능력을 향상시킬 수 있다는 것이 증명되었다. 특히 단기기억, 암산, 독해력, 말하기 능력이 크게 좋아졌다. 학생들의 학습 및 행동에 미치는 카페인의 효과를 관찰한 실험에서 카페인이 운동 능력을 향상시키는 효과가 있다는 사실도 입증되었다.

어린이들은 커피를 마신 후 피로감을 덜 느꼈다. 일부 커피 생산국에서 학교 급식으로 우유를 곁들인 커피를 제공하는 이유다. 급식 프로그램에 참여한 아이들은 놀라운 효과를 보여주었다. 커피와 우유는 6살 이후의 학교에 다니는 아이들에게 전혀 해가 되지 않는 자연 식품이자, 그 이전에 학교 급식에서 제공되던 탄산음료에 비해 훨씬 건강한 음료임이 증명되었다. 무엇보다 아이들의 비만율이 현저히 떨어졌다. 비만을 일으키는 주범이 다름아닌 설탕이 듬뿍 들어간 카페인 음료임이 증명된 것이다.

제1차 걸프전이 진행되고 있던 1991년 1월에서 2월 사이의 일이다. 미 항공모함 인디펜던트호가 장기간의 연속 작전을 펼쳐야 하는 상황에 놓였다. 해군 소속 과학자들은 18일간의 작전을 수행하는 동안 비행기 조종사들이 느끼는 피로도를 조사하였다. 설문 조사를 통해 5, 6시간 동안 전장으로 출격해 비행한 조종사들이 느낀 피로도를 모니터링하였다. 수집한 자료는 카페인이 적군뿐 아니라 싸워야 할 또 다른 적인 피로를 물리치는 데 효과적임을 보여주었다. 과학자들은 비행기 조종사들에게 매일 2백밀리그램 용량의 카페인 캡슐 2개씩을 지급했던 것이다. 머지않은 미래에 전투기 조종석에 기술적으로 개량된 에스프레소 머신이 설치될지도 모르

겠다. 조종사들의 전투 집중도를 높이기 위해서뿐만 아니라, 그들의 복지
와 건강을 위해.

　좋은 기억력은 높은 주의력과 직접적인 연관성을 갖는다. 기억력과 학
습력이 신체 건강과 정신 건강을 연결하는 고리이다. 기억력은 인지기능 가
운데 가장 널리 연구된 분야이다. 최근에 수행된 많은 연구들은 커피 소비
가 현대인의 건강 변수와 밀접한 관련이 있음을 보여준다. 기억에 작용하는
커피의 유익한 효과가 건강에 부정적인 결과를 미치지는 않는다. 결국 적정
량의 커피를 마시는가 혹은 과도한 양을 마시는가에 달려 있다. 다행히도
세계 인구의 다수는 균형 잡힌 커피 소비의 대열에서 벗어나 있지 않다. 제
대로 로스팅된 커피를 적정량 마시는 사람들은 행동, 주의력, 기억력에서 매
우 긍정적인 효과를 볼 것이다.

　행복의 핵심은 잘 잊는 것일지도 모른다. 커피를 너무 많이 마셔서 지
나치게 좋은 기억력을 갖는 일은 없어야 하겠다. 특히 예민한 사람은 부작
용에 신경 써야 한다.

28

학습능력을 높여준다

.

미국 학생들이 마시는 커피의 양은 1960년대와 90년대 사이에 급격히 줄어들었다. 하루 두 잔에서 다섯 잔 가량 마시던 것이 하루 한 잔으로 떨어졌다. 그것은 이 시기에 시장에 등장한 탄산음료, 에너지 음료 같은 음료들과의 경쟁 때문이다. 카페인 섭취가 학생들의 학습능력을 향상시킨다는 것을 보여주는 연구들이 있다. 인지기능을 향상시키기 위해서는 알맞은 양의 카페인을 복용하는 것이 중요하다. 일정량 이상의 섭취가 필요하지만, 그 효과는 효용 범주 내에서 복용한 양에 비례한다. 일반 성인보다는 노인과 어린이들이 카페인의 영향에 더 예민한 것으로 드러났다. 카페인은 기억력이라든지 이해력 같은 학생들의 학습능력 증진에 도움을 준다. 아침에 우유와 함께 마시는 커피 한 잔, 그리고 학교 점심 급식에서 마시는 커피 한 잔의 효력은 생각 밖으로 크다.

그날그날 경험한 모든 정보를 글로 옮길 수 있는 사람은 아무도 없다. 반면에 우리 대부분은 꿈속에서 일어난 일은 한두 장의 종이에 어렵지 않게 묘사한다. 과학자들은 뇌에 정보가 영구적으로 보존되기 위해서는 다양한 전자신호가 화학신호로 바뀐 후 뉴런 내의 단백질 구조로 전환되어야 한다고 추정한다. 또 영구적으로 저장된 기억을 다시 끄집어낼 때는 과거의 경험으로 인해 변형된 뇌의 신경 접합부를 활성화시키는 것이다. 수면 중에는 꿈꾸는 현상으로 인해 뇌기능이 강화되는데, 급속 안구 운동REM이라는 수면 단계에서 일어난다. REM 수면은 뇌가 불필요한 자료를 기억에서 제거하도록 돕는다. 이 같은 작용 때문에 특정 기억은 강화되는 반면에 지워지는 기억도 있다. 결과적으로 잠은 우리의 기억력을 증진시키기도 하고, 잊게도 한다.

밤에 커피를 마시면 수면시간을 단축하는 효과를 가져와 기억력과 학습능력에 악영향을 미친다. 그러나 커피에는 기억력을 증진시키는 물질이 두 가지 이상 들어 있기 때문에, 낮에 커피를 마시면 기억력을 향상시켜준다. 오스트리아 연구진은 카페인이 뇌의 특정부위를 활성화해 뇌기능을 향상시키는 효과를 밝혀냈다. 연구 결과는 2006년 북미영상의학회에서 발표되었다. 세계 최초로 카페인이 뇌에 미치는 영향을 입증한 연구이다. 네덜란드 국립보건환경연구원의 보크예 반 겔더 박사는 나이 든 남성이 주기적으로 적정량의 커피를 마시면 정신 건강이 향상되고, 하루 3잔의 커피로 뇌기능의 저하를 늦출 수 있다는 연구 결과를 발표하였다. 반 겔더 박사 연구진은 1900년부터 1920년 사이에 태어난 핀란드, 이탈리아, 네덜란드의 건강한 남성 676명을 10년 동안 추적 연구하였다. 하루 커피 섭취량은 잔으로 기록하고, 인지능력은 기억력 검사인 MMSEmini-mental state examination를 이용해 측정했다. 실험에 참가한 피실험자들의 인지능력 점수를 0점에서 30점까지 부여하였는데, 점수가 높을수록 인지능력이 우수하다. 나이가 많을수록 인지능력이 떨어지지만, 커피를 주기적으로 섭취한 남성이 그렇지 않은 남성보다 인지능력이 떨어지는 속도가 늦춰졌다. 제1저자인 반 겔더 박사는 하루 커피 섭취량과 인지능력 감소가 반비례하는 역J형 그래프를 보

였으며, 3잔 이상 마신 사람의 인지능력 감소 속도가 가장 느렸다고 밝혔다. 커피를 마시는 사람과 비교했을 때 마시지 않는 사람의 인지능력은 4.3배 빨리 감소하는 경향을 보였다.

연구진은 정기적인 커피 섭취가 노인들의 인지기능 감소를 줄여준다고 결론지었다. 그러나 이 실험은 단순 관찰로만 이루어진 까닭에, 커피가 피실험자들의 건강을 향상시킨 구조적인 원인을 정확히 알 수는 없다. 하지만 이전에 실시된 다른 연구를 통해, 카페인이 뇌 수용체에 결합해 신경 전달 물질인 아데노신의 진정효과를 막아 생긴 효과라고 유추해볼 수 있다. 커피에 들어 있는 모든 생리활성 화합물 정보가 아직 명확하게 밝혀진 것은 아니다. 따라서 좀 더 심층적인 연구가 필요하다. 카페인에 대해서는 거의 모든 것이 밝혀졌지만, 커피가 뇌에 어떤 작용을 하는지는 아직 알려진 게 거의 없다.

29

기분을 좋게 해준다

아침 기분을 망치는 첫째 원인은 무엇인가? 가족 가운데 누가 가장 신경을 거슬리는가? 얼마나 자야 충분히 잤다고 생각하는가? 아침에 일어나면 사람들이 다 도망갈 만큼 짜증나지는 않는가? 아침 일찍 무엇을 해야 기분이 풀어지는가?

영국수면협회 과학자들은 남자보다 여자가 더 우울한 아침을 맞는다고 말한다. 아침에 잠에서 깨어난 남자의 25퍼센트가 기분 좋게 느끼는 반면, 여자는 그 비율이 14퍼센트에 지나지 않는다. 불쾌한 기분이 더 오래 지속되는 것도 여자 쪽이다. 여성의 3분의 1이 남편의 코 고는 소리 때문에 숙면을 취하지 못한다는 조사보고가 있다. 많은 여성들이 적어도 하루에 9시간을 자야 하고, 혼자 자야 숙면을 취할 수 있다고 답변했다. 결국 남자들이 문제라는 이야기다. 코 골고 침대 자리를 넓게 차지하기 때문이다.

인생의 많은 문제를 음식으로 해결할 수 있다는 것을 알고 있는가? 물론 모든 문제를 음식으로 해결할 수 있는 것은 아니다. 하지만 좋은 음식을 먹으면 정신이 맑아지고, 지적 능력이 향상되고, 외모도 좋아질 수 있다. 다시 말해 더 행복해질 수 있다. 영국영양협회는 더 기분 좋은 하루를 보낼 수 있도록 도와주는 음식을 발표한 적이 있다. 호두는 오메가3 지방산을 많이 함유하고 있어 심장에 좋다. 또한 세포막을 건강하게 유지해 탄력 있는 피부를 만들어준다. 말린 과일은 머리를 좋게 한다. 기호식품으로 훌륭할 뿐 아니라, 철분을 많이 함유하고 있어 집중력 향상에 도움을 준다. 또한 당분이 많아 뇌의 연료 역할을 한다.

정신건강을 유지하려면 무엇보다 숙면을 취해야 한다. 우유는 잠이 들게 하는 데 도움을 주는 음료다. 좋은 기분과 좋은 외모를 유지하려면 영양분을 충분히 섭취해야 한다. 과일과 채소를 하루 5인분 이상 먹어야 한다. 운동은 심장 박동수를 높이고, 즐거움을 느끼게 하는 물질을 분비시킨다. 소화가 잘 되어야 좋은 기분을 유지하는 사람도 있다. 그런 사람은 통밀 빵을 먹으면 좋다.

뇌는 탄수화물만 연료로 삼는다. 그렇기 때문에 뇌가 제 기능을 하게 만들려면 파스타나 감자 같은 질 좋은 탄수화물을 섭취해야 한다. 고구마는 맛도 좋지만 훌륭한 뇌의 연료이다. 글로빈인슐린의 수치도 낮다. 강낭콩은 단백질, 철분, 식이섬유가 많아 뇌에 좋은 영양분이 된다. 체중 감량에 도움 되는 음식은 아니지만, 섭취하는 칼로리 조절에 신경 쓴다면 다이어트하면서도 충분히 즐길 수 있다. 다이어트에서 무엇보다 중요한 것은 먹는 음식의 균형을 유지하는 일이다. 지난주에 맛보지 않은 일부 새로운 음식을 식단에 추가할 것을 권한다. 어떤 한 분야의 식품을 통째 멀리 하는 일은 없어야 한다. 훌륭한 다이어트의 핵심은 균형이기 때문이다.

존스홉킨스 대학 신경의학과 과장 솔로몬 스나이더 박사는 국립정신건강연구원의 연구비 지원을 받아 신경 전달 물질과 약물이 뇌세포와 뇌기능에 미치는 체계를 연구했다. 스나이더 박사의 연구는 학계의 주류 의견과일치하지 않는 것이 많았다. 박사가 이끄는 연구진은 세계 최초로 뇌의 다발성 아편 수용체를 증명했으며, 각각의 역할을 밝혀냈다.

현대과학은 커피에 들어 있는 클로로겐산과 커피콩을 로스팅할 때 생기는 락톤의 생물학적 기능에 더 많은 관심을 기울여야 한다. 이 물질들이 아편제에 대한 길항작용을 할 가능성이 있기 때문이다. 만일 그렇다면 대뇌 변연계와 뇌 보상 신경 회로에서 매우 중요한 역할을 하고 있는 셈이다.

엔케팔린과 엔도르핀은 대뇌 변연계에서 과도한 도파민의 분비를 막아 약물을 섭취하고 싶도록 만든다. 이것은 매우 중요하다. 의학계가 커피 같은 식물을 더 자세히 연구해야 할 이유를 제공할 뿐만 아니라, 문제를 해결해줄 신약 개발의 기회를 제공해주기 때문이다. 변덕이나 우울증, 마약 중독에 시달리는 사람들은 일이나 섹스, 오락 혹은 술 같은 스스로를 보상받을 수 있는 돌파구를 찾기 마련이다. 커피는 그 훌륭한 대안의 하나다. 기분을 좋게 해줄 뿐 아니라, 의학적 해결의 실마리까지 간직하고 있다.

30

운동 능력을 높여준다

이길 수 있다는 믿음이 있을 때라야 승리할 수 있다. 승리하는 데는 신념이 필수다. 의심하는 마음이 생기면 경기에 집중할 수 없다. 육체적 정신적으로 자신이 가진 모든 능력을 쏟아 부었을 때라야 경기에서 이길 수 있다. 규칙적인 운동은 선수가 자신의 온 능력을 발휘하도록 돕는다. 우리의 육체적 능력은 종종 기분이나 정신적 컨디션에 좌우된다. 운동할 때 카페인을 섭취한다고 죄책감을 느껴야 할까? 지구력 종목의 운동선수들과 졸음에 힘겨워하는 직장인들 모두 오랫동안 에너지와 지구력을 증진시키기 위해 커피를 마셔왔다. 그것은 안전하고 효과적인 방법일까?

카페인은 운동할 때 피로감을 덜 느끼게 하고, 근육 글리코겐의 분해를 늦춘다고 한다. 운동을 계속할 수 있도록 연료를 제공하고, 지구력을 증진시킨다는 뜻이다. 정신을 맑게 유지해주고, 근육의 고통을 줄여주고, 힘을 덜 쏟게 만들기 때문에, 더 효율적으로 운동할 수 있게 된다. 운동은 스트레스와 우울증을 해소해줌은 물론 상처를 치료하고 질병을 예방하는 일에 이르기까지 우리 몸을 관리하는 중요한 도구다. 규칙적으로 커피를 마시는 습관처럼, 매일 운동하면 우리 몸은 아주 건강해진다. 운동은 관상동맥 질환, 고혈압, 우울증, 비만 등 수많은 질병을 예방해주는 효과가 탁월하다. 이러한 입증된 이점에도 불구하고, 권장 수준의 운동을 규칙적으로 하는 사람은 많지 않다.

앉아서 생활하는 사람은 육체적인 활동을 활발히 하는 사람보다 질병에 걸릴 위험이 두세 배 높다. 운동이 가져다주는 긍정적인 심리 효과를 설명하기 위해 산만함 같은 심리적 요인을 포함한 다른 기제들이 제안되기도 하였다. 열심히 운동하면 신경 내분비 기능에 변화가 생겨 운동 능력이 향상된다. 잘 훈련된 선수들의 뇌에서는 아편 같은 작용을 하는 내인성 오피오이드 펩티드가 다량 생산되어 최상의 운동 능력을 발휘하게 하고, 운동 후에 강렬한 도취감이 찾아온다.

카페인이 사람의 근육 기능 강화에 도움 된다는 것은 잘 알려져 있다. 카페인은 육체적 능력을 향상시키고, 최대 능력에 가까운 상태에서 오랜 지구력을 발휘하도록 돕는다. 지방의 분해가 증가함으로써 글리코겐이 보존되기 때문에 피로를 느끼지 않고 더 오래 운동할 수 있다. 최종적으로 카페인의 효과를 최대한 끌어올리기 위해서는 메틸잔틴계에 대한 내성도 고려해야 한다. 많은 운동선수들이 카페인을 근육의 힘을 향상시키는 용도로 활용한다. 카페인은 세계반도핑기구에서 정한 금지 약물에서 제외되었다. 그러나 여전히 많은 사람들이 커피가 운동선수에게 유익하다는 것을 모르는 것 같다. 지구력 종목 운동선수들은 대부분 경기가 열리기 두세 시간 전이 아니라 시합 직전에 카페인을 섭취한다. 최신 자료들은 운동선수들에게 매일 규칙적으로 커피를 마실 것을 권장하고 있다. 운동선수들이 많이 마시는 에너지 음료는 경기력 향상에 별반 도움 되지 않는다. 수분 섭취에 도움이 될 뿐, 칼로리나 카페인이 너무 많이 함유되어 있다.

운동을 시작하기 전에 커피를 마시면, 더 오래 그리고 더 강도 높게 운동할 수 있다. 우리가 이미 알고 있듯이, 커피는 항산화제의 보고로서 육체 능력을 증진시킨다. 따라서 스포츠 훈련의 성과를 높여준다. 커피가 선수들에게 가장 유용한 음료라는 가설을 확인하는 연구가 뒷받침될 필요가 있다. 클로로겐산, 락톤, 카페인 이 세 가지는 인체의 감정, 욕구를 관장하는 신경계인 대뇌 변연계의 활동과 깊은 관련을 맺고 있다.

적정량의 커피(블랙커피 혹은 밀크커피 4잔)를 주기적으로 마시면, 아편제 신경전달 물질의 분비량을 증가시키는 효과가 생긴다. 커피는 운동선수들의 신체 능력을 향상시킬 뿐만 아니라, 뇌가 운동에 더 예민하게 반응하도록 돕는다. 체육관이든 운동장이든 운동선수가 있는 곳이라면 어디서라도 증명될 수 있다. 커피가 운동선수들이 마시기에 가장 적절한 음료라는 데는 의심의 여지가 없다.

31
후각을 즐겁게 한다

우리는 오감으로 세상을 인식한다. 또 뇌는 오감으로 즐거움을 인식한다. 사람은 후각을 통해 가장 큰 즐거움을 느낀다. 예민한 후각을 갖고 있느냐 못 갖고 있느냐에 따라 대부분의 동물들의 삶과 죽음이 결정된다. 좋은 음식점과 좋은 와인을 발견하는 데 반드시 필요한 도구가 코다. 커피숍이 주변에 있다는 것도 후각으로 감지할 수 있다. 2004년 노벨 의학상을 공동수상한 컬럼비아 대학교 하워드휴즈 의과대학의 리처드 악셀 박사와 프레드허친슨 암연구센터의 린다 벅 박사는 사람이 어떻게 후각을 느끼는지 밝혔다.

특정한 향은 과거의 기억을 불러오기도 한다. 어릴 때의 기억일 수도 있고, 살아오면서 겪은 감동적인 순간일 수도 있다. 음식을 먹으면서 맛을 느끼는 것은 후각신경이 자극되었기 때문이다. 꽃이 가득한 방에서 아침에 눈을 뜨는 것과 불쾌한 냄새가 나는 방에서 눈을 뜨는 것을 비교 상상해보자. 부패한 동물 시체가 어떻게 생겼는지는 금방 잊겠지만, 그 냄새는 쉽사리 잊지 못할 것이다. 갓 태어난 강아지는 후각에 의존해 어미를 찾는다. 강아지는 후각 없이는 살아남을 수 없다. 우디 앨런은 "뇌는 사람들이 두 번째로 좋아하는 기관이다"고 말했다.

즐거움과 연관 있는 기관들은 서로 긴밀히 연결되어 있는 듯 보인다. 포유류는 콧속 비중격 아래에 보습골 기관이 자리하고 있다. 보습골 감각 뉴런은 감각상피 안에 위치하고 있다. 보습골 감각 뉴런은 후각상피와 유사하지만 서로 떨어져 있다. 후각을 자극하는 화학물질은 콧속을 통해 후각 수용기에 도달한다. 포유류는 보습골 감각 뉴런이 특정 화학물질을 감지하는데, 그 가운데 일부는 화학적 소통을 위한 신호 역할을 한다. 다른 일부는 같은 종류의 페로몬을 감지하는 역할을 하며, 뇌로 신호를 보내 즐거움을 느끼게 한다. 보습골 기관의 기능은 아직 자세하게 밝혀지지 않았다. 특정 화학물질을 감지하거나 특히 일부 동물의 경우 페로몬을 감지하는 기능이 있을 것으로 추정된다.

커피는 자연에서 찾을 수 있는 그 어떤 식물, 음료, 음식보다도 휘발성 화합물을 다양하게 함유하고 있다. 그 종류만도 천여 가지에 이른다. 심지어 와인이나 향수, 장미꽃, 부패한 물체보다도 다양하다. 트리고넬린은 커피에 함유된 아주 중요한 물질이다. 로스팅 과정에서 빨리 분해되며, 커피의 맛과 향을 결정짓는다. 로스팅하면 니코틴산, 니아신 그리고 피리딘과 메틸피롤을 포함한 휘발성 화합물이 생성된다. 메틸피롤은 페로몬의 기본 구조의 일종이다. 곤충과 척추동물이 극소량씩 분비하는데, 공기로 내뿜거나 특정 장소에 묻혀 놓는다. 페로몬은 집단행동을 유발한다. 개미와 흰개미는 여러 종류의 페로몬과 메틸피롤을 이용해 서로 의사소통을 하고, 각자의 역할을 분담한다. 페로몬은 포유류와 곤충의 성적 매력을 자극하기도 한다. 곤충의 구애 활동에서 결정적인 역할을 하는 것이 페로몬이다. 일부 학자는 여성들이 배란기에 사향과 유사한 향에 더 민감해진다고 주장한다. 과거에 인간 남성도 사향 같은 페로몬을 분비했다는 주장의 근거다.

MRI를 이용해 뇌를 관찰한 최근 연구에 의하면, 커피 향이 즐거움을 관장하는 복측피개영역과 충격의지핵, 편도체를 자극하는 것이 밝혀졌다. 중변연계 경로는 뇌의 도파민성 경로 가운데 하나다. 이 경로는 중뇌의 복측피개영역에서 시작되어 충격의지핵을 거쳐 대뇌변연계, 편도체, 해마, 내측 전전두엽피질로 연결된다. 이 경로는 보상, 동기부여 같은 자극에 대한 행동반응을 조절하는 기능으로 알려졌다.

따라서 커피에 함유된 휘발성 물질은 후각을 자극할 뿐만 아니라, 그 이상의 효과가 있다. 커피 향은 두 가지 보상반응을 더 유발할 수 있다. 복측피개영역이 영양분 섭취와 2세 출산을 위한 성행위 같은 본능적인 보상과 사회적 애정 같은 보상을 관여하는 선조체線條體 중간변연계를 자극하기 때문이다. 아마도 이러한 이유 때문에 커피가 사회적인 음료가 되고, 커피숍이 사람을 끌어들이는 힘을 갖게 되었는지도 모르겠다.

32
다이어트 프로그램에 유용하다

세상 사람들이 다 체중 관리에 신경을 쓴다. 비만은 남녀노소 불문하고 가장 흔한 질병이다. 최근 자료를 보면 미국 어린이 가운데 40퍼센트 이상이 비만이거나 적정 수준보다 몸무게가 더 나간다. 운동을 많이 하고, 건강한 음식을 먹고, 담배를 끊고, 과음하지 말라고 훈계한다고 해서, 사람들이 건강관리를 더욱 철저하게 하는 것도 아닐 것이다.

효과적으로 체지방을 줄이는 다양한 다이어트 방법이 있다. 섭취하는 칼로리를 줄이고 체지방을 줄이는 식단도 수천 가지가 넘는다. 모든 다이어트는 일리가 있다. 하지만 사람에 따라 듣지 않는 다이어트가 있다는 게 문제다. 다이어트에 성공하는 방법의 하나는 자신에게 맞는 다이어트를 찾아내는 일이다. 가장 일반적인 다이어트는 탄수화물의 섭취를 줄이는 것이다. 무조건 섭취를 줄인다고 되는 게 아니라, 오랜 기간 동안 실천할 식단 계획을 짠 다음 단계에 맞게 철저히 지켜야 한다. 매우 고통스러운 과정이다. 건강을 유지하는 데 이점이 많은 커피는 효과적인 다이어트 음료이기도 하다.

많은 체지방 감량 보충제 가운데 가장 기본적인 것 중의 하나가 카페

인이다. 하지만 커피의 효과는 카페인에만 있는 게 아니다. 커피에는 지방이 들어 있지 않기 때문에, 커피를 마시는 다이어트 방법은 매우 효과적이다. 통상적인 무지방 다이어트가 실패하곤 하는 이유의 하나는 지방을 제거하면 과도한 칼로리가 공급되는 일은 없을 것이라는 믿음 때문이다. 무지방 우유를 섞은 모카커피는 지방분을 함유하지 않으며, 설탕을 넣는다 하더라도 여전히 칼로리가 낮다. 무지방 우유를 섞은 커피는 크림이나 설탕을 추가하지 않는 한 칼로리가 없다. 다이어트에서 가장 주의해야 할 핵심 가운데 하나는 설탕을 피하는 일이다. 설탕을 섭취하지 않으면, 우리 몸은 체지방을 더욱 효과적으로 태워 없앤다.

커피를 가장 우선으로 놓는 다이어트는 아직 없다. 커피를 중심으로 한 다이어트 방법을 새로이 창안하거나 기존 다이어트 프로그램에 커피를 적용하는 것이 중요하다. 그렇게 되면 커피 애호가들이 자신이 좋아하는 음료를 즐기면서 체중 감량에 성공할 수 있을 것이다. 커피 자체는 식단의 기본 요소는 아니다. 영양분은 음식을 먹어서 섭취해야 한다.

카페인은 지방의 분해과정에 어떠한 영향을 미치는가? 카페인은 우리 몸에 체열형성 반응을 유발한다. 커피를 마시면 체지방과 탄수화물이 산화되어 에너지를 발산하게 된다. 날씬한 사람보다 비만인 사람에게서 이러한 체지방 산화가 더 활성화된다. 체열형성 반응이 일어나면 포도당과 지방의 산화가 가속된다. 이렇듯 카페인은 사람들이 더 날씬한 몸매를 유지할 수 있도록 도와준다. 커피에 함유된 클로로겐산은 우리 몸속에 포도당이 흡수되는 것을 막고, 퀴니드는 체세포들이 포도당을 흡수하는 것을 증가시킨다.

커피는 어떤 형태의 다이어트에도 도움이 될 수 있다. 비만과 싸워 사람들이 균형 잡힌 몸매를 유지하도록 해준다.

33

값진 휴식시간을 제공한다

커피는 사람들의 습관을 바꾸기도 하고, 새로운 습관을 만들기도 한다. 한때는 커피 자판기가 커피브레이크coffee break의 새로운 문화를 만들었다. 커피브레이크는 커피를 마시며 휴식을 취하는 것을 일컫는데, 꽤 오래된 전통의 하나다. 커피브레이크라는 말은 1952년 범미국 커피 사무국에서 처음 사용하였다. "스스로에게 커피 타임을 선사해 커피가 주는 선물을 받으세요"라는 슬로건과 함께 신문, 라디오, 잡지에 광고를 게재한 게 계기였다. 그러자 곧바로 전 세계에서 커피브레이크라는 말을 사용하기 시작했다.

1800년대 후반의 위스콘신 주 스타우튼에서 기원했다는 설도 있다. 노르웨이에서 이민 온 주부들이 함께 모여 커피를 마신 데서 그 같은 전통이 만들어졌다는 것이다. 스타우튼에서는 커피브레이크 축제를 해마다 개최한다. 커피브레이크는 장소를 불문하고 일하다가 쉬는 휴식시간을 나타내는 말로 확장되어 사용되고 있다. 커피를 마시는 문화는 16세기라는 이른 시기에 벌써 커피와 관련된 다른 말을 탄생시켰다. TIPTo Insure Promptness라는 말이 그것으로서, 빠른 서비스를 약속한다는 뜻이다. 당시 영국의 모든 커피하우스는 커피 값이 선불제였는데, 신선하고 뜨거운 커피를 신속하게 마시기 위해서였다.

610년경에 이미 커피는 예멘 땅의 모카에서 아라비아 반도의 북쪽에 가까운 메디나까지 퍼졌다. 그후 이슬람 세력의 팽창과 함께 커피 문화는 시리아, 이집트, 메소포타미아로 전파되었다. 다마스쿠스, 알렉산드리아, 카이로, 알레포, 안티오키아 같은 중동 지역의 주요 도시를 거쳐, 1610년대에는 가장 부유하고 인구가 많은 도시였던 콘스탄티노플까지 확산되었다. 오스만 제국이 비잔틴 제국의 수도인 콘스탄티노플을 정복함으로써 동로마제국이 멸망하고, 비잔틴 제국의 마지막 황제가 죽음을 맞이하였다. 이로 인해 오스만 제국이 지중해 동부와 발칸 지역까지 진출할 수 있는 계기가 마련되었다. 무슬림 국가들의 지리적 위치로 인해 기독교는 유럽 바깥의 다른 지역으로 퍼지지 못했다. 또한 유럽인들은 오리엔트 세계에 접근할 수 없었다.

당시 커피는 페르시아, 이집트, 시리아, 터키에서 주로 마시는 음료였다. 무함마드가 가장 좋아한 음료였기 때문에 인기가 하늘 높은 줄 몰랐지만, 무엇보다도 무슬림에게 술이 금기시된 것도 한몫 단단히 했다. 커피가 기운을 나게 해주는 효과가 있기 때문에, 알코올의 완벽한 대체품으로 여겨졌다. 커피를 집에서뿐만 아니라 공공 커피하우스에서도 마셨으며, 시간이 지남에 따라 점차 서쪽으로 퍼져나갔다.

많은 기업들은 직원들이 커피를 마시며 휴식을 즐기는 것을 시간 낭비라고 여길지 모른다. 하지만 좋은 지도자는 이러한 시간을 잘 활용하면 조직의 업무 효율성이 높아진다는 것을 잘 이해한다. 어떤 조직이든 목표를 이루기 위해서는 개개인의 협력이 필수다. 목표는 자동으로 달성되지 않는다. 개개인이 자발적으로 움직여 자신의 직접적 이해와 관계없는 조직의 목표를 이루기 위해 협력하지는 않기 때문이다. 조직 내의 사회 네트워킹이 반드시 필요한 이유다. 이런 네트워킹은 조직원간의 신뢰와 단합을 증대하는 효과를 가져다준다.

각자의 분야에서 크게 성공한 대학 졸업생 몇 명이 모교 교수님을 방문하기로 했다. 대화는 곧 자신들의 삶이 얼마나 고단하고 힘든지에 대한 이야기로 전환되었다. 교수는 제자들에게 커피를 대접하며 여러 종류의 잔을 들고 와 각자 마음에 드는 잔을 고르라고 했다. 도자기, 플라스틱, 유리, 크리스털 등 다양했다. 제자들이 모두 자신들이 고른 잔에 커피를 따라 마시기 시작하자 교수는 나직하게 이야기하기 시작했다. "모두들 예쁘고 좋은 잔을 먼저 골랐군. 모두 고급 제품을 선호하는 것은 알겠네만, 그렇기 때문에 자네들이 스트레스를 그리 많이 받는 것이네. 어떤 잔으로 마시든 커피는 모두 똑같네. 커피를 마시고 싶은 것이지, 좋은 잔을 들고 싶은 것은 아니지 않은가? 그런데 본능적으로 가장 좋아 보이는 컵을 먼저 고르고, 더 좋은 컵을 가진 친구를 주시하지 않았는가? 잘 생각들 해보게. 커피는 인생과 같네. 직업, 돈, 사회적 지위는 모두 커피 잔과 같네, 그저 삶을 살아가는 데 필요한 도구일 뿐이지, 우리 인생을 결정짓는 것은 아닐세. 우리는 종종 잔에 지나치게 정신이 팔려, 우리 앞에 놓여 있는 커피를 즐기는 것을 간과하곤 한다네. 커피를 즐겨보세."

미국과 유럽의 고등학생들은 커피숍에서 시간 보내는 것을 좋아한다. 사람들은 종종 커피숍은 교양 있는 사람들이 가는 곳이라고 생각한다. 중학생들마저 방과후에 친구들과 삼삼오오 커피숍에 모인다. 최신 음악이 나오고, 무료 와이파이를 제공하는 곳도 많다. 더러는 서점 안에 커피숍이 있어서, 커피 한 잔 홀짝이며 새 책을 훑어볼 수도 있다.

34

심장을 건강하게 만드는 식물이다

심장에 좋은 영양분 가득한 음식이 많이 있다. 아스파라거스와 고구마에서부터 와인까지. 이들 심장 건강을 돕는 음식에는 세포 손상을 방지하고 치료하는 식물성 생리활성 물질이 많이 함유되어 있다. 세포 손상 방지와 복구가 심장병을 방지하는 핵심이다.

심장에 좋은 과일과 채소가 정말 많은데, 색깔, 모양, 크기도 제각각이다. 이런 음식을 매일 먹으면 심혈관질환이 발병할 위험을 확실히 줄일 수 있다. 신선한 농산물은 심장 건강을 위한 식단의 기초다. 혈액 속의 활성산소를 씻어냄으로써 혈관을 보호하기 때문이다. 곡물, 콩, 견과류, 생선과 차는 심장을 보호하는 생리활성 물질을 제공해준다.

아마 씨는 혈전, 뇌졸중, 심장 부정맥의 위험을 낮춰준다. 또한 콜레스테롤과 중성지방 수치 및 혈압을 낮추는 데도 도움이 된다. 피토스테롤은 콜레스테롤과 화학적으로 유사한 식물성 스테롤인데, 혈중 콜레스테롤을 감소시킨다고 한다. 모든 견과류와 곡물의 배아를 비롯한 씨앗에는 피토스테롤이 들어 있다. 색소의 일종인 카로티노이드는 다양한 색깔의 과일과 채소에 들어 있으며, 심장을 보호하는 항산화 물질이다. 또 다른 항산화 물질인 폴리페놀 역시 혈압을 낮추고 나쁜 콜레스테롤을 감소시킴으로써 혈관을 보호한다. 연어처럼 지방이 많은 생선에서 발견되는 오메가3 지방산과 호두 같은 식물에 들어 있는 알파 리놀렌 지방산은 면역 체계를 강화하고, 혈전을 감소시키고, 심장마비를 방지하는 데 도움이 된다. B-복합 비타민과 비타민 B-6은 혈전, 동맥경화를 방지한다. 니아신(비타민 B-3)은 '좋은' 콜레스테롤을 증가시킨다. 비타민 C와 E는 활성산소로부터 세포를 보호하는 항산화 기능을 갖고 있다. 마그네슘, 칼륨, 칼슘은 혈압을 낮춰준다. 섬유질이 풍부한 음식은 낮은 콜레스테롤 수치를 유지하는 데 도움을 준다.

심장을 건강하게 만들기 위해 이용할 수 있는 가장 좋은 식물의 하나는 커피 생두다. 커피 생두에는 니아신, 아미노산, 지질, 미네랄, 클로로겐산 같은 성분이 들어 있다. 대부분은 아직 본격 연구가 되지 않은 상태로서, 연구를 통해 그 효능이 규명될 필요가 있다. 그 가운데 카페인은 열 안정성이 높아, 로스팅을 해도 파괴되지 않는다. 다른 성분은 어떻게 로스팅하느냐에 따라 보존되기도 하고 사라지기도 한다.

커피는 카페인보다 클로로겐산 함유량이 높다. 커피 생두에 들어 있는 클로로겐산은 강력한 항산화 물질로서, 로스팅할 때 강력한 오피오이드 길항제인 락톤이나 퀴니드를 생성한다. 사람들이 커피를 마실 때, 이 같은 화합물이 카페인보다 빠른 속도로 뇌와 혈액 속으로 퍼져나간다. 커피를 마시고 좋은 기분을 느끼거나 우울증이 해소되는 것은 클로로겐산과 락톤의 영향 때문으로 생각된다. 반면에 집중력과 기억력이 좋아지는 것은 대뇌 시스템에 작용하는 카페인 때문이다. 이 같은 효과가 많은 사람들이 매일 커피를 즐기는 이유다.

카페인은 커피의 중추이다. 열에 약한 다른 물질과 달리 카페인은 로스팅을 해도 그대로 남아 있다. 최종 커피 음료는 맛, 향기를 내는 수백 가지 휘발성 물질과 클로로겐산, 락톤, 니아신 같은 수용성 화합물이 혼합된 것이다. 모든 식물 가운데서 커피가 가장 높은 비율의 클로로겐산을 함유하고 있다. 클로로겐산을 비롯해 커피에 함유되어 있는 화합물은 다양하고도 중요한 약리 작용을 지니고 있으며, 어린아이 시절부터 노년에 이르기까지 부딪치는 심장병 같은 수많은 질병을 예방하는 데 유용하다.

35
스타들이 사랑하는 음료다

가수 브리트니 스피어스가 《마리끌레르》라는 패션 잡지에 다이어트 비법을 공개한 적이 있다. 비키니를 입은 날씬한 몸매의 스피어스는 많은 사람들의 눈길을 사로잡았다. 몸매 관리를 잘못해 한동안 활동을 중지했던 스타의 복귀 자체가 세상 사람들의 화제였다. 인터뷰 기사에서 스피어스는 이렇게 말했다. "내 인생에서 가장 건강한 몸매를 유지하고 있습니다. 설탕 때문에 과일이나 과일 주스는 마시지 않습니다. 하루에 1,200칼로리만 섭취하려고 노력하고 있습니다. 여전히 커피는 즐기는데, 블랙커피만 마십니다." 그녀의 다이어트 비결은 모든 식단에서 설탕을 배제하고, 일주일에 닷새씩 열심히 운동하는 것이었다. 그런 그녀는 건강과 즐거움을 위해 꾸준히 적정량의 커피를 마셨다.

1994년부터 2004년까지 10년에 걸쳐 전 세계 수천만 명의 팬이 뉴욕의 한 작은 커피숍 센트럴파크를 찾았다. 그들은 커피를 마시며 시트콤 〈프렌즈〉Friends의 주인공들과 담소를 나누었다. 〈프렌즈〉의 주인공들이 모이는 장소로 커피숍보다 더 잘 어울리는 곳이 또 있을까. 〈프렌즈〉에는 맨해튼에

사는 6명의 친구가 커피숍에 둘러앉아 대화를 나누는 장면이 끊임없이 등장한다. 〈프렌즈〉는 에미상Emmy Award 등 수많은 상을 수상하였으며, 최고 시청률을 기록하기도 했다. 2004년에 방영한 최종회는 그 어떤 프로그램도 넘보기 어려운 슈퍼보울 경기에 버금가는 시청률로 세상을 놀라게 하였다.

빌 게이츠를 모르는 사람은 없을 것이다. 세계적인 부를 거머쥔 게이츠는 마이크로소프트사의 창시자로, 열세 살 때부터 컴퓨터 프로그래밍을 했다고 한다. 그는 자신의 아내 멜린다와 함께 번 돈을 모두 자선사업에 기부한 것으로도 유명하다. 게이츠 부부는 전 세계를 대상으로 보건의료 및 교육 지원 사업을 벌이고 있다. 《타임》지와의 인터뷰에서 게이츠는, "마이크로소프트사 직원들은 모두 커피를 입에 달고 지낸다"고 이야기했다.

코미디언 로빈 윌리엄스에게 사람들이 가장 즐기는 것이 무엇이냐고 물은 적이 있다. 그는 맛있는 커피를 마시기 위해서라면 천만금을 쏟아 부을 의향이 있다고 답했다. 그는 자선단체 윈드폴을 창설해 다양한 사회 공헌 활동을 하고 있으며, 사이클링 애호가로서 투르 드 프랑스Tour de France에 참가한 경력이 있다. 세계에서 가장 유명한 사이클 선수인 랜스 암스트롱과 친분을 쌓았고, 콘서트를 개최하는 등 암스트롱의 자선사업을 앞장서 도왔다.

인기를 구가하던 텔레비전 프로그램 〈60분〉60 Minutes의 진행자 스티브 크로프트가 할리우드 스타 레이 로마노에게 출연하고 있던 드라마가 끝나면 무엇을 할 계획이냐고 묻자, 로마노는 레스토랑 후터스에서 매일 점심 먹고 커피를 마실 것이라고 대답했다. 로마노는 중산층 이탈리아계 이민자 부모의 슬하에서 태어났다. 아버지는 엔지니어, 어머니는 피아노 강사였다. 로마노는 늦게 철들었다. 대학을 7년 동안 다니면서도 20학점밖에 채우지 못하고 자퇴하였다. 그는 생활을 위해 주유소 등에서 허드렛일을 해야 했다.

고생의 긴 터널을 빠져나온 끝에 마침내 텔레비전 스타가 되고, 결혼 후 네 자녀를 두었다. 그의 낙은 아내와 함께 유유자적 커피를 마시는 일이다. 크로프트와 인터뷰를 하기 전에 그는 아내를 빼앗아가지 말라며 농담했다고 한다. 그의 커피 사랑은 실로 유명 짜하다. 아마도 자신에게서 커피도 빼앗아가지 말라고 말했음 직하다.

할리 베리는 할리우드의 유명 스타다. 가장 팬이 많은 배우 가운데 한 사람이다. 그러나 베리의 관심은 온통 어머니로서 아이를 키우는 일에 집중되어 있다. 두 번의 이혼 이후 다시 사랑을 찾게 되었는데, 맨해튼의 한적한 카페에 앉아 디카페인 커피를 즐긴다고 한다. 베리는 매우 현명해서 커피가 카페인 외에도 몸에 좋은 화합물을 많이 함유한 음료라는 것을 잘 알고 있는 것이다. 지난 10년 동안 '가장 아름다운 사람' 명단에 이름을 올린 사람답다. 커피 만세!

36

섹스보다 좋다

대부분의 미국인은 골프, 커피, 섹스에 열광한다. 전문가가 아니라도 즐길 수 있는 몇 안되는 것들이다. 여자는 이유가 있어야만 누군가와 잠자리에 들고, 남자는 장소만 적당하면 된다고 했던가? 그러나 커피는 섹스보다 더 좋다. 다음과 같은 이유에서 말이다. 만일 아래 문장에서 커피 대신 섹스가 떠오르거든, 바로 한 잔의 커피가 필요한 때이다. 그렇지 않다면 정신과 의사에게 가보아야 할 것이다.

— 맛있는 커피 한 잔으로 아침을 시작할 수 있다.

— 커피를 마시면 밤을 꼬박 샐 수 있다. 섹스는 잠들게 만든다.

— 혼자 커피를 마셔도 우울한 패배자 같아 보이지 않는다.

— 커피를 마시는 속도는 원하는 대로 조절할 수 있다.

— 두통이 있어도 즐길 수 있다.

— 체포당하지 않고 공공장소에서 즐길 수 있다.

— 일터에서도 즐길 수 있다.

- 꼭 크림을 넣을 필요가 없다.
- 새벽 3시에 커피를 주문해도 체포당하지 않는다.
- 커피가 떨어질 염려는 없다.
- 커피 마시면서 담배를 피울 수 있다.
- 커피포트를 켜놓고 다른 곳에 갔다 와도 아직 뜨겁다.
- 아무리 못생겼어도, 커피는 마실 수 있다.
- 커피는 말을 걸지 않는다.
- 기분과 상관없이 커피를 마실 수 있다.
- 커피를 내리는 데 15분도 걸리지 않는다.
- 오래된 커피는 버릴 수 있다.
- 커피와는 침대를 나눠 쓸 필요가 없다.

— 커피는 다른 커피를 마셔도 질투하지 않는다.

— 한 잔 더 마신다고 해서 불평하지 않는다.

— 슈퍼마켓에서 커피를 사도 이상한 눈초리를 받지 않는다.

— 직장동료와 함께 커피를 마셔도 아무 문제가 되지 않는다.

— 이웃 모두가 함께 커피를 마셔도 이상한 사람들이라 불릴 염려가 없다.

— 커피 한 잔을 마신 다음 한 잔 더 내리는 데 1분도 채 걸리지 않는다.

— 커피 3잔을 연속으로 마셔도 피곤하지 않다.

— 커피를 더 잘 마시는 사람이 있다고 해도, 커피는 결코 우리 곁을 떠나지 않는다.

— 커피 마실 때 보호장비가 필요하지 않다.

— 커피는 새벽 1시에 집에 들어와 야근이 있었다고 말하지 않는다.

— 언제 어디서나 커피를 마실 수 있다.

— 커피를 다 마시고 났을 때, 커피는 안아달라고 징징거리지 않는다.

— 사람들 앞에서도 커피를 마실 수 있다.

— 사무실에서 커피를 마실 때, 사람들이 모두 퇴근할 때까지 기다리지 않아도 된다.

— 성인이 될 때까지 기다리지 않아도 된다.

— 커피 마시면서 허리를 다친 사람은 없다.

— 커피가 맛이 없으면 버리면 그만이다. 사람은 너무 커서 수챗구멍에 들어가지 않는다.

— 커피 마시고 임신 걱정을 할 필요가 없다.

— 커피를 마시면서 커피가 만족했는지 신경 쓸 필요가 없다.

— 모든 종류의 커피를 다 맛볼 수 있다.

— 커피를 마시면 마실수록 기분이 좋아진다. 섹스는 하면 할수록 피곤

해질 뿐이다.

— 커피는 1분당 3천 원도 들지 않는다.

— 평생 동안 커피를 마시지 않고도 아이를 가질 수 있다.

— 직장에서 검색 엔진에 '커피'를 쳐도 아무 문제가 되지 않는다.

— 커피는 이기적이지 않다. 커피를 마시면 항상 만족감을 느낄 수 있다.

— 일 주일 넘게 커피를 마시지 않아도, 커피를 마시고 싶은 욕구가 생기지 않는다.

— 커피는 다른 사람의 이름을 외치지 않는다.

— 숙제를 하면서도 커피를 마실 수 있다.

— 인스턴트커피를 마셔도 죄책감을 느낄 필요가 없다.

— 커피 필터는 맛있는 커피를 내릴 수 있도록 도와준다. 섹스 필터는 포르노 사이트를 차단시킨다.

역사 속의
커피

COFFEE WAS ...

37

성경 속 커피?

기독교 성경 창세기에 커피가 등장한다고 하면 지나친 억측일까. 이삭과 리브가는 늦은 나이에 두 쌍둥이 아들을 낳았다. 하루는 형 에서가 들에서 사냥하다가 돌아왔는데 지쳐 쓰러질 지경이었다. 성경은 사냥에서 돌아온 에서와 그의 동생 야곱이 대화하는 장면을 이렇게 기록하고 있다.

"야곱이 죽을 쑤었더니 에서가 들에서 돌아와서 심히 피곤하여, 야곱에게 이르되 내가 피곤하니 그 붉은 것을 내가 먹게 하라 한지라 그러므로 에서의 별명은 에돔이더라. 야곱이 이르되 형의 장자의 명분을 오늘 내게 팔라. 에서가 이르되 내가 죽게 되었으니 이 장자의 명분이 내게 무엇이 유익하리오. 야곱이 이르되 오늘 내게 맹세하라. 에서가 맹세하고 장자의 명분을 야곱에게 판지라. 야곱이 떡과 팥죽을 에서에게 주매 에서가 먹으며 마시고 일어나 갔으니 에서가 장자의 명분을 가볍게 여김이었더라."(창세기 25:29-34)

에서가 쌍둥이 동생 야곱에게 장자권을 내주고 받은 '붉은 것'이 붉은 커피콩은 아니었을까? 에서가 받아서 '마셨으니' 말이다. 또 민수기에는 이런 구절이 보인다.

"이스라엘 자손에게 전하여 그들에게 이르라. 남자나 여자가 특별한 서원 곧 나실인의 서원을 하고 자기 몸을 구별하여 여호와께 드리려고 하면, 포도주와 독주를 멀리하며 포도주로 된 초나 독주로 된 초를 마시지 말며 포도즙도 마시지 말며 생포도나 건포도도 먹지 말지니, 자기 몸을 구별하는 모든 날 동안에는 포도나무 소산은 씨나 껍질이라도 먹지 말지며"(민수기 6:2-4)

여기에 언급된 독주는 무엇일까? 혹 커피는 아닐까? 와인(포도주) 이외에 당시 사람들이 마시던 음료를 알아내기는 힘들다. 맥주가 와인보다 도수가 높을 리 없으며, 당시에는 증류주도 없었다.

롯도 성경에 등장하는 중요한 인물이다. 롯기는 롯이라는 한 현명한 여자에 대한 이야기이다. 롯이 살던 당시에는 이스라엘 백성이 이방인과 결혼하는 것이 잘 용납되지 않았다. 롯은 모압 사람으로 이스라엘 남성과 결혼했다. 남편과 사별한 후 이스라엘 사람인 시어머니를 봉양하고, 이스라엘 백성들의 하나님에게 헌신하였다. 보아스는 롯을 가엾게 여겨 자신의 밭에서 이삭을 줍게 한다. 결국 보아스는 롯에게 반해 두 사람은 결혼하게 되고, 아들 오벳을 낳는다. 오벳의 아들은 이새, 이새의 아들은 다윗이다. 이방인 여자 롯이 그 유명한 다윗 왕의 증조모인 것이다. 롯이 보아스의 밭에서 이삭을 주울 때, 보아스는 롯에게 커피로 추정되는 볶은 곡식을 주었다.

"식사할 때에 보아스가 롯에게 이르되 이리로 와서 떡을 먹으며 네 떡 조각을 초에 찍으라 하므로 롯이 곡식 베는 자 곁에 앉으니 그가 볶은 곡식을 주매 롯이 배불리 먹고 남았더라."(롯기 2:14)

사무엘하에 다윗 왕 이야기가 나온다. 다윗이 이스라엘의 왕위에 올라 두 왕국을 통일시킬 때 그의 나이는 서른 살이었다. 안타깝게도 다윗은 자신의 아들과 싸워 왕위를 지켜야 했다. 다윗의 아들 압살롬은 아버지에 맞서 반란을 일으켰다. 다윗이 압살롬과 전투를 하던 당시의 한 장면이다.

"다윗이 마하나임에 이르렀을 때에 암몬 족속에게 속한 랍바 사람 나하스의 아들 소비와 로데발 사람 암미엘의 아들 마길과 로글림 길르앗 사람 바르실래가 침상과 대야와 질그릇과 밀과 보리와 밀가루와 볶은 곡식과 콩과 팥과 볶은 녹두와 꿀과 버터와 양과 치즈를 가져다가 다윗과 그와 함께 한 백성에게 먹게 하였으니 이는 그들 생각에 백성이 들에서 시장하고 곤하고 목마르겠다 함이더라."(사무엘하 17:27-29)

군사들이 먹은 볶은 곡식은 커피일 가능성이 있다. 피로를 풀기 위해 마시는, 그리고 볶아서 만드는 음료는 커피밖에 없다. 다윗은 이스라엘을 40년 동안 다스렸고, 솔로몬을 자신의 후계자로 지목했다.

솔로몬은 다윗의 16번째 아들이었다. 솔로몬 시대는 이스라엘 역사의 황금기였다. 솔로몬 왕은 혼인을 통해 정치적 동맹을 맺었는데, 오늘의 인도, 아프리카, 유럽에서까지 아내를 맞았다고 한다. 솔로몬 왕은 예루살렘에 성전을 건설하는 등 번영을 가져왔을 뿐만 아니라, 지혜로운 왕으로도 널리 알려졌다. 솔로몬의 명성이 하도 드높아서 에티오피아의 시바 여왕은 그를 만나기 위해 먼 여행길을 마다하지 않았다. 시바 여왕과 솔로몬의 만남은 많은 전설을 낳았다. 시바 여왕은 솔로몬 왕에게 진기한 보물을 가져다주었으니, 자신의 나라 특산품인 커피도 가져다주었을 것이다. 시바는 오늘날의 에티오피아와 예멘 인근으로 생각된다. 시바라는 이름은 아마도 이 지역 사람들이 커피를 마시며 건강하고 행복하게 살았기 때문일 것이다.

38

무슬림의 전유물이었다

　　커피는 7세기부터 17세기까지 약 천 년 동안 무슬림들의 전유물이었다. 그리고 이슬람교를 전파하는 데 큰 역할을 하였다. 무함마드에게 전한 하나님의 말씀을 모아 엮은 것이 코란이다. 무함마드는 병약한 몸으로 기도에 매진하였다. 이를 안타깝게 여긴 대천사 가브리엘이 메카의 카바Kaaba처럼 검은 음료를 무함마드에게 가져다주었다는 전설이 있다. 무함마드는 이 음료를 마시고 몸을 회복할 수 있었다. 그리고 자신이 애용하였을 뿐 아니라, 제자들에게도 권했다고 한다.

　　발칸 지역에서부터 스페인, 북아프리카까지 아랍인들은 정복하는 곳마다 커피 문화를 퍼뜨렸다. 로마 제국이 멸망한 다음 아랍이 연금술의 중심지로 새롭게 떠올랐다. 또한 그리스 고전 등 중요 문헌을 아랍어로 번역해 인류 문화 발전에 기여하였다. 아랍인들이 매우 효율적으로 정복지 사람들을 동화시켰다는 것을 역사 기록은 말해준다. 커피를 마시며 아랍인들은 수 세기 동안 전 세계에서 가장 발달한 문명을 유지했다.

　　유럽 사람들이 문자도 교육도 없이 야만적으로 사는 동안에 이슬람 국가의 왕들은 큰 학교와 도서관을 지었다. 카이로에 있던 의학 도서관은 사서를 6명이나 둘 만큼 규모가 컸다. 바그다드의 '지혜의 집'은 온갖 분야의 책이 소장된 도서관이자 변호사, 천문학자, 문법학자, 의학자 등이 강연하는 학교였다. 카이로 대학은 970년에 개교했다.

11세기 말부터 13세기까지 기독교 세력과 이슬람 세력은 십자군전쟁을 치렀다. 당시 더 앞선 문명을 지니고 있던 쪽은 이슬람 세계였다. 기독교인들은 아랍인들의 병원을 보며 감탄했을 것이다. 로마의 산스피리토 병원은 교황 인노켄티우스 3세의 후원 아래 1204년에 개원했다. 유럽 전역에 병원이 세워지는 데 다마스쿠스와 카이로에 있던 병원들이 영향을 주었을 것이다. 예루살렘의 멸망 이후 기사들은 유럽으로 돌아갔다. 더불어 그들이 보고 들은 아랍 세계의 앞선 문명의 씨앗은 유럽 전역으로 퍼져갔다.

무슬림들은 커피의 비밀을 지키려고 노력했을 것이다. 무슬림들의 음식, 향신료, 설탕, 그밖의 다른 음료들이 유럽 세계에 전해졌지만, 십자군이 커피를 배워갔다는 기록은 없다. 아랍인들은 시칠리아와 스페인에서 설탕을 재배하기 시작했다. 십자군전쟁 이후에야 설탕은 유럽에서 꿀의 대체품으로 사용되기 시작했다. 나중에 설탕을 탄 커피가 세계에서 가장 인기 높은 음료가 되었는데, 커피와 설탕 둘 다 이슬람 지역에서 유래하였다.

커피의 어원을 거슬러 올라가면 아랍어 콰와qwawa, 페르시아어 케베qehve, 투르크어 카베kahveh에 가닿는다. 피에르 라로케는 17세기 중반에 커피와 커피 추출 기구를 프랑스로 들여가며 카베kaveh라 불렀다. 커피 문화가 유럽 전역으로 퍼지면서 각 지역에 따라 변형된 이름으로 정착하게 된다. 콘스탄티노플에서는 카베, 프랑스에서는 카페café, 영국에서는 커피coffee로 불렸다. 커피하우스는 16세기에 카이로와 이스탄불에서 생겨났다. 술레이만 1세가 통치하던 1555년에 다마스쿠스에서 온 시리아 사람이 이스탄불

이스탄불 커피하우스

에 처음으로 커피하우스를 열었다. 커피하우스는 시인, 학자와 도박꾼들의 인기를 끌었다. 술레이만 1세는 공정한 술탄이었으며, 부정부패를 척결하고 예술과 철학을 사랑했다. 이슬람 세계 최고의 시인으로 각광받았으며, 커피를 즐겨 마셨다. 터키 상인들의 손에 의해 커피숍이 점차 확산되기 시작하면서, 17세기 초에는 이탈리아에도 커피가 전해졌다. 커피하우스(아랍어 al-maqhah, 페르시아어 qahveh-khaneh, 터키어 kahvehane)는 중동 사람들의 사회적 모임 장소였다. 남성들이 모여서 음악을 듣고, 책을 보고, 체스를 두고, 담배를 피고, 시를 읊고, 커피를 마셨다.

39

사탄의 음료에 세례를

　가톨릭 신부들은 이슬람교의 음료를 항상 조심하라고 경고했다. 그들은 커피를 사탄의 발명품이라며 비난했다. "사탄의 제자인 무슬림들에게 포도주를 금한 것은 그리스도가 신성하게 여기고 성찬식에도 사용하기 때문이다. 대신 그들은 커피라 부르는 끔찍한 검은 음료를 마시게 했다."

　당시 논란이 하도 거세서 클레망 8세 교황이 개입해야 했다. 교황은 결정을 내리기 전에 직접 음료를 맛보기로 했는데, 뜻밖에도 맛이 너무 좋았다. 1603년 클레망 8세는 "커피를 사탄이 만들었다고 하기에는 너무도 맛이 좋다. 이 맛있는 음료를 무슬림들만 즐기게 하다니 안될 일이다. 커피에 세례를 내려 사탄을 쫓아내고 기독교인들의 참음료로 만들어버리자"고 선언했다. 그후 커피는 기독교인들이 가장 좋아하는 음료가 되었다.

　베노이트 15세 교황은 1740년 로마 퀴리날리스 궁전에 영국식 카페를 열었다. 당시 알코올은 큰 사회적 문제였는데, 커피가 몸에 좋은 대체품으로 떠오르며 술과 경쟁하기 시작했다. 술을 많이 마신 사람에게 커피를 마시게 하는 것은 오늘날의 보편화된 습관이다. 커피가 알코올을 해독하고 정신을 맑게 해주기 때문이다. 이슬람교도에게는 음주 습관이 없었지만, 서방세계의 기독교는 달랐다. 로마 제국 멸망후의 중세 암흑시대에 교회는 유일하게 문명을 지키는 보루였다. 많은 수도원들이 넓은 땅을 점거하며 와인 생산자가 되었다. 농부들이 포도밭을 기증하기도 했다. 수 세기 동안 교회는 유럽에서 가장 좋은 포도밭을 소유했다. 교회 하면 와인을 떠올릴 정도였다. 포도주가 그리스도의 피를 상징하기 때문만이 아니라, 성직자들의 사치스러운 세속적 삶 때문이기도 했다. 와인은 기독교 의식의 한 부분으로서 중세인의 삶에서 중요한 자리를 차지했다. 와인에 뒤이어 증류주가 광범위하게 등장하면서 많은 사람들이 알코올에 탐닉하게 되었다. 오늘날 알코올 중독은 전 세계적인 문제다. 커피는 알코올과 경쟁할 수 있는 음료이자 알코올 중독의 폐해를 예방하는 데도 중요하다.

유럽은 물 사정이 좋지 않았다. 오염된 물이 많았으며, 물을 저장하는 것도 어려웠다. 냉장고도 없었다. 사람들은 필요한 물을 충분히 마실 수 없었다. 그래서 물 대신에 와인을 마셨다. 1650년에 런던에 처음 커피하우스가 문을 연 이후 수많은 커피하우스가 생겼다. 커피가 인기를 끌기 시작했지만, 많은 사람들은 여전히 커피를 마시려 하지 않았다. 일부 기독교인들은 동양 토속 신앙인의 음료라며 커피를 거부했다. 이슬람과 기독교는 6백여 년간 치열하게 싸웠다. 그래서 사람들은 알코올을 금지한 이슬람인들이 개발한 정체불명의 독성물질이라며 두려워했다.

신대륙을 포함한 전 세계에서 커피가 소비되기 시작한 것은 동인도회사의 무역 활동이 활기를 띠면서였다. 17세기 후반은 또한 싹 터오르는 무역의 시대였다. 네덜란드는 그 시대 세계 최고의 상업강국이었고, 영국이 그들의 경쟁자였다. 식민지를 방문한 함선들이 매일 항구로 들어오고, 세계를 무대로 활동하는 상인들이 진귀한 낯선 물건들을 하역하느라 바빴다. 설탕,

향신료, 커피, 차, 목화, 도자기 같은 게 대표적인 무역 품목이었다. 1711년에 최초로 백 파운드 가까운 인도네시아 자바산 커피가 암스테르담에 도착하였다. 그로부터 얼마 지나지 않아 네덜란드가 공급하는 커피가 야생 상태에서 채취한 에티오피아와 예멘의 커피 생산량을 넘어섰다. 커피를 마시는 습관은 당시 사람들의 사회적 관계 속에서 매우 중요하였다. 그래서 짧은 시간 사이에 유럽 전역으로 들불처럼 퍼져나갔다.

40

커피는 죄가 없다

커피 애호가들은 비평가들이 하는 말에 지나치게 귀 기울일 필요 없다. 비평가를 위해 동상을 세우는 일은 없으니까. 카페인 곧 커피는 지지자와 험담꾼 양쪽이 모두 많았다. 정치, 종교 지도자 가운데도 옹호하는 사람이 있었는가 하면, 탄압하는 사람도 있었다.

커피를 잘 알지 못했던 메카의 술탄은 흥분한 상태로 기도하는 무슬림 신도들을 목격했다. 술탄은 신도들이 와인을 마신 것이라고 착각해 그들을 체포하였다. 신도들이 커피를 마셨다는 것을 알고는 커피를 금지시켰다. 하지만 더 고위 술탄이었던 이집트 술탄의 명령으로 조치를 철회했다. 1524년에 메카의 술탄은 사회를 어지럽힌다는 이유로 다시 한 번 커피하우스 폐쇄 명령을 내렸다. 다만 집에서 마시는 것은 허용했다. 커피하우스들은 다시 문을 열었지만, 오스만 제국의 황제 술레이만의 폐쇄 명령으로 다시금 문을 닫아야 했다. 술레이만을 움직인 것은 한 독실한 궁녀였다. 이슬람 교리를 철저히 지키는 무슬림 성직자들은 커피 마시는 것을 그리 달갑게 여기지 않았다. 17세기에 오토만 제국에서는 정치적인 이유로 커피가 금지된 적이 있다. 유럽에서는 저항 정치세력과 연관이 있는 것으로 여겨지기도 했다. 그러나 커피는 모든 고비를 이겨냈다.

런던에 파스콰로지라는 이름의 커피하우스가 문을 열었다. 사업가들은 커피하우스의 분위기가 훨씬 사적이고 유쾌하다는 것을 알아채고는, 증권거래소나 주변 술집 대신 커피하우스를 찾기 시작했다. 사업가들은 각자의 단골 커피하우스로 규칙적으로 출퇴근했다. 런던 증권거래소 주변의 커피하우스 밀도가 가장 높았다. 커피하우스의 전성기는 1697년부터였다. 이때부터 주식매매업자들의 증권거래소 출입이 제한되었기 때문이다. 따라서 한동안 영국의 증권 거래는 주로 커피하우스에서 이루어졌다.

커피하우스는 곧 여성들의 반발을 샀다. 몇몇 여성들이 1674년에 〈커피를 반대하는 여성들의 청원서, 성생활에 미치는 본 음료의 악영향을 고발하다〉라는 제목의 팸플릿을 출판하였다. 그들은 역설적이게도 몇 날 며칠간 커피를 마셔가며 토론하고 실행계획을 세웠을 것이다. 여성들은 남편들이 커피를 지나치게 많이 마셔서 부부생활이 불가능하다고 불평했다. 잠자리에 들기 전에 남편과 함께 커피 한 잔 마시고 싶었을 수도 있다. 그것이 모든 여성의 바람 아니겠는가. 그러나 남자들은 커피하우스에 늦게까지 있고 싶어했다. 여성들의 움직임에 맞서 남자들은 〈커피를 반대하는 여성들의 청원서에 대한 남성들의 답변〉을 펴내 맞대응했다. "아무런 죄가 없는 커피가 왜 여성들의 분노를 사는지 이해하기 힘들다. 커피는 전혀 해롭지 않고 정신적 피로를 풀어주는 음료로서 우리에게 보내준 신의 선물이다"는 게 요지였다. 얼마 지나지 않아 커피가 성생활에 아무런 악영향을 미치지 않는다는 것이 밝혀졌다.

메카 같은 도시에서는 사람들이 너무 오랜 시간을 커피하우스에서 보낸다는 이유로 커피를 금지시키기도 하고, 커피 원두를 모두 태워버리기도

하였다. 물론 예나 지금이나 금지한다고 사람들이 모두 따르지는 않는다. 결국 다시 커피를 허용했고, 전 세계로 커피하우스가 퍼져갔다. 종교, 정치, 의학적 관점에서 커피를 승인하거나 금지시킨 기록들이 많이 있다.

　커피하우스는 실로 다양한 일이 이루어지는 장소다. 정치적 대화는 체제 비판으로 이어질 수 있다. 영국의 찰스 2세는 1675년에 "선동적이고 고위 관료를 비방하는 곳"이라며 커피하우스를 금지시켰다. 그러나 대중들의 반발이 심해 불과 16일 만에 명령을 번복해야 했다. 찰스 2세는 커피를 반대한 여성들만큼이나 무모한 조치로 체면을 구긴 셈이다. 커피하우스는 신분과 계층을 불문하고 누구나 출입할 수 있었다. 그래서 평등 및 공화정과 연관되는 커피하우스의 이미지가 만들어졌다. 런던의 커피하우스를 방문한 한 프랑스 여행자는 이런 글을 남겼다.

　"친정부, 반정부 관계없이 갖은 목소리를 담은 신문을 자유롭게 읽을 수 있는 곳이자, 영국표 자유의 상징이다."

41

에스프레소의 나라, 이탈리아

베네치아는 인간의 역사에서뿐만 아니라 커피의 역사에서도 중요하다. 베네치아는 무역을 통해 번영을 누리게 되었는데, 특히 비잔틴 제국 및 이슬람 세계와의 무역에 필요한 전략적 장소를 점령해 세력을 키웠다. 1570년 무렵부터 베네치아에서는 커피를 구경할 수 있었다. 오리엔트 지방에서 들여온 것이었다. 1615년부터 베네치아 상인들은 모카라는 예멘의 항구도시에서 커피를 수입해 유럽 전역으로 수출하였다. 지중해 동쪽의 근동 지역을 여행한 유럽 여행자들이 이 독특한 검은 음료에 대한 이야기를 퍼뜨렸다. 17세기 말 이탈리아의 상류층에서는 이미 커피를 즐겨 마셨다.

1683년 베네치아 산마르코 광장에 최초의 카페가 문을 열었다. 다음 세기에 문을 연 카페 플로리안은 카사노바, 샤토브리앙, 괴테, 바이런, 디킨스, 프루스트 같은 최고의 지식인들이 즐겨 찾은 곳으로 명성을 이어오고 있다. 같은 산마르코 광장에 자리한 카페 콰드리도 플로리안 못지않게 유명하다. 리스트, 조르주 상드, 바그너, 헤밍웨이, 달리, 사르트르 같은 사람이 단골이었다. 로마에서는 카페 그레코가 유명하다. 고골리, 베를리오즈, 보

루드비히 파시니 작(1856), 로마의 카페 그레코

들레르, 아나톨 프랑스 같은 예술가들이 모이는 장소였다.

　20세기가 되어서야 이탈리아는 에스프레소Espresso로 유명해지기 시작했다. 에스프레소라는 말은 '짜내다'라는 뜻을 가진 이탈리아어esprimere에서 유래하였으며, 분쇄한 커피 가루를 뜨거운 물이 고압으로 통과해 커피를 추출하는 방식을 말한다. 에스프레소는 향을 모두 뽑아내기 때문에 터키식 커피와는 전혀 다르다. 17세기가 되면 이탈리아의 주요 도시마다 카페가 들어서는데, 생각할 때 마시는 으뜸 음료가 되었다. 베네치아, 토리노, 로마 같은 도시에는 그 당시에 지은 카페 건물이 그대로 서 있다.

　오늘날에는 커피를 빼고 이탈리아를 생각하기 어려울 것이다. 이탈리아가 커피의 고향은 아니지만, 우리가 아는 커피 문화는 이탈리아에서 시작되었다. 대부분의 이탈리아인들은 맛없는 커피를 파는 카페에는 다시는 발을 들여놓지 않는다. 레스토랑에서 제공하는 커피는 사양한 채 자신이 좋아하는 카페로 가서 커피를 마시는 사람도 많다.

이탈리아 커피는 바디감과 향이 좋은 아라비카종을 주로 사용한다. 물론 지역과 취향에 따라 더 강한 맛이 나고 카페인 함량도 높은 로부스타를 섞기도 한다. 남부 이탈리아의 커피는 로부스타 비율이 높아 커피가 더 진한 편이다. 로스팅을 한 커피 원두는 짙은 갈색으로 기름이 거의 없다. 로스팅하는 시간은 블렌딩에 따라 다른데, 로부스타 비율이 높을수록 더 오래 볶는다. 하지만 지나치게 오래 볶거나 온도가 너무 높아서는 안된다. 강하게 로스팅한 원두가 커피 맛이 낫거나 건강에 더 좋은 것은 아니다. 커피를 로스팅할 때는 숙달된 장인의 세심한 손길이 필요하다. 원두의 종류에 따라 한 번에 볶는 양이 달라야 하고, 알맞은 시간 동안 적정 온도를 유지해 주어야 한다. 눈 깜짝할 사이에 원두가 탈 수 있기 때문에, 로스팅이 진행되는 동안 로스터는 원두에서 눈길을 떼서는 안된다.

이탈리아 사람들은 커피를 꼭 카페에서 마시지는 않는다. 모닝커피는 주로 집에서 모카포트를 이용해 추출해 마신다. 물의 온도를 끓기 전까지 끌어올린 다음 원두에 부어 추출하는 방식이다. 엄격히 말해 에스프레소는 아니지만 바디감이 풍부한 커피를 만들 수 있다. 모카포트는 이탈리아인들이 일반 가정에서 가장 흔히 사용하는 추출기구이다. 가정에서는 나폴레타나를 이용하기도 한다. 모카포트와 유사한데 물이 끓기 시작하면 포트를 거꾸로 뒤집어 분쇄한 커피에 물이 투과할 수 있게 하는 방식이다. 모카포트로 추출한 커피만큼 진하지는 않지만, 에스프레소 머신에서 갓 뽑은 커피와 비슷한 맛을 느낄 수 있다.

이탈리아에서는 에스프레소를 주문할 때 카페caffe를 달라고 하면 된다. 그리고 빨리 마시기를 권장한다. 에스프레소는 오래 두고 조금씩 마시기 보다 두세 모금에 전부 마시는 것이 가장 맛있는 커피를 즐기는 방법이다.

42
커피하우스가 영국을 바꾸었다

1637년 어느 날 오후의 일이다. 크레타 섬 출신인 카노피우스라는 학자가 옥스포드 대학에 자리한 자신의 연구실에 앉아 커피를 한 잔 뽑아 마셨다. 카노피우스가 마신 이 커피가 아마도 영국 땅에서 사람이 마신 첫 커피일 것이다. 1650년 제이콥스라는 터키계 유대인이 옥스포드에 커피하우스를 열었다. 터키식 커피하우스로서 영국 최초의 커피하우스였다. 런던에는 이보다 2년 뒤 커피하우스가 등장한다. 파스콰 로지라는 사람이 주인이었는데, 터키에서 물건을 수입해 파는 상인의 하녀였다.

윌리엄 하비는 17세기 영국 최고의 의사였다. 베네치아를 방문했을 때 커피를 맛본 하비는 그 맛에 반했다. 고국으로 돌아갈 때 그의 짐 속에는 커피 한 포대가 들어 있었다. 그는 보물단지처럼 애지중지하며 커피를 즐겼다. 하비 덕분에 다른 의사들도 커피를 즐기기 시작했다. 하비는 지인들에게 자신이 죽은 다음 일 년에 한 번씩 모여 함께 커피를 마셔달라고 요청하기지 했다.

커피하우스는 사람들이 만나고 세상 돌아가는 정보를 얻는 장소였다.

17세기 후반부터 영국의 커피하우스는 기하급수적으로 늘었다. 커피하우스 가운데 정치적으로 중요한 역할을 하는 곳도 생겨났다. 토리당 반대세력인 휘그당 집단은 한 커피하우스에서 탄생하였다. 휘그당은 나중에 영국 자유당으로 변신하였다. 휘그당원들은 왕권에 비판적인 태도를 갖고 있었는데, 정치평론가들이 중심이 된 휘그당 급진파는 미국 독립전쟁을 발발시키는 데 큰 역할을 하였다. 국민이 주인인 공화국으로 나라가 운영되어야 한다는 그들의 글과 사상이 미국 이주자들에게 큰 영향을 끼쳤다. 커피하우스에서 이루어지는 흥미진진한 대화는 사회를 더욱 활기차게 만들었다.

18세기 초의 커피하우스는 '1페니 대학'으로 불렸다. 1페니면 커피 한 잔을 마실 수 있었는데, 커피하우스에 앉아 최고 학자와 정치인들의 대화를 들을 수 있었던 것이다. 정치 이론가와 작가들이 커피를 마시며 쓴 논문과 문학작품은 프랑스 혁명과 낭만주의를 낳았다. 그때는 먼 지역의 소식을 아는 것이 경쟁력과 직결되었는데, 커피하우스만큼 좋은 정보통이 없었다. 무역의 규모가 점점 커지면서 목적지간의 이동시간, 날씨, 해류 등 낯선 바다를 항해하는 데 필요한 정보의 수요가 급증했다. 작은 도시에서는 커피하우스가 주민들이 쪽지를 남기거나 찾아가는 연락 장소였다. 19세기 중후반에는 노동자층을 위한 커피하우스가 등장하였다. 분위기 좋고 깔끔한 커피하우스가 천천히 전통 펍을 밀어내기 시작했다. 오늘날 거의 모든 영국 펍에는 맥주병과 와인병 사이에 에스프레소 기계가 놓여 있는 것을 볼 수 있다.

영국 보험회사인 로이즈는 원래 커피하우스가 원조다. 템즈 강변에 문을 연 에드워드로이즈 커피하우스는 항구에 정박한 배의 선원들이 가장 좋아하는 장소였다. 규모가 꽤 컸던 이곳은 능력 있는 상인들로 북적였다. 에드워드 로이즈는 커피숍 운영자 이상의 능력을 가진 사람이었다. 고객관리가 얼마나 중요한지 일찌감치 깨달았으며, 손님들의 정보 수요에 적극 대응하였다. 그리하여 1696년에 무역선의 입출항과 항해 정보 등을 실은《로이즈 해사일보海事日報》를 발간하였다. 로이즈 커피하우스에서는 함선 경매도 자주 열렸으며, 경매를 진행하는 데 필요한 종이와 잉크는 모두 로이즈 측에서 제공했다. 커피하우스는 거의 24시간 문을 열었다. 예나 지금이나 보험에 가입하고 싶은 사람은 보험 중개인을 찾기 마련이다. 보험 중개인들은 커피숍이나 증권거래소에 모인 예비 가입자들에게 보험상품의 위험도를 설명했다. 로이즈 커피하우스는 탄탄한 업계 인맥 덕분에 해상 보험업자의 본부 역할을 수행했다.《로이즈 해사일보》는 증시 가격과 해외 시장 정보, 해상 사고 소식 등을 실으면서 다루는 정보가 더 방대해졌다. 이 정보지는 정보 제공자가 수신 주소란에 '로이즈'라고만 적어도 배달될 만큼 널리 알려졌다. 커피 몇 잔 팔던 커피숍이 역사상 가장 유명한 보험회사로 발전한 것이다.

43

커피 칸타타:
입 다물고 조용히 해주세요

독일은 사제이자, 신학자이자, 종교개혁가인 마르틴 루터의 고향이다. 마르틴 루터는 서양사회, 특히 루터교와 개신교에 지대한 영향을 미쳤다.

독일은 커피나무 한 그루 자라지 않는 나라다. 그럼에도 불구하고 세계에서 로스팅한 커피를 가장 많이 수출한다. 독일 드레스덴 출신인 주부 멜리타 벤츠가 세계 최초로 커피 필터를 발명했다. 가장 완벽한 커피 음료를 추출할 방법을 연구한 끝에, 커피 가루 위에 뜨거운 물을 부어 물만 빠져나가게끔 여과장치를 이용하는 방식을 고안해낸 것이다. 벤츠는 여러 차례의 실험을 걸쳐 아들이 잉크를 닦아낼 때 사용하던 흡인지가 가장 효과적이라는 것을 알아냈다. 흡인지를 원 모양으로 잘라 금속제 컵에 넣어 오늘날 우리가 편하게 사용하는 필터를 발명하게 되었다.

암스테르담 출신으로 독일에서 생활한 코넬리스 데커 박사는 독일 커피가 오늘날의 명성을 얻는 데 크게 기여했다. 데커 박사는 커피와 차가 널리 알려지기 전부터 두 음료가 지닌 건강상의 이로움을 적극 홍보하였다. 1670년대 말에는 하루에 차를 10잔 마시도록 처방을 내리는가 하면, 커피나 차를 매일 50잔씩 마시라고 권하기도 했다.

　　독일 출신 작곡가이자 오르간 연주자였던 요한 세바스찬 바흐는 18세기 초반에 라이프치히 콜레지움 무지쿰의 감독으로 활동했다. 그곳에서 그는 다른 음악가들 그리고 학생들과 함께 매주 음악회를 열었는데, 여름에는 야외, 겨울에는 카페가 장소였다. 이때 바흐는 '커피 칸타타'로 알려진 〈입 다물고 조용히 해주세요〉라는 풍자 작품을 무대에 올렸다. 커피 칸타타는 18세기 당시 많은 라이프치히 주민들의 고민거리였던 커피 중독에 대한 내용을 익살스럽게 표현했다. 칸타타 대본에 "하루에 커피 세 사발을 마시지 못하면 그 괴로움을 견디지 못해 구운 염소고기처럼 쪼그라들고 말 거야"라는 가사가 등장한다. 이러한 화자의 마음에 카페 손님들이 격하게 공감했으리라고 미루어 짐작할 수 있다.

　　프레드리히 대왕은 프러시아의 3대이자 마지막 왕이었다. 그는 계몽 군주로서 볼테르, 임마누엘 칸트 같은 작가와 철학자를 후원했다. 또한 프러시아를 경제적으로 반석 위에 올려놓고, 정치 개혁을 이룩하였다. 그는 해마다 7백만 탈러라는 거금이 커피 원두를 사들이는 데 사용되는 것을 알고는 깜짝 놀랐다. 그래서 커피 소비를 줄일 요량으로 상류층의 커피 섭취를 제한하는 조치를 취했다. 그는 농장에서 일하거나 단순 노동에 종사하는 사람들은 커피를 마실 필요가 없다고 믿었다. 프레드리히 대왕은 젊은 시절에 맥주로 끓인 수프를 마셨다고 한다. 커피보다 맥주가 더 몸에 이롭다고 생각했기 때문이다. 그는 사람들에게 맥주를 마실 것을 권했다. 그것이 맥주 양조업자들을 돕고, 해외로 자금이 빠져나가는 것을 막는 좋은 방법이라고 생각했다.

　　프레드리히 대왕은 개인이 커피 로스팅하는 것도 금지시켰다. 로스팅하기 위해서는 특별 허가증이 필요했다. 그는 규제가 잘 시행되고 있는지 확인하기 위해 아주 기발한 방법을 강구했다. 로스팅하지 않은 커피 생두는 향이 나지 않는 반면, 로스팅한 원두는 향이 강하게 난다는 점을 이용한 것이다. 7년전쟁 참전용사를 값싸게 고용해, 군복을 입혀 독일 전역을 누비고 다니며 커피 냄새를 맡게 했다.

　　생활이 궁핍했던 농부들은 몇 푼이라도 벌어볼 요량으로 일요일에 도시 근교로 산책 나오는 사람들이 쉴 수 있는 쉼터를 만들었다. 그리고 커피와 우유를 팔았다. 이러한 간이사업은 커피 규제에 위배되는 행위였다. 그러나 그들은 기발한 방법으로 규제를 피했다. 손님들이 커피를 '셀프'로 만들어 마시도록 뜨거운 물과 컵만 제공하였던 것이다. 일요일이 되면 베를린 주민들은 도시락을 싸 들고 외곽의 쉼터를 찾아 커피를 즐겼다. 1787년 프레드리히 대왕이 세상을 뜬 다음 커피 규제는 풀렸고, 그 이후 독일의 커피 문화는 꽃을 피웠다.

44
커피를 마시는 악폐를 근절하라

스위스는 유럽의 중앙에 위치한 작은 나라다. 주변 국가인 독일, 프랑스, 이탈리아, 오스트리아와 역사, 문화를 공유하고 있다. 빙하기 이전인 35만 년 전의 석기시대부터 스위스에 사람이 살았다는 증거가 발견되었다. 스위스의 공식 라틴어 국명은 콘푀데라치오 헬베티카Confoederatio Helvetica이다. 민족의 뿌리가 헬베티안이라는 켈트 족까지 거슬러 올라간다.

스위스 연방의 초기 형태는 1291년부터 갖추어지기 시작하였으며, 1648년의 베스트팔렌 조약을 통해 독립국가로 인정받았다. 오늘날의 스위스 국경과 중립을 지키기로 한 결정은 1815년 나폴레옹 전쟁의 뒤처리를 위해 열린 빈 회의에서 확정되었다.

스위스는 수 세기 동안 국민의 자유를 보장하는 헌법을 지켜왔다. 헌법은 커피가 스위스로 유입되는 것을 막을 수 없었다. 스위스로 처음 커피를 수출한 곳은 프랑스였다. 17세기부터 제네바, 로잔, 바젤 같은 도시에서 커피를 마셨다는 흔적이 남아 있다. 18세기에는 스위스의 모든 도시에 카페가 생겼다. 그러나 커피 문화가 정착되기까지는 큰 난관을 넘어야 했다.

1769년 바젤 지방정부가 발간한 경고문을 보자.

"가계 재정을 파괴하고 사람들의 건강과 신체 능력을 약화시키는 사회악에 맞서야 함. 이 악은 바로 커피를 지나치게 많이 마시는 것으로서, 농촌 산간 지역에까지 널리 퍼졌을 뿐 아니라 악영향의 초기증상이 이미 목격되고 있음. 시민들의 안녕을 지키기 위해 커피를 마시는 악폐를 근절하기로 결단하였는바, 호텔에서 여행객에게 커피를 제공하는 것 외에는 농촌 지역에서 일체의 커피 섭취를 금지함. 이를 어길 경우 초범은 5파운드, 재범은 10파운드의 벌금을 납부하여야 함."

350년 전이라는 시대를 고려했을 때 벌금은 매우 높은 편이다. 주변 농촌 지역에 대한 도시의 지배권이 얼마나 컸는지 알 수 있다. '신체 능력을 약화시키는 사회악'의 금지 대상은 시골에 사는 농부들이었다. 도시에 거주하는 시민들은 대상이 아니었다. 스위스는 예로부터 관광산업이 발달한 국

가였기 때문에, 농촌 지역의 호텔에 묵는 여행객들에게는 커피의 '악폐'가
허용되었다.

그로부터 수십 년이 흐른 다음 앙리 네슬레(1814~1890)가 독일 혁명 이
후의 탄압을 피해 스위스로 이주한 것은 아주 역설적이다. 네슬레는 1833
년 스위스로 이주했다. 그는 나중에 스위스를 대표하는 기업의 설립자로 전
세계에 그의 이름을 알렸다. 네슬레는 주네브 호숫가의 작은 도시 브베에
정착해 약사로 일하다가 회사를 세웠다. 네슬레는 모유가 부족해 신생아들
이 사망하는 것을 보고 인공 모유를 개발해 신생아 사망률을 크게 낮췄다.
130년의 역사를 통해 네슬레는 식품 음료 회사로서 전통을 지켜왔다. 네스
카페는 네슬레가 개발한 인스턴트커피 브랜드다.

45
비엔나커피는 투르크인이 남긴 유산이다

오스만 제국은 1663년에 중부 유럽을 공격해 헝가리를 점령한다. 1669년 베네치아가 크레타 섬을 오스만 제국으로 양도하면서, 베네치아의 식민지는 모두 사라지고 만다. 오스만 군대는 빈(Wien, 영어로는 Vienna)을 점령하기 위해 총공세를 취하였다. 그러나 독일과 오스트리아 연합군은 끝내 빈을 방어해냈다. 그후 오스만 제국에 점령당했던 헝가리에서도 이슬람 세력을 축출하였다. 오스트리아는 합스부르크가의 통치 아래 강국으로 발전하였다.

이 시기에 활약한 프란츠 쿨치츠키라는 사람의 재미있는 일화가 전해지고 있다. 헝가리 태생의 쿨치츠키는 터키어 통역사였으며, 투르크인들과 생활해 일찍이 커피 맛을 들였다. 그는 위험을 무릅쓰고 전선을 넘나들며 연합군이 부여한 임무를 수행했다. 연합군이 공격을 개시할 때 쿨치츠키는 적군의 무기고가 바닥났다는 소식을 전하기도 했다. 이 전쟁을 끝으로 오스만 제국의 군대는 유럽에서 물러갔다.

승리를 거머쥔 오스트리아 군 귀족들은 적군에게서 빼앗은 전리품을 분배하였다. 금이라든지 다른 유용한 물건은 가져가겠다는 사람이 많았으나, 적군이 남기고 간 커피 5백 포대에 관심을 갖는 사람은 없었다. 쿨치츠키는 빈의 명예시민이 되었으며, 그가 원한 커피 포대를 받았다. 사람들은 커피를 낙타 먹이쯤으로 생각했을 뿐이다. 쿨치츠키는 또한 빈에 최초로 카페를 열 수 있는 허가도 받았다.

쿨치츠키는 빈 사람들에게 커피라는 낯선 음료의 매력을 알리는 과제도 함께 떠안게 되었다. 창의력을 총동원해 터키 전통 방식으로 커피를 추출하되, 빈 시민들 입맛에 맞게 조금 변형했다. 천 필터를 이용해 커피 가루를 여과하고, 쓴맛을 중화시키기 위해 꿀이나 우유, 크림을 타서 손님들에게 내왔다. 그리하여 터키식의 쓰고 진한 커피를 달콤한 음료로 재탄생시켰다. 얼마 지나지 않아 길거리에서 커피를 판매하는 사람까지 생겨났다. 쿨치츠키가 문을 연 카페의 이름은 블루보틀이었다.

투르크인들은 비록 빈 전투에서 패했지만, 그들이 용맹하게 전투할 수 있도록 힘을 북돋워준 커피라는 위대한 유산을 남겼다. 그 덕분에 빈에서는 새로운 종류의 커피 음료가 탄생했다. 그것은 곧 전 세계로 퍼져나가 세계인이 사랑하는 커피가 되었다. 카페에서 사람들은 친구를 만나고, 지적인 대화를 나누고, 빵과 커피를 마셨다. 좋아하는 카페에서 선호하는 커피를 마시며 비즈니스를 보는 것도 일상이 되었다. 오늘 날 빈을 방문하면 특유의 전통 커피와 거기에서 파생한 다양한 커피를 맛볼 수 있다. 그곳에 처음 간 사람의 티를 내지 않으려면, 재미있는 이름을 가진 다양한 커피를 제대로 주문하기 위해 메뉴를 기억해둘 필요가 있다. 슈바르처(크림을 섞은 커피. 모카라고도 부른다), **아인슈패너**(더블 모카에 휘핑 크림을 넣은 것), 클라이너 브라우너(슈바르처에 우유를 섞은 것), 그리고 가장 유명한 멜랑쥐(커피에 거품 낸 우유와 초콜릿을 섞은 것) 같은 커피를 권하고 싶다.

쿨치츠키의 죽음 직후까지도 빈에는 공식 카페가 4군데밖에 없었다.

1703년 비엔나에 문을 연 블루보틀 카페

길드 규정에 따라 새로운 카페가 규제됨으로써 보호 혜택을 누렸기 때문이다. 카페가 점점 더 인기를 끌게 되자 1714년에 7군데가 더 지정되었고, 1730년에는 총 30군데가 되었다. 그후 10여 년에 걸친 오스트리아 왕위전쟁을 거쳐 마리아 테레지아가 왕위를 계승하였다. 합스부르크 왕가의 왕위 계승권자로서 뛰어난 수완가였던 마리아 테레지아는 치세기간중 브랜디와 커피 산업 사이에 발생한 분쟁의 중재자 역할을 맡았다.

빈의 커피 역사는 3백 년을 자랑한다. 전통에 빛나는 빈의 커피 문화는 최근 들어 미국식 커피 체인점들의 도전에 직면해 있다. 하지만 많은 사람들의 예상과는 달리 전통적인 카페와 체인점이 평화롭게 공존하는 양상이다. 인구 186만 명인 오스트리아 수도 빈에는 2,700여 개의 카페가 둥지를 틀고 있다.

46

바이킹 후예들이 사랑한 커피

　스웨덴은 호수가 10만 개가 넘으며 생활수준도 높은 아름다운 국가이다. 커피 애호가들에게 한 번쯤 스웨덴을 방문할 것을 권한다. 비록 커피와 스웨덴 사이에 의미 있는 관계가 있는 것은 아니지만. 바이킹의 시대에 대해 들어보았을 것이다. 스칸디나비아 반도에 거주하던 바이킹 전사들은 8세기부터 11세기 사이에 유럽의 대부분과 북아프리카는 물론 북아메리카에까지 그들의 영향력을 넓혔다. 그들은 바다와 강을 통해 유럽 대륙을 탐험하면서 무역로를 넓혀갔고, 중세 유럽의 기독교인들과 수 세기 동안 전쟁을 벌였다. 바이킹의 항해술은 대서양을 횡단할 만큼 뛰어났다. 바이킹의 습격을 막기 위해 유럽 각지에는 견고한 성채가 지어졌다. 봉건 영주를 중심으로 하는 유럽의 봉건제도를 견고히 하는 데 바이킹이 기여한 셈이다.

　793년에 바이킹 족은 영국의 린디스판 수도원을 공격했다. 그후 수 세기 동안 사람들은 바이킹을 뿔 달린 전투모를 쓰고 파란 눈을 가진 야만인으로 여겼다. 최근에 발굴된 자료에 따르면 스칸디나비아인들은 콜럼버스보다 거의 5백 년 먼저 아메리카 대륙에 발을 디뎠다고 한다. 바이킹 족은 11세기경이면 이미 지중해로 진출해 시칠리아에서 이슬람 세력과도 조우한다.

스웨덴은 해외에서 많은 영향을 받았다. 가장 중요한 것은 중세시대 독일의 영향이었다. 당시 독일에 주요 기반을 둔 한자동맹 세력이 북유럽 무역을 장악하였다. 프랑스 문화는 18세기에 스웨덴 왕실과 상류층에 영향을 주었다. 독일 문화는 19세기 들어 다시 스웨덴 사회에 영향을 끼치기 시작하였다. 18세기 초 스톡홀름에 페스트가 창궐하고 전쟁의 소용돌이에 빠져들면서 스웨덴은 국가 전체적으로 큰 침체기를 겪었다. 하지만 구스타프 3세 시대에 들어 오랜 침체를 극복하고 문화적 발전을 이루어내었다.

스웨덴인들의 커피에 대한 생각은 다소 독특한 편이다. 스웨덴에서도 커피와 차가 많은 사랑을 받았다. 그런데 사람들이 너무 지나치게 많이 마신다는 이유로 1756년에 금지 조치가 내려지고 말았다. 두 음료가 사람들에게 치명적인 부작용을 가져다준다고 생각했던 것이다. 그러나 구스타프 3세는 금지 조치를 해제하였다. 그러면서 커피가 몸에 아주 좋지 않다는 것을 증명해 보이라고 요구했다. 이 같은 상황을 배경으로 독특하고 흥미로운 실험이 준비되었다. 쌍둥이 죄수에게 사형이 선고되었다. 한 명은 매일 커피 한 잔을, 다른 한 명은 매일 차 한 잔을 마셔야 했다. 학자들의 감시 속에서 죄수들은 매일 '독약'을 마셔야 했다. 날이 가고, 달이 가고, 여러 해가 흘렀다. 사형수들은 매일 자신들에게 할당된 커피와 차를 마셨다. 그렇지만 죽음의 징조는 보이지 않았다. 그러던 어느 날 그들을 감시하던 학자 하나가 죽었다. 얼마 지나지 않아 다른 학자들도 차례로 황천길로 떠났다.

구스타프 3세는 18세기의 가장 뛰어난 군주 가운데 한 사람으로 평가된다. 기벽과 낭비벽이 없지는 않았지만, 정치적으로 노련했던데다 극작가이기도 했다. 그는 왕립 오페라 극장을 짓고 노벨상을 심사하는 기관으로 유명한 스웨덴 한림원을 설립하였다. 또한 그의 시대에 활동한 시인, 예술가들의 벗이자 보호자였다. 그럼에도 불구하고, 그는 1792년 왕립 오페라 극장에서 정적의 손에 암살되고 말았다. 구스타프 3세가 살해된 이후에도, 쌍둥이 죄수들은 매일 커피와 차 한 잔씩을 마셨다. 그들은 독성물질에 중독된 어떠한 증상도 보이지 않은 채, 백 살이 다 되어서야 조용히 눈을 감았다고 한다.

　스웨덴의 수도인 오늘의 스톡홀름에는 많은 카페가 문을 열고 있다. 스톡홀름은 13세기까지 거슬러 올라가는 중세 시대의 건축물이 잘 보존된 유서 깊은 도시다. 그것은 한편으로 바이킹 시대의 유산이라는 특정 이미지로 우리를 이끈다. 그렇지만 스톡홀름은 세계 어느 도시보다 현대화된 북유럽을 대표하는 도시이기도 하다. 스톡홀름 거리의 밤을 밝히는 카페 촛불 아래서 미래를 열어가는 스웨덴의 새 이미지를 본다.

47

프랑스 혁명이 첫발을 뗀 곳은
파리의 카페였다

1643년부터 1715년까지 루이 14세는 프랑스 왕으로 군림했다. 태양왕이라고 불린 루이 14세의 치세는 프랑스의 전성기로서, 그는 대부분의 시간을 베르사유 궁전에서 보냈다. 프랑스는 유럽 절대주의의 전형적인 본보기였으며, 자연스레 그는 '최고 절대 군주'라는 명성을 얻었다. 루이 14세는 하루 10시간씩 일에 매달렸다고 한다. 성격이 매우 꼼꼼해서 작은 일도 허투루 지나치지 않았다.

그가 집권하고 있을 때 프랑스 정부는 파산 직전이었다. 전쟁과 궁정 운영에 거금이 들어갔다. 일부 학자들은 루이 14세의 집권 말기에는 프랑스 한 해 예산의 절반가량을 베르사유 궁전을 관리하는 데 사용했을 것으로 추정한다.

커피를 처음 접했을 때 루이 14세는 매우 싫어했다고 한다. 1669년 솔리만 아가라는 오스만 제국의 신임 주프랑스 대사가 파리로 부임하면서 루이 14세에게 커피와 금은보화를 선물했다. 그러나 루이 14세는 커피보다 샴페인을 선호한다며 커피를 거절했다. 솔리만은 자신의 관저로 프랑스 귀족들을 초대해 커피를 소개했다. 솔리만 아가는 매우 우아했다. 프랑스 귀족들의 입맛에 맞게 커피에 설탕을 타 대접했고, 결국 프랑스 상류층의 입맛을 사로잡을 수 있었다. 루이 14세의 요청에 따라 몰리에르는 그의 걸작 〈서민 귀족〉을 집필해 무대에 올렸다. 투르크인과 투르크 문화를 풍자하는 발레 희극이었다. 투르크는 커피를 마시고 프랑스는 마시지 않기 때문에 오스만 제국의 문화가 프랑스보다 뛰어나다고 단언한 솔리만 아가에 대한 반감과 그와의 관계에서 빚어진 스캔들이 작품 탄생의 배경이었다.

커피는 오늘날까지도 고상한 입맛을 지닌 프랑스인들의 인기음료로 자리 잡고 있다. 커피가 점점 인기를 얻자, 루이 14세는 커피 무역은 물론 소비에도 세금을 매기기로 결정하였다. 차와 초콜릿에도 세금을 부과하였다. 가지고 있는 커피 재고를 모두 신고하게 하고, 킬로그램당 8파운드 남짓한 세금을 매겼다. 그러자 커피 소비가 감소하기 시작하였다.

1714년에 재미있는 일이 벌어졌다. 네덜란드 암스테르담 시장이 태양왕에게 커피나무를 선물한 것이다. 커피나무는 왕립식물원에 식재되었다. 십여 년이 흐른 1723년, 한 젊은 해군 장교가 왕립식물원에서 커피 묘목을 구해 카리브 해에 위치한 프랑스 식민지 마르티니크로 가지고 갔다. 그 묘목이 자라 마르티니크 전역에 퍼졌다. 이 묘목이 오늘날 마르티니크는 물론 카리브 해와 중남미 커피의 원조였던 것이다.

프로코피오 데이 콜텔리라는 이탈리아 사람이 우리가 알고 있는 프랑스 스타일의 카페인 카페 르 프로코프le procope를 열었다. 이 카페는 오늘날까지 레스토랑으로 남아 있다. 작가 볼테르는 이곳 단골이었다. 그는 초콜릿 섞은 커피를 매일 20잔에서 40잔가량 마셨다고 한다. 파리에서 태어난 볼테르는 18세기 유럽 최고의 작가였다. 그는 커피를 아주 많이 마시기로 유명했다. 커피가 서서히 목숨을 앗아가는 독과 같다는 말을 주변사람들이

현재 레스토랑으로 운영중인 카페 르 프로코프

할 때마다, 그는 유머와 재치 넘치는 작가답게 "독이라고? 65년 동안이나 마셨어도, 이렇게 멀쩡히 살아 있는데"라고 답했다고 한다.

　프랑스는 자유에 대한 열망이 넘쳐흘렀고, 혁명의 전조를 알리는 새로운 사상이 용솟음쳤다. 귀족이 중심이 되는 낡은 구질서는 새롭게 떠오르는 부르주아 계급에 길을 내주었다. 야망에 넘치는 전문가 집단인 신흥 부르주아지들은 절대왕정과 귀족의 특권에 분개했다. 프랑스 혁명이 그 첫발을 뗀 곳은 파리의 카페였다. 아마도 커피가 용기를 주었을 것이다. 1789년

7월 12일, 기자이자 정치가였던 카미유 데물랭은 왕궁 근처 카페의 야외 식탁 위에 올라서서 흥분을 가라앉히지 못하며 대중들에게 무기를 집어 들라고 소리쳤다. 바로 프랑스 혁명의 시작이었다. 그후 프랑스 의회는 미국 독립선언서를 모델 삼아 "모든 인간은 평등한 권리를 갖는다"는 인권선언을 발표하였다.

48
차 대신 커피를 마신 미국 독립운동가들

커피가 미국에 들어온 것은 1607년 버지니아 제임스타운에 식민지가 건설되면서라고 알려져 있다. 1668년 무렵이 되면, 커피는 뉴욕에서 가장 인기 있는 아침 음료로 자리 잡게 된다. 커피하우스는 뉴욕을 비롯해, 보스턴, 볼티모어, 필라델피아 등지로 퍼져나갔다. 유럽의 커피하우스와는 달리 대부분의 미국 커피하우스들은 펍이나 태번(주막처럼 음식과 술을 팔고 묵을 방을 제공하던 곳-편집자 주) 같았다. 커피뿐 아니라 초콜릿, 맥주, 와인을 함께 팔았다. 또 선원과 나그네에게 방을 빌려주기도 했다.

뉴잉글랜드 보스턴에 그린드래곤이라는 유명한 커피하우스가 있었다. 처음에는 영국 관리들에게 인기가 있었지만, 나중에는 존 애덤스 같은 영국의 지배에 저항하던 혁명가들이 모이는 장소가 되었다. 유럽 커피하우스처럼 미국의 커피하우스도 정치적 논의를 위한 장소, 그리고 작가, 화가, 예술가 같은 다양한 사람들이 드나드는 장소로 변모해갔다. 커피브레이크가 생기면서 커피는 일터에서도 인기 있는 음료가 되었다.

1700년대 중반에 영국은 미국의 와인, 종이, 설탕, 차에 부과하는 세금을 올렸다. 당시 백만 미국인들은 차를 하루에 적어도 2잔씩 마셨다. 당시 미국을 방문한 한 여행자가 말한 대로, 사람들은 저녁은 굶을지언정 차를 마시지 않고는 못 배길 정도였다. 그런데 식민지 미국에서 차 사업을 하던 영국 동인도회사의 재정 상태가 몹시 좋지 않았다. 영국도 미 대륙의 주도권을 놓고 프랑스와 전쟁을 치르면서 빚더미에 올라 있었다. 게다가 동인도회사 주식의 무차별적인 투기로 인해 1772년에 금융 위기가 발생하였다. 동인도회사의 위기를 해소하기 위해, 영국 정부는 동인도회사가 세금을 내지 않고 사업할 수 있도록 해주었다. 뿐만 아니라 식민지에 대해서는 기존의 세율을 올리고, 새로운 세목까지 만들었다. 그리하여 이른바 당밀법, 인지법, 타운센드 법(식민지에서 수입되는 차, 종이, 납, 도료에 수입세를 부과한 법률-편집자 주)으로 알려진 3개의 법률을 시행하기 시작하였다.

이들 법률은 식민지에서 큰 저항을 불러일으켰다. 법률의 시행으로 인해 동인도회사는 불공정 독점의 지위를 누릴 것으로 예상되었다. 미국 상인들보다 훨씬 싸게 차를 팔 수 있게 되었기 때문이다. 세금법에 대한 반발로 보스턴 항에 정박해 있던 배에 보관된 차를 바닷물에 빠뜨리는 시위가 감행되었다. 1773년 12월 16일의 일이었다. 사무엘 아담스의 지휘 아래 50여 명의 보스턴 시민들이 미국 원주민 복장을 하고 배에 올라타 거사를 감행하였다.

그후 다른 지역에서도 차 불매운동이 이어졌다. 그리하여 모든 애국자들은 차 대신 커피를 마시게 되었다. 커피는 미국 독립운동사에서 분명 중요한 역할을 담당하였다. 식민지 미국인들에게 생각할 수 없는 것을 생각하는 힘을 주었다. 영국은 보스턴 항을 폐쇄하고 강압적인 수단을 동원하였다. 보스턴 차 사건과 이에 대한 영국의 대응은 미국인들이 독립을 위한 싸움에 나서도록 만들었다. 결국 미 동부 연안의 13개 주가 단결해 독립을 쟁취하였다.

보스턴에서는 크라운과 거터리지라는 이름의 커피하우스가 유명했다. 보스턴 시민을 위한 최적의 만남의 장소, 비즈니스 장소였다. 뉴욕 최초의 커피하우스는 1696년에 문을 연 킹스암스였다. 뉴욕은 각지에서 이주자들이 몰려들고, 날로 성장하는 도시였다. 허드슨 강의 아름다운 계곡을 따라 시가지가 확대되었다. 뉴욕은 점차 정치, 사회, 경제의 중심지가 되어갔다. 월가 근처에 문을 연 머천스 커피하우스는 뉴욕에서 가장 중요한 장소가 되었다. 미국 초대 대통령으로 취임한 조지 워싱턴은 이곳에서 축하 파티를 열었다. 월가와 항구에 가까운 톤틴 커피하우스도 영향력이 큰 비즈니스 장소였다. 거기서 커피 애호가들은 친구는 새로 생기기도 하고 떠나가기도 하고, 적은 늘어만 가는 반면에, 돈만이 영원히 신실한 친구임을 배울 수 있었다.

무궁한
커피의 세계

COFFEE CAN ...

49

아라비카냐, 로부스타냐

꼭두서니과에 속하는 식물은 꽤 많다. 꼭두서니과 식물은 풀밭이나 길가에 자라는 개갈퀴속을 통해 주로 알려졌다. 아라비카와 로부스타가 상업적으로 가장 중요한 커피 품종이다. 커피나무는 최대 12미터쯤 자라며, 수명은 길게는 50년 정도다. 아라비카와 로부스타는 염색체가 각기 44쌍과 22쌍으로, 이종교배가 불가능하다. 그렇기 때문에 두 품종을 섞어 블렌딩 커피를 만들어 마신다. 아라비카는 예민한 식물로 특정한 환경에서만 자란다. 온대 기후, 적절한 강수량, 비옥한 땅, 높은 고도 등이 갖추어져야 한다. 대략 북회귀선과 남회귀선 사이에 해당한다.

커피 생두는 재배지역과 시장 가치에 따라 4등급으로 분류된다. 콜롬비안 마일드Colombian Milds는 가장 질이 좋고 비싸다. 그 다음은 어더 마일드Other Milds, 브라질Brazil, 로부스타robusta순이다. 콜롬비안 마일드는 콜롬비아, 케냐, 탄자니아에서 재배한 커피를 포함하며 모두 습식법 또는 세척법으로 가공한 아라비카종이다. 센트럴centrals이라고도 부르는 어더 마일드는 중앙아메리카, 멕시코, 동남아시아 일부 국가에서 생산된다. 모두 아라비카종에

커피 아라비카종

대부분 세척법을 쓴다. 브라질은 브라질과 남아메리카 국가에서 재배한 커피다. 대부분 건식법(혹은 자연건조법)으로 가공한 아라비카종이며, 일부 로부스타종도 있다. 로부스타는 아프리카와 일부 아시아 국가에서 생산된다. 모두 로부스타종이다.

아라비카는 전 세계에서 재배되는 커피의 75퍼센트에서 80퍼센트를 차지한다. 아라비카 커피나무는 높이가 2미터에서 5미터가량 되며, 큰 덤불나무같이 생겼다. 잎사귀는 끝이 말린 길쭉한 모양이다. 서리태콩만한 크기의 열매가 자라며, 처음에는 초록색을 띠다가 익어갈수록 붉은색으로 바뀐다. 열매 안에 단단한 씨앗 두 개가 들어 있는데, 이 씨앗이 바로 커피 생두다. 커피가 자라기에 가장 적절한 기온은 섭씨 22도에서 28도 사이이다. 건기가 반드시 두세 달 가량 있어야 한다.

커피 농장은 일반적으로 나무를 베어낸 산림지역에 조성한다. 강수량이 연간 천 밀리미터가 되지 않으면, 관개시설을 갖추어야 한다. 아라비카 커피나무를 재배하기 위해서는 세심한 관리가 필요한데, 서리에 약하고 녹병과 같은 병충해에 약하다. 콜롬비아와 과테말라 같은 산간지역에서는 커피나무를 2미터 정도 높이로 유지해준다. 그래야 주기적으로 개화하고, 수확이 수월하기 때문이다. 브라질을 비롯한 다른 나라에서는 3미터에서 5미터까지 자유롭게 자라게 둔다. 커피나무는 오랫동안 높은 수확량을 가져다준다. 온도가 섭씨 0도 아래로 떨어지는 날씨가 오래 계속되는 곳에서는 커피나무가 자랄 수 없다.

자연 속에서 유유자적 산책하기 가장 좋은 곳의 하나는 커피 농장이다. 브라질의 광대한 평원이나 콜롬비아와 과테말라의 산악지대 모두 풍광이 뛰어나다. 아라비카 커피는 라틴아메리카, 중동부 아프리카, 아시아(인도, 인도네시아), 그리고 오세아니아의 일부 지역에서 생산된다. 최상의 아라비카 커피나무는 적도 지방의 해발 천 미터에서 2천 미터 사이의 고지대에서 자란다. 케냐, 콜롬비아, 에티오피아에서 이런 조건을 모두 갖춘 지역을 찾을 수 있다. 이들 지역은 비가 자주 오기 때문에 커피 열매를 일 년에 2회 수확할 수 있다. 하지만 비가 자주 온다는 것은 기계를 사용해 커피 열매를 건조해야 한다는 것을 의미한다. 자연건조가 불가능하기 때문이다. 해발 5백 미터에서 천 미터 사이의 아열대지역에도 아라비카 커피가 자라는 곳이 있다. 커피 원두가 커피 애호가들이 구입할 수 있도록 상점에 진열되기까지는, 최고의 맛과 향기를 유지하기 위한 세심한 과정을 거쳐야 한다. 일반적으로 순수 아라비카를 블렌딩한 커피가 최상의 풍미를 내고, 가격도 비싸다. 그 밖에도 우리를 건강하게 해주는 다양한 등급, 다양한 맛의 커피는 많고도 많다.

50

유기농, 그리고 조류 친화 커피

지난 십수 년간 행해진 과도한 집약농업은 심각한 토양의 침식을 초래하였다. 일부 지역에서는 야생 조류의 70퍼센트가 사라졌고, 나비, 개구리, 뱀, 야생 포유류 가운데 일부는 멸종에 가까운 상태다. 유기농은 안전한 식품을 가리킨다. 유기 농업은 아름답고 다양한 야생의 삶을 지원하고 육성한다.

농약을 사용해 오염된 水 체계를 정화하는 데만도 해마다 10억 달러 이상이 들어간다. 집약농업은 농부들의 건강을 심각하게 위협하고 있다. 유기농 농장에서 일하는 농부들이 암과 호흡기질환을 비롯한 주요 질병의 발병률이 현저히 낮다. 농약을 사용해 커피를 재배하는 농장과 유기농 재배를 하는 농장을 비교하면 그 수치는 분명하다.

미 농무부는 유기농 식품을 다음과 같이 정의하고 있다. 첫째, 그동안 사용해온 화학 살충제와 화학 비료를 사용하지 않고, 오염되지 않은 토양에서 재배한 식품, 둘째, 처리과정에서 이온화 방사선이나 다양한 범주의 식품 첨가물을 사용하지 않은 식품, 셋째, 일체의 유전자 변형 없이 생산된 식품.

유기농 식품에 대한 소비자들의 관심이 점차 높아지고 있다. 농부들과 식품회사도 유기농 농산물과 유기농 식품의 생산을 늘리고 있다. 문제는 유기농 식품이 비싸다는 것이다. 전통적인 방식으로 작물을 재배하면 노동력이 더 투입되어야 하고, 자연히 생산원가가 오를 수밖에 없다. 비용에 관계없이 소비자들은 건강한 먹을거리를 찾게 될 것이고, 유기농 농산물 시장은 확대될 것이다. 그러나 유기농 식품이 자연 제품보다 더 건강한 먹을거리는 아니다. 자연 제품에는 몸에 좋은 화학 성분이 들어 있는데, 유기농이 나쁜 화합물을 방지하는 반면에 좋은 화합물을 증가시키는 것은 아니기 때문이다.

유기농 커피는 대규모 상업 농장에서 흔히 사용하는 화학 살충제와 화학 비료를 전혀 사용하지 않고 재배한다. 전형적인 방식은 퇴비를 사용하는 것이다. 유기농 방식으로 커피를 재배하면 건강한 토질의 유지, 높은 생산성, 병충해 방지 등 다양한 장점이 있다. 유기농 재배기술은 생산성을 늘리고 병충해를 방지하는 효과적인 수단으로서 토양과 식물을 건강하게 만드는 데 중점을 둔다. 유기농 커피는 일반적으로 가족이 운영하는 소규모 농가에서 재배되며, 나무들이 일조량을 적절히 조절해주는 숲에 둘러싸인 환경이 최적이다. 산새들이 많이 서식해 조류 친화 커피라 불리기도 한다. 새들 덕분에 해충이 지나치게 증식할 염려가 없다.

유기농 커피에 대한 수요가 꾸준하기 때문에 국제시장에서 커피 가격이 요동치더라도 안정적인 가격이 유지되고, 생산 농부들에게 적정한 수준의 혜택이 돌아간다. 농부들이 지속적인 혜택을 보장받기 위해서는 유기농 허가를 더욱 철저히 해야 한다. 커피나무 사이에 과일 나무나 견과류 나무를 심고, 곡식을 순환 재배하기도 한다. 토양이 규칙적으로 양분을 보충하도록 하기 위해서다. 그렇게 함으로써 수 세대가 흐르더라도 농지가 커피를 재배하기에 알맞은 비옥도를 유지할 수 있다. 또한 새 재배지를 마련하기 위해 숲을 파괴하는 일을 막을 수 있다.

유기농이라는 말은 작물을 재배하고 가공하는 방법을 말하는 것으로서, 안전이나 질을 보장하는 것은 아니다. 따라서 엄격한 인증 관리가 필요하다. 많은 나라가 식품 안전 규정을 마련해두고 있는 이유다.

51

완벽한 커피, 스페셜티 커피

　스페셜티 커피는 고메gourmet 혹은 프리미엄 커피라고도 불린다. 스페셜티 커피는 전 세계에서 커피를 재배하기에 가장 이상적인 기후를 지닌 지역에서 자란 커피 가운데 최고 품질의 원두만을 엄선해 만든다. 또한 엄격한 기준에 따라 최상의 맛을 구현할 수 있도록 로스팅한다. 마치 미인대회에 비유할 수 있겠다. 오직 최고의 미인들만 대회에 참가할 수 있다. 가장 향긋하고 맛있는 커피만 스페셜티 커피라는 이름을 얻는다. 스페셜티 커피는 보통 재배지 토양의 특성이 커피 맛에 반영되어 독특한 풍미를 자랑한다. 현재의 기준은 오직 맛과 마시는 즐거움에 국한된 것으로서, 건강에 관한 기준은 존재하지 않는다.

　스페셜티 커피라는 용어는 에르나 늣센이 《차와 커피 저널》 1974년판에 실은 기고문에서 처음 사용하였다. 커피 수입업자였던 늣센은 특정 기후에서 재배한 최고 품질의 커피를 가리키는 의미로 스페셜티 커피라는 표현을 사용하였다. 카페가 급속히 확산되기 시작한 1990년대부터 스페셜티 커피 시장 역시 크게 성장하였다. 스페셜티 커피는 에스프레소 머신의 사용

같은 추출 방법과는 무관하다. 스페셜티 커피는 품종과 재배 지역이라는 그 뿌리 단계에서 운명이 결정된다. 그 다음 수확하고 건조하고 포장하는 단계에서도 세심한 보살핌이 뒤따라야 한다. 스페셜티 커피 생두는 흠이 없는 완벽한 상태여야 하며, 사람들이 마시는 컵 속에서 독특한 개성을 드러낼 수 있어야 한다. 커피 애호가를 만족시키기 위해서는 커피 고유의 풍미를 담아내는 로스팅 장인의 정성스런 손길이 필요하다.

커피의 독특한 개성을 끄집어내는 일은 로스터들에겐 도전이라 할 수 있다. 고도의 풍미를 지니고 있지 않다면, 그것은 더 이상 스페셜티 커피가 아니다. 커피 추출 방식은 다양하다. 그 어떤 추출방식이든 제대로만 하면 스페셜티 커피가 될 수 있다. 커피와 물의 알맞은 비율, 추출 방식과 커피의 물리적 특징에 적합한 굵기로 로스팅한 커피를 그라인딩하는 일, 적절한 물 온도 등이 모두 스페셜티 커피를 만드는 데 중요한 요인들이다. 결국 스페셜티 커피는 최종 결과물인 커피 음료로 결정된다.

스페셜티 커피의 품질관리는 미국스페셜티커피협회SCAA가 담당한다. 1982년에 창설된 SCAA는 3천여 개의 커피 무역회사가 회원으로 가입되어 있는 세계에서 가장 큰 커피 무역 연합체이다. 전 세계 40여 국가에 회원을 두고 있는 SCAA는 스페셜티 커피 재배자부터 로스터, 판매자에 이르기까지 커피 산업과 관련된 모든 분야를 대표한다. 스페셜티 커피 권위단체로서의 명예를 유지하고, 커피의 품질과 지속가능성을 장려하는 것이 SCAA의 임무다. SCAA는 해마다 대규모 커피 컨퍼런스를 개최하고 있다.

커피의 질은 다음과 같은 요인에 의해 결정된다. 첫째, 고도. 고도가 높은 지역에서 우수한 품질의 커피가 생산된다. 둘째, 토양. 비옥한 화산토가 좋은 커피를 생산하는 최적의 땅이다. 셋째, 가공, 처리, 운송. 넷째, 생육 환경. 그늘진 환경에서 자란 커피가 햇볕 아래서 자란 커피보다 품질이 우수하다. 다섯째, 수확 시기. 언제 열매를 수확하느냐에 따라 커피의 맛과 향이 다르다. 열매가 완전히 익어서 선홍색일 때 수확한 커피가 품질이 가장 좋다. 여섯째, 로스팅. 로스팅은 커피의 맛과 향을 결정하는 중요한 과정이다. 고온에서 진행되기 때문에 숙련된 전문가의 세심한 손길이 필요하다.

스페셜티 커피는 즐거움을 가져다주지만, 건강에 미치는 영향은 전혀 다른 문제다. 건강에 도움을 주는 화합물의 최종 함량은 로스팅에 의해 결정된다. 아주 강하게 로스팅한 커피는 클로로겐산과 니아신이 소량밖에 들어 있지 않고, 카페인 함유량이 높다. 풍미가 뛰어난 좋은 품질의 커피라 하더라도 사람의 건강에 최적의 효과가 있는 것은 아니다.

52
로스팅이라는 마법의 세계

고품질의 커피를 만들기 위해서는 수많은 요인들을 잘 제어해야 한다. 토양 관리, 나무 재배, 수확, 가공, 로스팅, 커피 추출에 이르기까지. 커피 열매가 다 자라서 수확하고 나면, 최종 품질에 더 보태거나 빼거나 할 수 있는 게 아무것도 없다.

하지만 커피의 색깔, 향기, 생리활성 물질의 생성 등은 로스팅 과정과 밀접히 연관되어 있다. 커피 생두는 섭씨 190도에서 220도 사이의 고온으로 로스팅해야 한다. 로스팅하는 데 걸리는 시간은 커피 생두에 따라 7분에서 20분 사이다. 로스팅은 커피의 맛과 향을 결정해주는 단계다. 뿐만 아니라, 클로로겐산, 카페인, 미네랄과 함께 락톤, 니아신 등 건강에 도움을 주는 많은 화합물을 형성하는 과정이기도 하다.

커피 생두를 로스팅한 뒤 제대로 로스팅되지 않았거나 탄 원두는 솎아낸다. 커피의 품질을 떨어뜨리는 것을 막기 위해서다. 로스팅한 커피의 품질이 좋지 않으면 물이 적정 속도로 커피를 걸러내지 못하게 되고, 그 결과 커피의 향기가 떨어진다. 대규모 커피 제조공장에서는 자외선 등을 이용한

고도화된 자동화 기기로 결점두를 솎아낸다.

인스턴트커피는 커피 엑기스를 농축한 다음 수분을 건조시켜 생산한다. 각 제조업체마다 다른 방식으로 제조하는데, 뜨거운 열을 분사해 커피 용액의 수분을 날리는 방식과 진공 건조, 동결 건조 등의 방식이 있다. 이렇게 제조한 인스턴트커피는 공중에 있는 수분을 빠르게 흡수하기 때문에 반드시 진공포장해 보관해야 한다. 인스턴트커피는 끓은 물만 부으면 바로 마실 수 있다.

커피는 꼼꼼하게 포장해야 산화를 방지할 수 있다. 분쇄한 커피는 향의 손실을 막기 위해 밀봉해 보관해야 한다. 습한 장소에 보관할 경우 커피의 지방성분이 산화되어 커피 맛이 빨리 변한다. 완벽한 진공 상태로 포장하면 몇 달, 길게는 몇 년까지 장기보관이 가능하다.

사람들은 커피보다 몸에 덜 좋은 와인에 대해서는 많은 것을 알고 있다. 커피를 즐기기 위해서는 와인처럼 품종이 아라비카인지 로부스타인지 혹은 아라비카와 로부스타를 섞은 것인지, 그리고 생산지는 어느 나라 어느 지역인지 등에 관심을 가질 필요가 있다. 앞서 말한 대로, 어떤 커피든 즐길 수 있다. 하지만 로스팅에 의해 형성되는 커피의 다양한 건강 효과는 이해할 만한 가치가 있다.

아라비카는 강하게 로스팅할 수록 섬세한 맛과 향이 사라지는 반면, 로부스타는 강하게 로스팅할 수록 그 풍미가 더해지는 경향이 있다. 미디엄 로스팅(중배전)은 로부스타와 아라비카 원두 모두의 특징을 잘 살려준다. 인스턴트커피는 원두커피에 함유된 휘발성 화합물이 확연히 적고, 카페인 함유량은 높다. 일반적으로 로부스타로 만들기 때문에 가격이 저렴하다.

커피 소비자들은 커피 속에 들어 있는 생리활성 화합물의 양을 알 권리가 있다. 커피가 우리의 건강과 밀접히 관계되기 때문이다. 따라서 커피

그림1. SCAA 로스팅 표준색도와 주요 성분

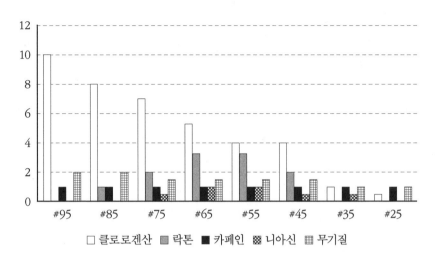

□ 클로로겐산 ▨ 락톤 ■ 카페인 ▨ 니아신 ▦ 무기질

그림2. 커피 로스팅 표준색도(Agtron) 비교

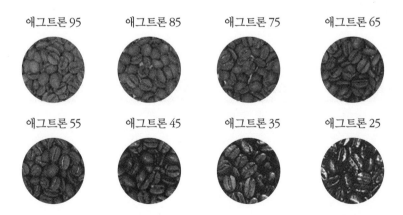

포장지에는 5대 생리활성 화합물인 카페인, 클로로겐산, 락톤, 니아신, 미네랄의 함유량이 표시되어야 한다. 또한 커피의 품종과 생산지 등도 알려주어야 한다.

　커피가 가져다주는 건강상의 혜택은 다음과 같은 세 영역으로 분류할 수 있다. 첫째, 항산화 클로로겐산, 둘째, 다양한 화합물, 셋째, 카페인. 이들의 주도적인 역할은 로스팅 정도에 따라 달라진다. 미국스페셜티커피협회에서 만든 커피 로스팅 표준색도Agtron에 따르면, 클로로겐산은 애그트론 #75 이상일 때, 락톤을 비롯한 화합물은 애그트론 #65에서 #45 사이, 그리고 카페인은 애그트론 #35 이하일 때 지배적인 지위를 갖는다. 그림 1에서 이 같은 내용을 확인할 수 있다.

53

최상의 풍미를 추출하라

여러분은 오늘 마신 커피의 품질에 만족하나요? 무엇이 커피의 품질을 결정한다고 생각합니까? 필터 드립, 프렌치 프레스, 에스프레소 가운데 어느 방식이 가장 좋은 커피 추출 방법이라고 생각하나요? 즐거움과 건강 가운데 무엇이 더 커피를 마시는 중요한 이유인가요? 두 가지를 다 추구하면 안될까요? 순수 아라비카 커피와 로부스타 커피를 구별할 수 있습니까? 아라비카 80퍼센트, 로부스타 20퍼센트를 섞어 블렌딩한 커피도 감별할 수 있을까요? 어떤 커피가 건강한 생리활성 성분을 가장 많이 함유하고 있을까요? 모든 것을 냄새로 식별할 수 있나요? 첫 번째 질문에는 대부분 '그렇다'고 대답할 수 있다. 그렇지만 나머지 질문에는 대답하기 쉽지 않을 것이다.

자주 가는 단골 카페가 있다면 바리스타와 친해질 것을 권유하고 싶다. 아마도 사람들은 에스프레소가 커피 맛의 극치를 구현한다고 생각해 에스프레소를 원하는 것일 게다. 하지만 즐거움과 건강은 극히 개인적인 취향일 뿐이다. 커피 산업계는 화학 분야 전문가 등의 자문을 받아 강력한 맛과 향을 유지하면서 건강상의 혜택도 높이는 제품을 만들기 위해 노력하고 있다.

어떤 방식으로 커피를 추출하든지 기본적인 원리는 모두 같다. 커피를 분쇄한 가루를 물에 담가 물이 맛있어질 때까지 두는 것이다. 그렇기 때문에 커피 가루, 주전자, 불, 그리고 물을 분리할 수 있는 여과기 같은 기본적인 도구만 있으면 맛 좋은 커피를 손으로 추출할 수 있다.

커피 추출 방식은 다양하다. 열쇠는 추출 시간인데, 커피 가루와 뜨거운 물이 만나는 접촉 시간과 물의 온도가 중요하다. 추출 방식에 따라 커피의 향과 냄새를 뽑아내는 방식이 다르다. 추출해서 컵에 담기는 커피의 98퍼센트가 물이기 때문에, 신선하고 맛 좋은 물을 준비하는 것이 중요하다. 커피 가루는 최대한 가늘게 갈되, 사용할 여과기의 미세한 구멍으로 가루가 새어 나오지 않을 정도의 굵기여야 한다. 밀가루만큼 너무 가늘게 갈아서는 안 된다. 또 커피에 다른 불쾌한 냄새가 배지 않도록 관리에 주의해야 한다. 물의 온도는 섭씨 92도에서 96도가 가장 적절하다. 끓는 물은 안 된다. 끓는 물은 좋은 맛을 내는 향을 모두 증발시키고, 쓴맛을 우려낸다. 섭씨 94도가 최적 온도인데, 물을 끓인 다음 2분 정도 지나 추출을 시작하면 된다.

커피 추출 시간, 곧 커피 가루가 물과 접촉하는 시간에 따라 커피 향에 영향을 미치는 주요 성분이 추출되는 정도가 결정된다. 물을 커피 가루 위에 부으면 커피 가루가 움직인다. 이때 커피 가루가 뭉치지 않고 한 알 한 알 분리되어, 그 사이를 고른 속도로 물이 통과해야 한다. 종이 필터를 이용하는 것이 가장 맑은 음료를 추출하는 방법이다. 가장 이상적인 맛을 가져다주는 커피의 품질을 구현하는 게 추출 작업의 핵심이다. 본격적으로 추출을 시작하기 전에 커피 가루를 불려야 하는데, 총 추출시간의 10퍼센트 남짓 할애하면 된다. 커피 가루가 더운 물을 흡수하면, 향을 품은 기체가 뿜어져 나온다. 커피를 추출하는 동안 수용성 성분이 물에 녹아 나오게 된다. 가장 좋은 향은 추출작업 초반에 배어 나온다. 마지막은 가수분해 과정으로서, 추출된 물질이 수용성 단백질과 당분으로 분해된다.

뜨거운 물을 부으면 커피 가루에서 다양한 물질이 빠져나온다. 추출되는 물질은 다음과 같다. ① 수용성 물질 : 물에 용해되는 화합물. ② 비수용성 물질 : 물에 용해되지 않는 화합물. ③ 휘발성 물질 : 쉽게 증발하는 수용성 물질. ④ 비휘발성 물질 : 증발하지 않고 용액 상태로 머무르는 수용성 물질.

우리가 맛있는 한 잔의 커피를 마신다는 것은 다음과 같은 것을 맛보는 것이기도 하다. ① 향aroma : 증발해 커피의 향을 만들어내는 수용성, 휘발성 물질(기체). ② 맛taste : 미각을 책임지는 수용성, 비휘발성 물질(액체). ③ 바디body : 입안에서 커피를 느끼게 해주는 비수용성, 비휘발성 물질(고체).

좋아하는 커피 맛을 구현하기 위해서는 좀 거친 상태로 간 커피 가루와 미세하게 간 커피 가루 등으로 여러 차례 실험해보는 게 좋다. 커피 바스켓(커피를 추출할 때 커피 가루를 담는 용기)에 담는 커피 가루의 높이는 2.5센티미터에서 5센티미터 가량이 적절하다. 커피를 2.5센티미터 이하로 얇게 담으면 물이 지나치게 빨리 통과해 커피를 충분히 우려내지 못할 수 있다. 또 5센티미터 이상 두껍게 담을 경우에는 물이 지나치게 오래 머물러 쓰고 텁텁한 커피가 추출될 수 있다. 여러 요소를 조절하며 취향에 가장 근접한 커피 추출법이 무엇인지 실험해보기를 권한다.

54

터키식 커피, 프렌치 프레스, 에스프레소

커피를 소비하고 마시는 습관은 시간이 지남에 따라 변화 발전하고 있다. 커피의 종류는 일반 커피, 인스턴트커피, 디카페인 커피로 나눌 수 있는데, 최근 들어 에스프레소를 기반으로 한 스페셜티 커피의 영역이 추가되었다. 전통적으로 커피를 추출하는 방식에는 여러 가지가 있었지만, 커피의 풍미를 효과적으로 살려내기 위한 노력이 쭉 지속되어왔다.

아랍인들과 터키계 무슬림들은 물을 끓인 후 커피 가루를 섞었다. 이것이 오늘날의 터키식 커피Turkish Coffee다. 전통적으로 이 과정은 3번 반복된다. 이 커피에는 통상적인 화합물 외에 카페스톨과 카월 성분이 들어 있다. 콜레스테롤 수치를 증가시키는 역할과 동시에 항암 효과가 있다고 알려진 물질이다. 끓는 물에 타기 때문에 커피의 향을 내는 휘발성 물질은 대부분 사라진다. 아랍식 커피는 이브릭이라는 긴 손잡이가 달린 작은 구리 주전자로 만든다. 한 컵 분량의 물에 곱게 간 커피 가루 2숟가락과 설탕 1숟가락을 넣고 함께 끓인다. 일반적으로 이브릭을 불에서 떼었다 다시 올렸다 하는 동작을 세 번 반복한 뒤, 잔에 따라 마신다.

세상에서 가장 흔히 사용되는 방법은 드립, 혹은 필터 방식이다. 곱게 간 커피를 종이나 재사용이 가능한 천 재질의 고깔 모양 필터에 담아 뜨거운 물을 그 위에 붓는다. 금속 필터를 사용할 경우에는 커피를 더 굵은 알갱이 상태로 만들어야 한다. 소량의 물을 커피 위에 부어 가루를 먼저 불린 다음 추출해야, 커피의 영양소가 효과적으로 추출된다.

프렌치 프레스(플런저 커피라고도 불림. 프랑스어로는 카페티에cafetière)는 1933년에 처음 발명되었다. 커피 가루를 물에 담가 충분히 우린 다음 커피 가루를 아래로 눌러 걸러내는 방식으로, 커피의 향과 풍미를 거의 모두 추출할 수 있다. 추출 작업에 들어가기 전에 더운 물을 부어 포트를 먼저 데워주어야 한다. 그런 다음 데운 물을 쏟아내고, 굵게 간 커피 가루를 포트에 넣는다. 다시 뜨거운 물을 붓고 잘 저어준다. 3분에서 5분 뒤 포트 몸통에 꽉 들어맞게 설치된 금속제 여과기를 포트 바닥으로 밀어 내려 커피 찌꺼기와 추출된 액체를 분리시킨다.

커피 저그를 사용하는 방식은 가장 간단한 추출법이다. 커피를 굵게 간 후 뜨거운 물을 붓기만 하면 된다. 커피 찌꺼기를 분리해내는 단계가 빠졌을 뿐, 프렌치 프레스 방식과 유사하다. 널리 사용하는 방식은 아니며, 임시변통 수단이라 할 수 있겠다.

퍼콜레이터(재래식 커피 여과기) 커피는 미국 서부에서 발명된 방식이다. 한때 일반 가정에서 흔히 사용하였다. 기구 아랫부분에 차가운 물을 담고, 윗부분에 굵게 간 커피를 담아 열을 가하면, 아랫부분에 있는 물이 커피가 담긴 부분으로 끓어올라 커피가 추출된다. 보글보글 끓는 소리는 듣기 좋으나, 향을 내는 휘발성 물질이 대부분 날아가버리기 때문에 맛 좋은 커피를 만들지는 못한다.

에스프레소와 카푸치노는 이탈리아에서 발명하였다. 에스프레소는

퍼콜레이터

빠른 속도로 추출하기 때문에 산도가 적고, 카페인 양의 70퍼센트 남짓만
이 추출된다. 에스프레소를 추출하기 위해서는 특별한 기구가 필요하다. 물
의 적정 온도는 섭씨 92도에서 96도 사이이며, 압력을 기압의 9배 수준으
로 올려주어야 한다. 에스프레소 위에 뜨는 벽돌색 혹은 황토색에 가까운
크레마는 참으로 매혹적이다. 에스프레소는 재스민이나 오렌지 같은 특색
있는 향을 지니며, 커피 품종과 추출 방식에 따라 향이 달라진다. 더 강한
향과 풍미의 에스프레소를 추출하기 위해 원두를 강하게 로스팅하는 경우
가 많다. 카푸치노는 에스프레소에 거품 낸 우유를 부어 만든다.

　인스턴트커피는 원두커피와 비교했을 때 훨씬 간편하다는 장점이 있
다. 더 오래 신선하게 두고 마실 수 있다. 인스턴트커피 역시 다른 커피와 마
찬가지로 커피 원두를 이용해 만든다.

55

오감을 즐겁게 해주는 커피의 맛

　커피 전문가들은 커피를 맛볼 때 후루룩 들이마신 다음, 입안에 커피를 머금고 혀 주위를 맴돌게 한다. 커피 맛을 코와 입안 전체로 충분히 느끼기 위해서다. 음식을 맛볼 때는 후각과 미각이 모두 중요한데, 후각 없이는 섬세한 맛을 느낄 수 없다. 커피를 마시는 경험은 커피 원두를 분쇄하는 데서부터 시작된다. 커피를 갈면서 맡는 향은 커피의 첫 인상과 같다. 커피 아로마는 커피 가루가 처음 물과 만났을 때 내는 향을 가리킨다. 커피를 한 모금 마셔보라. 커피가 혀에 닿자마자 미각을 자극하고, 동시에 커피 향이 입안 전체로 퍼질 것이다. 전문가처럼 입안에 커피를 머금고 돌리면서 천천히 맛과 향을 음미해보자.

　사람은 모두 맛 취향이 다르다. 젊은 사람들은 그때그때 변하기 쉽지만, 나이가 듦에 따라 습관으로 정착된다. 미각을 화학적으로 분석해보면 그렇게 간단하지 않다. 커피, 차, 레드 와인, 그리고 일부 과일과 채소 같은 음료나 식품은 어느 정도 혀 감각을 길들이는 속성이 있다.

　커피의 산미는 커피에 함유된 산 성분이 사람의 혀에 작용해 내는 맛이다. 무엇이 우리가 커피를 마실 때 산미를 느끼게 해주는지 아직까지 구체적인 정보는 별반 알려진 게 없다. 가장 높은 비율로 함유된 구연산, 말산과 아세트산이 산미를 내는 것으로 짐작될 뿐이다. 그러나 커피에는 염기와 산 성분이 다양하게 함유되어 있고, 그것들이 서로 복잡한 상호작용을 하기 때문에, 산미를 내는 정확한 이치는 예단하기 힘들다.

산미는 높은 품질의 커피라는 보증이다. 특히 중앙아메리카와 일부 동아프리카 지역에서 생산된 커피에서 그렇다. 그러나 지나치게 신맛이 많이 나면 신선하지 못한 커피라는 증거일 수 있다. 열매가 충분히 익지 않았거나 발효되면, 산미가 강해지는 경향이 있다. 손으로 커피를 수확하면 이런 열매가 섞이는 것을 막을 수 있다. 차가워진 커피는 전혀 다른 맛과 냄새를 낸다. 커피를 추출할 때 물의 온도 역시 산미를 크게 좌우한다.

해발 고도가 높고 무기질이 풍부한 화산토에서 재배한 커피는 산미가 강하다. 또 습식법으로 가공한 커피가 자연건조한 커피보다 산미가 강하다. 자연건조하면 바디감이 강해져 산미를 압도하기 때문일 것이다. 로스팅한 정도, 로스팅하는 기구의 종류와 추출 방식도 산미에 영향을 미친다. 커피의 쓴맛은 카페인과 그밖의 다른 화합물 때문이다. 쓴맛은 어느 단계까지는 좋은 맛으로 여겨지며, 커피 로스팅을 어떻게 하느냐에 크게 좌우된다. 쓴맛은 부정적인 측면도 있지만, 산미를 조절해 커피 맛에 깊이감을 더해준다. 그러나 지나치게 쓴맛이 강하면 커피의 다른 풍미를 덮어버려 불쾌감을 느끼게 된다. 쓴맛은 혓바닥에 난 돌기들이 특정 화합물을 감지해 느끼는 맛이다.

떫은맛은 커피를 맛본 후 입안에 남는 텁텁하고 건조한 느낌의 감각을 말한다. 소비자들은 떫은맛을 비롯한 커피 맛의 특성 일부를 종종 쓴맛으로 오해하고는 한다. 커피의 쓴맛은 커피를 추출하는 방식과 관계가 깊다.

커피를 추출하는 기술의 범주는 로스팅, 물속의 미네랄 함유량, 물의 온도, 시간, 커피 가루의 굵기, 추출 절차를 포괄한다. 쓴맛은 증류수보다는 센물이나 단물 같은 자연수를 사용했을 때 줄어들고, 커피 속에 들어 있는 용존 고형물의 총량과도 관계가 있다.

로부스타는 아라비카보다 쓴맛과 떫은맛을 내는 카페인과 클로로겐산을 더 많이 함유하고 있다. 커피의 쓴맛을 줄이기 위해 다양한 방법이 사용될 수 있다. 예를 들어 미디움으로 로스팅하면 수용성 물질이 적어 쓴맛은 줄어들고, 산미와 향이 더 강해진다. 산미는 신맛처럼 느껴져 환영받지 못할 수 있는 반면에, 상쾌한 풍미를 살려주기도 한다. 산미가 느껴지지 않는 커피는 생명이 없는 것과 같고, 너무 지나치거나 좋지 않은 산미는 불쾌감을 자아낸다.

56

더 넓게, 더 깊게

커피를 평범하게 즐기는 것도 좋지만, 다양한 종류의 음료와 음식을 만드는 데 사용한다면 더할 나위 없이 좋다. 흔하게 접하는 커피 음료뿐만 아니라, 케이크, 과자 같은 디저트의 재료로도 활용할 수 있다.

영미권 국가에서는 카페라떼를 일반적으로 라떼라 부른다. 이탈리아어로 카페라떼는 말 그대로 '커피와 우유'가 혼합된 음료라는 뜻이다. 유사한 방식으로 프랑스어에서는 카페오레, 스페인어에서는 까페꼰레체라 부른다. 카페라떼는 카푸치노, 에스프레소와 함께 오늘날 국제적으로 가장 사랑 받는 커피 음료이다. 이탈리아 원조 음료가 단연 인기가 높지만, 이제는 전 세계 곳곳에서 다양한 종류의 커피와 우유를 섞은 음료를 맛볼 수 있게 되었다. 유럽 사람들은 주로 카페오레라고 부른다. 1980년대까지만 해도 이탈리아에서 라떼를 주문하면 우유를 줬다고 한다.

이탈리아에서 카페라떼는 주로 집에서 아침에 만들어 마신다. 보통 모카포트로 커피를 추출해 따뜻한 우유가 담긴 잔에 따라낸다. 추출한 커피는 에스프레소보다 두 배 정도 진하다. 또 우유 거품이 없다. 이탈리아가 아닌 다른 나라의 전형적인 카페라테는 3분의 1 분량의 에스프레소와 3분의 2 분량의 우유를 섞어 만들고, 컵 위쪽에 5밀리미터 남짓의 우유 거품층이 만들어진다. 우리가 생각하는 라떼는 오히려 카푸치노와 유사하다. 카푸치노는 라떼보다 우유량이 절반가량 적고, 우유 거품을 훨씬 많이 얹는다. 이탈리아 정통 카페라떼와 비슷한 음료는 플랫화이트다. 대략 1 대 2 비율로 에스프레소와 우유를 섞으며, 우유 거품은 들어가지 않는다. 플랫화이트는 미국보다 유럽에서 더 익숙한 음료로서, 미국에서는 1980년대에 시애틀식 커피가 인기를 얻기 시작할 때 알려지기 시작했다. 간혹 손잡이 없는 유리잔에 라떼를 담아 작은 접시를 받쳐서 내놓는 곳도 있다. 접시에는 뜨거운 잔을 잡을 때 필요한 냅킨이 곁들여진다. 또 아시아와 북미에서는 라떼가 아시아 차와 곁들여지기도 한다. 카페와 찻집에는 녹차(일본식 말차), 로얄 밀크티 같은 다양한 종류의 라떼가 있다. 음료에 바닐라, 초콜릿, 캐러멜 등을 기호에 따라 첨가할 수도 있다.

　카푸치노는 에스프레소에 뜨거운 우유와 우유 거품을 넣은 음료이다. 카페라테보다 우유가 훨씬 조금 들어간다. 카푸치노 한 잔의 양은 에스프레소, 우유, 우유 거품 모두 합해서 대략 150밀리리터에서 180밀리리터 정도다. 카푸치노라는 이름은 '카푸치니'라 불린 프란체스코 수도회에서 유래하였다. 카푸치니란 이탈리아어로 모자라는 뜻을 가지고 있는데, 프란체스코 수도사들이 모자를 썼던 까닭에 카푸치니라고 불렸다고 한다. 에스프레소에 우유 거품을 얹은 카푸치노 잔의 모양이 모자를 쓴 모습을 연상시켰으리라.

　카푸치노는 우유의 질감과 온도가 매우 중요하다. 바리스타들은 카푸치노에 들어가는 우유를 만들 때 우유에 뜨거운 김을 쐬어 미세한 거품을 만들어낸다. 그렇게 함으로써 맛이 한결 포근하고 달콤해진다. 우유의 양에 따라 카푸치노 키아로(우유를 많이 넣은 카푸치노)와 카푸치노 스쿠로(우유를 적게 넣은 진한 카푸치노)의 두 가지 메뉴가 있다.

　프라푸치노는 스타벅스가 인수한 커피 브랜드다. 커피와 얼음이 들어간 차가운 음료로, 밀크쉐이크라는 뜻을 가진 프라페와 카푸치노의 합성어이다. 1988년부터 프라푸치노와 비슷한 차가운 음료가 시애틀계 체인인 시나본에서 모카라타와 캐러멜라타라는 이름으로 판매되었다. 캐나다에서는 커피 크리스프라는 국민 초콜릿 바를 만들었다. 커피 크리스프는 바삭한 과자와 커피 맛 크림을 켜켜이 얹어 밀크초콜릿으로 덮은 과자이다. 아마레토, 베일리스, 아이리시 크림, 베네딕틴, 브랜디, 드램뷰이, 칼루아, 올드 비엔나, 티아 마리아 같은 술에 커피를 섞으면 맛 좋은 칵테일이 완성된다.

57
커피의 효능에 자신감을 가져도 좋다

기능성 식품은 함유하고 있는 영양분을 뛰어넘어 질병의 예방과 치료 등 건강상의 효과를 가져다주는 식품을 말한다. 기능성 식품에는 식이보조제, 의료용 식품, 건강 기능 식품, 영양 강화식품 등 다양한 형태가 있다. 식이보조제 등의 기능성 식품은 캡슐, 환, 가루 등의 형태로 유통된다. 사람들은 기능성 식품 속에 들어 있는 유기물질이 신체 건강과 정신 건강의 개선에 도움을 준다고 생각한다. 기능성 식품을 이용해 암부터 고소공포증까지 다양한 증상을 완화하거나 치료한 사례들이 많다. 기능성 식품 nutraceutical이라는 말은 뉴트리션nutrition(영양소)과 파마수티컬pharmaceutical(의약품)의 합성어로서, 의약혁신재단의 창설자이자 의사인 스티븐 드펠리스가 1989년에 처음 사용하였다. 그 이후 기능성 식품의 인기는 급성장했는데, 아마도 화학 첨가물을 많이 함유한 식품에 대한 불신이 날로 심화되고 있기 때문일 것이다.

자연 성분으로 몸을 치유한다는 주장은 솔깃할 만한 이야기다. 물론, 자연에서 유래한 식품이 모두 안전한 것은 아니며, 오히려 사람에게 해로울 수도 있다. 불확실한 것을 남용하거나 부주의한 방법으로 실험해서는 안된다. 특정 질병의 예방에 효과가 있다고 FDA가 실험을 통해 검증한 기능성 식품도 있다. 일부는 실험을 마치고 효과도 검증되었으나, 아직 공인되지는 않았다. 상당수의 기능성 식품은 실험 결과가 일정하지 않아 약효가 의심스러운 것으로 밝혀졌다.

좋은 와인이나 증류주가 그렇듯이 잘 추출된 좋은 품질의 커피를 맛볼 수 있다는 것은 현대사회를 사는 특권의 하나다. 스카치위스키나 보르도 와인의 맛은 오랫동안 훈련받은 전문가에게도 신비 그 자체로서, 과학이 풀지 못하고 있는 영역이다. 하지만 과학자들은 지금 이 분야의 세계로 진입하고 있는 중이다. 그들이 비록 아직은 커피나 와인 감별사로서 믿을 만한 단계는 아니지만. 인간의 뇌는 여전히 와인과 커피의 맛이나 향을 구별해낼 수 있는 가장 완벽한 기구이다. 독특한 풍미를 발현하는 휘발성 물질이 풍부하고 카페인과 생리활성 물질을 함유한 커피가 조만간 개발되어 나올 새 건강 음료의 원천이 되지 않을까?

항산화라는 말은 소비자의 의식에 큰 영향을 끼쳤다. 그것은 세포를 손상시키는 산화 작용을 방지한다는 뜻이다. 특정 과일로 만든 음료에는 강력한 항산화 기능이 있는 것으로 밝혀졌다. 브라질에서 생산되는 과일 아카이는 타의 추종을 불허한다. 석류, 과라나, 망고스틴, 블루베리, 건포도 같은 것도 원기를 북돋워주는 항산화 과일이다. 와인, 맥주, 마티니, 그리고 커피도 항산화 물질을 갖고 있다.

교육 수준이 높은 소비자일수록 의학적 증거가 분명한 건강식품 혹은 기능성 식품을 찾는다. 자연 상태에서 커피보다 더 많은 긍정적인 과학 자료를 갖고 있는 식물이나 음료는 없다. 커피 부산물이나 커피를 재료로 한 가공 식품도 마찬가지다. 갓 수확한 커피 생두, 농축커피, 커피에 다른 식물을 첨가한 경우 모두 뛰어난 효능을 보여준다. 먼 조상들부터 우리에 이르기까지 커피 끓이는 내음을 맡으면 멀리서부터 조바심치며 달려가던 이유다. 이제는 커피의 효능에 자신감을 가져도 좋다.

커피를 향한 사람들의 채워지지 않는 목마름과 새로운 영역을 개척하려는 열정에 힘입어, 자바 커피 생산자들은 커피에 콩 단백질, 과라나, 녹차, 예르바마테차 등을 섞은 제품을 내놓았다. 모두 신진대사를 활발하게 해주는 식품들이다. 또한 면역력 증진, 집중력 향상에도 효과가 있다. 이러한 성분이 첨가된 커피는 놀랍게도 일반 커피와 맛에서 큰 차이가 나지 않는다. 안타까운 일은 과라나와 예르바마테차에도 카페인이 들어 있다는 사실이다. 한 잔 마시면, 정글에서 호랑이를 때려잡을 만큼 기운이 넘칠지도 모르겠다.

58

불법 작물을 대체할 수 있다

부유한 선진국들은 자체 농작물 재배뿐만 아니라 무역을 통해 세계 각지에서 농산물을 들여오기 때문에 음식물이 넘쳐난다. 이들 국가에서는 농산품의 공급과잉이 사회문제가 되고, 자연스레 비만 환자가 증가하고 있다. 그러나 세계 각지에는 여전히 가난에 허덕이는 국가들이 있다. 대부분 남아메리카, 아프리카, 아시아 국가들이며, 주민의 절대다수가 가난한 소작 농이다. 이들은 필요한 만큼의 에너지조차 섭취하지 못한 채, 배고픔 속에서 고된 노동에 종사한다. 가난한 사람들에게는 농산물 수확을 앞둔 시기가 가장 힘든 시기다. 이때 아이 어른 할 것 없이 수백만 명이 굶주려 사망한다. 생존자들도 만성적인 영양 부족 때문에 심각한 육체적 정신적 고통을 겪는다.

가난한 국가들은 대부분 믿을 만한 수출품목이 없거나, 대표적인 수출품이 있다 하더라도 값싼 물품들이다. 그래서 모자라는 식량을 수입할 만큼 외화를 벌어들이지 못한다. 해마다 인구는 증가하는데, 자국민을 먹여 살릴 만큼의 식량이 재배되지 않기 때문에, 사람들이 죽음으로 내몰리고 있는 것이다. 그나마 일부라도 살아남을 수 있는 돌파구는 기근이나 전염병으로 사망률이 올라가는 것이다. 이 얼마나 비극이며 역설인가? 가족 계획 프로그램이 시행되고 있지 않은 나라의 상황은 더 심각하다.

인도주의적 관점에서도 세계의 식량 생산은 늘어나야 한다. 특히 식량 부족 국가의 농업이 진흥되어야 한다. 공평한 분배를 통해 수요를 충족시킬 만큼 충분한 식량의 증산이 이루어져야 한다. 인구가 급속히 늘고 경제적으로 가난한 나라의 농업 개선책은 과학을 기반으로 농업생산성을 높이는 데 중점을 두어야 할 것이다.

라틴아메리카는 세상에서 가장 가난한 지역에 속한다. 국가 채무가 많기 때문에 식량 재배는 우선순위에서 밀리고 만다. 대신 커피, 카카오, 차, 오렌지, 고무 같은 환금 작물을 재배해 빚을 갚는 데 급급하다. 이런 저개발 국가에서는 국민의 70퍼센트에서 90퍼센트가 농업에 종사한다. 농작물 수출로 번 외화마저 농업과는 무관한 곳으로 흘러가, 농민들의 삶을 향상하는 데는 보탬이 되지 않는다.

이런 상황을 감안한다면, 가난한 지역의 주민들이 환경에 해가 되는 비이성적인 방식으로 농사짓는 것이 그리 놀라운 일은 아니다. 국가 경제의 상황과 수출 주도형 농업 구조가 농업 생산 방식을 왜곡시키고 있는 것이다. 한 발 더 나아가 농민들은 코카인, 대마초, 아편을 재배하도록 내몰리고 있다. 그것이 그들에게 더 큰 이익을 가져다주고, 자신들을 가난에서 벗어나게 해줄 것으로 비치기 때문이다.

헤로인, 대마초, 코카인 같은 마약을 제조하는 데 필요한 식물은 대부분 가난한 국가에서 재배된다. 라틴아메리카의 마약 거래는 오랫동안 멕시코의 대마초와 헤로인 거래상들이 지배했다. 요즘은 대마초보다 더 큰 돈이 되는 코카인 거래가 증가했다. 덕분에 콜롬비아가 멕시코보다 더 경제적으로 여유가 생겼다. 브라질 아마존 강 유역의 삼림은 코카 재배를 위한 농지를 마련하기 위해 마구 잘려나가고 있다. 중남미에서 외화벌이에 가장 좋은 작물은 마약이 되어버렸다.

콜롬비아는 커피가 전체 농작물의 33퍼센트 가량을 차지하는 반면에, 볼리비아는 2퍼센트 남짓에 지나지 않는다. 이러한 차이에도 불구하고 볼리비아에서도 커피는 수입의 중요한 원천이다. 그런데 커피를 재배하던 볼리비아 농지의 대부분이 이제는 코카 재배로 바뀌어버렸다. 아마존 우림의 나무를 베어낸 지역은 모든 농작물을 재배하기에 적합하지만, 코카를 재배하는 데도 안성맞춤이다. 볼리비아와 페루에서 코카가 가장 많이 재배된다. 콜롬비아와 브라질에서는 코카 재배가 급속히 확대되고 있다. 코카 재배가 쉬운 돈벌이 수단이기 때문에, 수십만 농가에서 이미 코카 재배에 뛰어들었다.

제3세계 국가들의 기아 문제와 마약 위기는 전적으로 정치 지도자들의 무능에서 비롯되었다. 과학자들도 책임을 피해갈 수 없다. 죽음이 초래하는 문제에는 온갖 관심을 쏟으면서, 정작 사람을 살리는 일은 외면해왔다.

59

염소치기 소년이 발견한 커피나무

커피를 처음 발견한 사람에 관한 설화가 여러 개 있다. 그 가운데 가장 널리 알려진 이야기는 에티오피아에 살던 칼디라는 염소치기 소년의 이야기이다. 어느 날 칼디는 염소들이 흥분해 들판을 뛰어다니는 모습을 보게 되었다. 무슨 영문인지 궁금했던 칼디는 염소들을 따라 산으로 올라갔다. 염소들은 상록 관목에 달린 열매를 따먹었다. 칼디도 호기심에 열매를 따먹어보았다. 그랬더니 신기하게도 기운이 솟아나고 유쾌한 기분이 들었다. 그는 염소들과 함께 들판을 뛰고 뒹굴며, 밤새 잠을 이루지 못했다. 근처에 사는 한 기독교 수도사가 칼디의 마을을 지나게 되었다. 칼디는 수도사에게 염소들이 먹은 열매 이야기를 들려주었다. 신기하게 여긴 수도사가 그 열매를 보여 달라고 했다. 칼디를 따라 산에 올라가니, 흰 꽃과 작은 열매가 송이를 이루고 있는 나무가 있었다. 수도사는 열매를 따서 뜨거운 물을 부어 마셨다. 그후 수도사들은 밤샘 기도를 위해 이 음료를 마시게 되었다.

역사 기록을 보면 에티오피아 카파Kaffa에서 서기 600년경 커피가 발견되었을 것으로 추정된다. 에티오피아는 세계에서 가장 오래된 국가 가

에티오피아 고지대

운데 하나이며, '인류의 요람'이라고 불린다. 에티오피아는 지구상의 그 어
는 곳보다 일찍부터 인류가 거주한 곳이자, 호모 사피엔스의 진화가 이루어
진 곳이다. 산악이 많은 고지대라서 아프리카의 지붕이라고도 불린다. 커피
나무는 에티오피아 남동쪽에 위치한 고지대의 숲에서 인류가 지구상에 등
장하기 전부터 자랐다. 에티오피아어로 콩은 번bun 혹은 버니buni다. 따라서
'커피콩'coffee bean이라는 말은 에티오피아어 '카파 번'kaffa bun의 부정확한 번
역일 수 있다. 에티오피아 조상들은 커피 열매를 갈아 동물성 지방과 섞어
일종의 에너지 바로 먹었을 것이다. 카파와 시다모 지역에는 여전히 커피를
버터와 섞어 마시는 전통이 있다. 이렇게 만든 커피는 특유의 부드럽고 고소
한 맛을 낸다.

기원전 12세기 즈음부터 인류는 낙타를 길들이기 시작했다. 또한 이 때부터 아랍 상인들의 카라반이 등장하였다. 당시의 주요 무역로는 두 개였다. 하나는 팔레스타인과 메소포타미아를 잇는 길이었고, 다른 하나는 헤자즈 회랑을 거쳐 팔레스타인과 예멘 사이를 잇는 길이었다. 아라비아의 가장 중요한 무역물품은 몰약, 유향, 발삼balsam 같은 수지 종류였다. 향수, 향, 의약품 등의 원료로 쓰이는 것들이다. 그러나 수지 종류만으로는 헤자즈 회랑을 유지하기 힘들었을 것이다. 인도와 동아프리카에서 들여온 금, 커피 같은 물품을 재수출하기도 했을 것이다. 에티오피아는 일찍부터 예멘과 남아라비아 사람들의 왕래가 빈번한 곳이었다. 그래서 외부 영향을 많이 받고, 언어도 점차 변했다. 외국인의 왕래가 특히 잦았던 지역의 시바어와 에티오피아어는 점점 멀어졌다. 시바인들은 아랍을 통해 에티오피아로 건너온 유대인들로, 유대 문화를 원주민들에게 전파시켰다. 유대인들은 기원전 12세기 무렵부터 에티오피아에 정착했다.

노아의 아들 함의 후손 가운데 시바라는 자가 있다는 기록이 있다. 그의 손녀인 시바 여왕은 아가서에 "내가 비록 검으나 아름다우니"(시편 1:5)라고 나와 있듯이, 흑인이었을 것이다. 함이 받은 저주가 검은 피부와 오늘날의 흑인 같은 외모로 추정되며, 많은 사람들이 이러한 해석을 이용해 노예제도를 정당화했다. 많은 국가에서 커피를 대량으로 재배하기 시작했을 때, 그 핵심 노동력은 노예였다.

솔로몬 왕의 지혜에 대한 소문이 시바 여왕의 귀에까지 들려왔다. 시바 여왕은 솔로몬 왕을 시험하려고 풀기 어려운 수수께끼를 여럿 가지고 예루살렘을 방문하였다. 온갖 향신료와 금은보화를 실은 여러 마리의 낙타를 몰고 갔다. 시바 여왕은 예루살렘에 머무는 동안 솔로몬 왕과 연애했고, 에븐 멜렉이라는 아들을 갖게 된다. 이 아들이 나중에 멜레니크 1세 에티오피

아 왕이 된다. 이런 설화는 커피와 시바 여왕의 나라 에티오피아의 국가위
상을 높여주었다. 후대의 왕들은 자신들이 시바 여왕과 솔로몬 왕의 후예
라는 것을 주장하였다.

60

호모 사피엔스의 진화와 커피는
무슨 관계가 있을까

약 5천 년 전, 지금의 에티오피아 땅인 케파 왕국에 오로모스라는 유목부족이 살았다. 이 부족은 자신들의 적인 봉가스 족과 전쟁을 치르러 갈 때 커피 열매를 갈아 동물 지방에 섞어 먹었다고 한다. 이 에너지 바를 먹으면 순간적으로 기운이 난다. 또 위급한 상황에 대처하는 인지기능과 판단력이 향상된다. 커피를 마시면 카페인 때문에 이런 기민한 대처 능력이 생긴다. 기분을 바꾸어주는 것은 말할 것도 없이 클로로젠산과 락톤이다.

어떤 음식을 먹을지 결정하는 것은 진화과정의 산물일 수 있다. 음식으로 인해 뇌의 변연계 도파민 시스템이 활성화되면 즐거움과 보상의 감정이 형성되고, 기억력과 학습능력이 강화된다. 커피도 이와 같은 방식으로 뇌를 자극하는 특별한 식물이다.

커피는 인간이 두 발로 걷기 시작한 이래 소비되어왔다. 영장류는 우리처럼 분위기를 의식하고 거기에 적응하는 부류로서, 뇌가 진화하는 데 필요한 양분이 공급됨으로써 결과적으로 진화해올 수 있었다. 인간의 뇌가 어떻게 진화했는지는 아직 충분히 알려지지 않았다. 커피는 분명히 이 진화

과정을 도왔다. 아주 오랜 옛날부터 인간의 동반자였기 때문이다. 뇌의 진화와 관련한 유력한 가설 가운데 하나는 충분한 영양분을 섭취할 수 있게 된 식습관의 변화가 우리 인간의 뇌를 만들었다는 것이다. 진화생물학, 인류학, 사회학은 흔히 언어와 도구를 사용하기 시작함으로써, 우리 조상들의 뇌가 획기적으로 확장되었다고 설명한다. 뇌가 팽창하는 데는 어떤 조건이 작용했을 것이다. 우리 몸에 필요한 충분한 영양분을 섭취하게 된 것이 그 계기라고 설명하는 것은 지극히 합리적이다. 양분이 공급되지 않고서는 뇌가 폭발적으로 팽창하는 생리 조건이 형성될 수 없기 때문이다. 인간의 뇌는 오늘날에도 계속 진화하고 있다.

시카고 대학의 하워드휴즈 의학연구소는 뇌의 발달과 기능에 연관되는 유전인자 214개를 연구했다. 인간, 마카크 원숭이, 큰쥐, 생쥐의 DNA 염기서열이 시간이 지남에 따라 어떻게 변화해왔는지를 탐구했다. 그 결과 인간과 마카크 원숭이는 2천만 년에서 2,500만 년 전에 종이 갈라졌고, 큰쥐와 생쥐는 1,600만 년에서 2,300만 년 전에 종이 갈라진 것으로 확인되었다. 약 8천만 년 전에는 네 종 모두 조상이 같았다. 사람의 뇌가 월등히 빠른 속도로 더 커지고 고도화되었다. 연구진의 판단은 "다른 종과 비교했을 때 인간의 진화는 확연히 다르게 이루어진 것 같다"는 것이다. 왜 이런 일이 일어났는지는 아직 밝혀지지 않았다.

인간은 아주 오래 전부터 에티오피아 부근에 정착해 살았다. 약 580만 년 전에 살던 인간의 유골이 발견되기도 했다. 아랍인들이 커피를 거래하던 아덴만은 아라비아 반도와 아프리카 대륙이 마주보는 곳으로, 두 대륙 사이에 균열이 생기기 전에는 서로 이어져 있었다. 예멘과 에티오피아에서만 야생 커피가 자라는 것이 그 증거다. 아프리카 대륙 남서쪽으로 그레이트 리프트 계곡까지 이어지는 단층은 에티오피아의 고지대를 둘로 가른다. 그곳 고지대는 기후가 온화해서 커피가 자라기에 적절한 환경을 갖췄다. 원시 인류의 화석 뼈가 발견된 곳으로도 유명하다. 그 가운데 가장 널리 알려진 것은 인류학자 도널드 조핸슨이 발굴한 '루시'다. 루시는 거의 완벽한 형태로 발굴된 오스트랄로피테쿠스의 화석이다.

자연도태의 원리와 관련된 인간과 영장류의 차이는 음식을 고르고 섭취하는 방식이라 할 수 있겠다. 오늘날 많은 건강상의 문제는 우리 고대 조상들의 식습관과 우리의 식습관 사이의 차이에서 연유하는 것으로 보인다. 인간은 진화하면서 우리 몸에 나쁜 식물은 먹지 않고 몸에 좋은 식물만 선택해 먹었다. 커피도 인간이 전략적으로 선택한 것이라고 생각하는 게 합리적이다. 커피를 마시면 보다 기민해지고, 분위기가 고양된다. 기민한 두뇌야말로 생존의 핵심 열쇠임을 잊지 말자.

61

탄산음료가 좋을까, 커피가 좋을까

아침은 하루 식사 가운데 가장 중요하다고 한다. 아이들을 공복에 공부시킬 수는 없다. 그렇기 때문에 많은 나라가 학교에 다니는 아이들에게 무료 아침식사를 제공해 학습 효과를 높이려 한다. 그러나 뉴욕의 학교에서 제공하는 아침 급식은 아이들에게 적절한 영양을 공급해주지도, 좋은 식습관을 길러주지도 못하고 있다. 미국의 학교 아침 급식 프로그램은 공립과 사립학교 모두를 지원하는 연방정부 차원의 프로그램이다. 1966년에 시범 사업으로 출발해 1975년부터 영구 사업으로 정착되었다. 프로그램을 운영하는 기관은 통상 주 교육 당국으로, 8만 5천 개 이상의 학교가 참여하고 있다.

학교 아침 급식 프로그램은 아이들의 건강을 고려해 식단을 짜고 있지만, 실상은 지방분이 지나치게 많다든지 건강에 해로운 경우가 많다고 한다. 도넛, 소시지, 샌드위치 같은 음식이 제공될 뿐, 과일은 거의 제공되지 않는다는 것이다. 예산을 지원하고 프로그램을 운영하는 정부는 몹시 곤혹스러운 상황이다. 소아 비만을 줄이기는커녕 조장한다는 비난에 직면했기 때문이다. 학교 당국은 자신들의 잘못이 아니라고 강변한다. 아이들에게 건 강한 식단을 제공하기 위해서는 더 많은 예산이 필요하다는 이유에서다. 연 구자들은 아이들에게 나쁜 식습관을 가져다주는 패스트푸드 광고의 위험 성을 지적하고 있다. 어린이들은 정크푸드를 재미 있고, 트렌디하며, 흥미로 운 먹을거리라고 생각하는 경향이 있다. 그래서 건강 관련 단체들은 정크푸 드 광고를 금지시키기 위해 노력한다.

라틴아메리카 대부분의 커피 생산 국가에서 커피는 경제적으로뿐 아 니라, 인도주의적인 측면에서도 중요한 의미를 갖는다. 커피 생산지역의 농 민들은 자신의 아이들이 성인이 될 때까지 아이들을 학교에 의탁한다. 브라 질 청소년들의 음주율은 매우 높은 편이며, 우울증 증세를 겪는 청소년도 증가하고 있다. 도심 지역의 학교는 청소년들의 음주 문제로 골머리를 앓고 있다. 반면 커피 산업이 중요한 부분을 차지하는 시골지역에서는 이런 현상 을 거의 찾기 힘들다. 커피를 아침 급식 프로그램으로 제공하는 곳도 비슷 하다. 또한 커피를 제공하지 않는 학교보다 커피를 제공하는 학교 아이들의 학업성취도가 더 높았다. 커피를 마시는 아이들이 콜라와 이온음료를 마시 는 아이들보다 비만율은 더 낮았다.

카페인은 커피의 주성분이 아니다. 카페인을 제외한 다른 성분에 대한 연구는 매우 미진하다. 따라서 커피가 사람, 특히 아이들의 건강에 어떤 영 향을 미치는지는 아직 제대로 연구되지 못했다. 청소년들을 대상으로 한 음 주 습관 연구도 많은 한계를 갖고 있다. 장기에 걸친 연구가 부족하고, 음주 이유를 묻는 설문지의 타당성에도 의문이 제기될 수 있다.

이탈리아와 일본처럼 브라질 청소년들도 커피를 자주 마신다. 칼로리 와 카페인 함유량이 높은 탄산음료보다 커피 소비가 크게 늘고 있다. 탄산 음료는 카페인이 지나치게 많이 들어 있기도 하지만, 칼로리가 높아서 비만의 원인이 된다. 세계 각국이 청소년들의 과도한 탄산음료 소비에 관심을 갖는 이유다. 커피는 비만과 우울증 예방은 물론 청소년들을 알코올 중독에서 벗어나게 해줄 수 있는 음료다.

미국 아이들의 35퍼센트 남짓이 비만이라고 한다. 아이들은 성장중이기 때문에 성인보다 더 많은 에너지를 필요로 한다. 그렇지만 성인과 마찬가지로 사용하지 않은 칼로리는 지방의 형태로 저장되기 때문에, 아이들도 비만에 걸리는 것이다. 뚱뚱한 어린이는 성인이 되어서도 비만이 지속될 확률이 매우 높다. 비만은 심장마비, 뇌졸중, 당뇨, 대장암, 고혈압 같은 심각한 건강 문제를 일으킬 수 있다. 아이들에게 심리적 고통도 안겨준다. 외모 때문에 놀림의 대상이 되거나 따돌림 당하는 경우가 비일비재하다.

아이들에게 몸에 좋지 않은 탄산음료는 마시게 하면서 커피는 마시지 못하게 한다. 이 얼마나 모순인가?

62

수면제를 복용한 사람은 커피를

    숙면을 취하는 것은 매우 중요하다. 그러나 많은 사람들이 불면증에 시달린다. 약 40퍼센트의 성인이 수면 장애를 갖고 있고, 그 가운데 20퍼센트는 증상이 심하다고 한다. 미국에서만 4천만 명이나 되는 많은 사람들이 수면장애와 불면증으로 고통을 겪고 있다. 성인의 3분의 1이 일시나마 수면 장애를 겪은 적이 있다.

    한편, 밤에 일하는 사람들이 미국에만 8백만 명이나 된다고 한다. 커피는 불면증을 일으킬 수 있기 때문에, 주로 낮에 마신다. 전 세계적으로 수천만 명 이상이 밤에도 깨어 있어야 한다. 하던 일의 마감을 맞추기 위해, 장거리 운전 때문에, 혹은 레크리에이션 활동에 참여하느라 밤에 잠을 자지 않는다. 결국 24시간 주기에 맞춰진 생물학적 시스템은 붕괴될 수밖에 없고, 사람들은 수면 문제를 겪기 시작한다. 잠이 부족하면 주의력과 업무 효율이 떨어져 위험도가 증가한다.

    수면은 뇌의 매우 중요한 활동 가운데 하나이지만, 그 자세한 작동 메커니즘은 아직 잘 알려지지 않았다. 하버드 대학교의 앨런 홉슨 박사는 에

이브러헴 링컨 대통령의 말을 패러디해, "뇌의, 뇌에 의한, 뇌를 위한 수면"
이라며 수면의 중요성을 강조했다.

고대 그리스인들은 수면을 매우 중요시 여겼다. 그리스 신화의 히프노
스는 잠을 의인화한 인물이다. 히프노스에게 타나토스(죽음)라는 쌍둥이 형
제가 있다. 두 형제의 어머니는 닉스(밤)다. 히프노스의 저택은 동굴 깊숙이
해가 비치지 않는 어두운 곳에 있다. 동굴 입구에는 양귀비꽃이 피어 있다.
히프노스의 자식은 모피우스(모양), 포베토르(두려움), 판타소스(환상)다. 이
자식들을 오네이로이라 불렀는데, 꿈의 의인화라는 뜻이다. 이들은 저승으
로 가는 길목 해변에 있는 동굴 안에 살았다. 신들은 이곳을 통해 인간에게
꿈을 보냈다고 한다. 오네이로이 형제 가운데 모피우스가 가장 강했는데,
가장 현실적인 꿈을 담당했다. 포베토르는 악몽을 만들어 괴물과 요괴의
모습으로 사람들의 꿈속에 나타났다. 판타소스는 움직이지 않는 물체나 현
실적이지 않은 꿈을 담당했다.

커피가 잠을 방해하는 것은 사실이다. 하지만 커피를 이용해 더 건강
한 수면 습관을 들일 수 있다. 잠을 쫓는 커피의 속성 때문에 커피는 낮에
마셔야 한다. 밤에 깨어 있어야 하는 사람은 예외이지만. 하루에 보통 졸음
이 두 번 찾아온다. 명백한 것은 저녁 취침 시간이다. 다른 한 번은 오후 서
너 시경이다. 이때 커피를 마셔 졸음을 쫓아내면 밤에 숙면을 취하는 데 도
움이 될 수 있다.

수면제를 복용하는 사람들이 많다. 수면제는 졸음을 유도하고, 자연적
인 수면과 유사한 상태로 수면을 유지하는 기능을 한다. 가장 흔히 사용되
는 것은 벤조디아제핀이다. 이 약을 복용하면 다음날까지 몽롱한 상태로 보
내는 경우가 많다. 최면 약물은 운전 능력이나 정신 운동 능력을 떨어뜨린
다. 복용량에 따라 다를 수 있지만, 부작용이 과소평가된 측면이 있다. 수면

제는 다음날까지 졸린 상태를 유지시키므로 정상적인 생활을 방해한다. 벤조디아제핀을 복용한 다음날 아침에 커피를 마시면 이런 부작용을 줄일 수 있다고 한다. 커피는 오전과 낮 시간에 매우 효율적인 음료인 까닭에, 수면제를 복용한 사람들에게 더욱 유용할 수 있다.

수면 장애 못지않게 깨어 있는 시간 동안 맑은 정신으로 지내는 것도 중요하다. 날씨가 더운 나라에서는 낮 시간 동안 잠깐 잠을 청하는 시에스타가 관습화되어 있다. 그 시간 동안은 미친개를 제외하고는 모두 휴면 상태에 들어간다. 커피를 마시고 잠이 오지 않더라도 그것은 정상적인 생리 작용에 의한 것이다. 물론 밤에 너무 많은 양을 마시면, 숙면을 취하는 데 방해가 된다. 따라서 밤에 깨어 있어야 하는 사람을 제외하고는 낮에 마셔야 한다.

63

성 기능을 향상시킨다

어떤 사람들은 인생은 성적으로 전염되는 질병이라고 말한다. 대부분의 사람들은 60대까지 활발한 성생활을 한다. 70대 초반까지 정기적인 섹스를 갖는 사람들도 절반 가까이 된다고 한다. 그러나 많은 노인들은 성욕 감퇴와 발기부전 같은 성적 장애와 싸우고 있다.

성은 인간관계의 기초라 할 수 있다. 서로를 끌어당기는 매력의 원천이자 부부 관계처럼 사람 사이의 결합을 맺어준다. 종족 보존의 수단이면서 가장 기본적인 본능이기도 한 성은 삶에 동기를 부여해주는 핵심 열쇠의 하나다. 성적 만족도는 행복감과 깊은 연관성이 있다. 인간은 매우 오랫동안 정력을 강화하는 방법을 찾기 위해 노력해왔고, 이성을 유혹하기 위해 음식과 약의 힘을 빌리기도 했다.

사랑의 여신 아프로디테는 바다에서 태어났다. 그래서일까? 정력과 관련 있는 음식은 바다에서 많이 난다. 굴은 아연 함유량이 높아 성 능력을 증진시킬 수 있다. 알코올, 해산물(특히 굴), 커피, 향신료, 인삼, 채소 같은 음식도 인기가 있다. 고대 이집트인들은 양파가 정력에 좋다고 믿었다. 그래서

파라오 시대의 이집트 사제들은 양파를 먹을 수 없었다. 프랑스에서는 신혼 부부가 첫날밤을 지내고 나서 양파 스프를 먹었다. 성욕을 충전시키기 위해서였다. 굴은 생으로 먹는 게 좋다. 얼음을 넣어 차갑게 한 다음 해초만 곁들이면 된다. 인삼은 호르몬 분비를 촉진시킨다고 알려졌다. 표고버섯도 정력제로 명성이 높다.

최음제란 성적 욕구를 증진시키는 음식, 음료, 약품, 향 혹은 기기를 가리킨다. 사랑과 미의 여신인 아프로디테의 이름을 딴 최음제만도 멸치에서부터 아드레날린, 가리비, 가룻과 곤충Spanish fly에 이르기까지 하도 많아, 그 목록을 다 열거할 수조차 없다. FDA의 조사에 의하면, 숱한 최음제 가운데 실제로 그 효과가 검증된 것은 없다고 한다. 그럼에도 불구하고 많은 사람들이 여전히 정력에 좋다는 음식을 찾는다. 플라시보 효과에 불과하다

해도 효과는 효과니 말이다.

　　술은 '사회적 윤활유'라고 일컬어진다. 사람들은 가지가지 이유로 술을 찾는다. 긴장을 풀기 위해, 불안감을 없애기 위해, 자신감을 북돋기 위해, 우울감을 극복하기 위해… 성적인 문제는 심리적 스트레스 때문에 생기거나 악화되기 때문에, 적당한 수준의 음주는 성적 능력을 향상시키는 것처럼 보일 수 있다. 그러나 이것은 사실과 거리가 멀다. 셰익스피어의 《맥베스》에 나오는 말처럼, 술은 "욕망을 불러일으키지만, 성능을 앗아가버린다." 성적 능력을 저하시킬 뿐만 아니라, 과음은 욕구마저 사라지게 한다.

　　알코올이나 마리화나, 다른 마약 같은 것들을 오래 복용하면 발기 부전이나 성적 욕구의 감퇴 현상이 나타날 수 있다. 과도한 흡연 역시 성 기능에 장애가 된다. 스트레스, 불안, 우울증은 발기 부전의 중요한 원인이다. 발기 부전 환자의 10퍼센트에서 15퍼센트 정도는 심리적 원인 때문이다. 발기 불능이 우려되면 곧바로 의사와 상담하는 게 좋다. 발기 부전 증상은 요즘 세상에 흔하디흔한 일이다. 다양한 치료법 가운데서 자신에게 맞는 가장 적합한 방법을 찾아야 한다.

　　성욕 감퇴는 우울증의 초기 증상 가운데 하나다. 매일 커피를 마시면, 이 같은 증상을 막을 수 있다. 심근경색 혹은 요실금에 걸린 적이 있거나 진정제를 복용하는 사람은 일반적으로 성 기능이 감퇴하게 된다. 커피를 하루에 한 잔 이상 마시면, 남성은 물론 여성의 성 기능도 향상될 수 있다.

64
브라질은 커피를 참 많이도 기르네

브라질은 세계에서 커피를 가장 많이 생산하는 국가이다. 미국에 이어 두 번째로 커피 수요가 많은 나라이기도 하다. 브라질에는 30만 개의 커피 농장이 있으며, 5백만 명 남짓이 커피 산업에 종사한다. 전 세계 커피 재배국 가운데 브라질만이 수출보다 내수시장 소비량이 많은 국가이다. 미국인의 70퍼센트 가량이 커피를 마시는 반면에, 브라질은 인구의 90퍼센트 이상이 커피를 즐긴다. 브라질의 커피 소비량은 아직도 해마다 5퍼센트씩 증가하고 있다. 조만간 연간 커피 소비량이 2,100만 포대가 될 것으로 예상되는데, 미국의 소비량 2,500만 포대에 가까이 다가서는 형국이다.

가수 프랭크 시내트라는 "브라질은 커피를 참 많이도 기르네"라고 노래했다. 브라질은 다양한 품종, 다양한 종류의 커피를 생산한다. 세계 2대 품종인 아라비카와 로부스타 모두 브라질에서 재배된다. 가공 방식은 지역과 농장에 따라, 건식법, 반습식법, 습식법이 사용되며, 싱글오리진single origin, 커스텀 블렌딩custom-made blends, 스페셜티specialty, 유기농organic, 인증 커피certified coffee 등의 다양한 이름으로 시장에 출시된다. 땅이 넓고 기후가 다양한데다, 커피 재배 농장의 위도, 고도, 토질이 제각기 다르기 때문이다.

브라질 사람들은 품질 좋은 커피를 많이 마신다. 브라질커피협회는 브라질 커피의 순도와 품질을 지키기 위해 엄격한 관리 시스템을 마련해놓고 있다. 그 가운데 하나가 '커피 품질 프로그램'PQC이다. PQC는 트래디셔널 traditional, 슈페리어superior, 고메gourmet 커피라는 3개 영역으로 나누어, 소비자들에게 최상의 커피를 제공하기 위해 노력한다. PQC는 소비자 교육 프로그램도 제공한다. 더 많은 상식을 가진 소비자가 질 좋고 가격 대비 민족도가 높은 커피를 찾기 때문이다. 또한 그들은 커피가 가져다줄 수 있는 건강상의 혜택에 주목해, 일찍부터 의학 전문가들의 전문적인 조언을 산업에 접목시켰다. 세계 최초의 시도로서, 지난 15년간 브라질 내 커피 소비량을 증가시킨 주된 원인 가운데 하나다.

세상 사람들이 마시는 거의 모든 커피에 브라질에서 재배한 커피가 섞여 있을 것이다. 오랜 시간 동안 사람들은 브라질 커피의 맛과 향과 색에 매료되었다. 브라질 커피는 깊은 향이 특징이다. 브라질 커피는 낮은 온도에서 로스팅하는 경향이 있다. 더 건강한 커피를 만들기 위해서다. 사람들은 자연건조된 커피를 선호한다. 크림, 초콜릿, 과일 향이 강하고, 바디감도 묵직하기 때문이다. 커피는 브라질을 대표하는 수출 작물이고, 천만여 명에게 일자리, 집, 그리고 수입을 가져다준다.

브라질 커피는 커피 재배에 알맞은 기후대에서 재배되며, 섬세한 건조, 선별, 제조 과정을 거쳐 최고 품질의 원두가 생산된다. 커피를 재배하고 수확하는 데는 전통적인 방법부터 최첨단 기술까지 동원된다. 연구에도 많은 노력을 쏟아, 병충해에 강하고 단위 면적당 수확량이 높은 커피나무를 개발중이다. 숲과 수질을 보존하기 위한 노력도 점차 증대하고 있다. 첨단 재배방식이 도입되면서 가시적인 성과가 나타나고 있다. 숙련된 기술을 지닌 농부, 혁신적인 생두 건조 기술, 적절한 보관방법, 그리고 전문 기술자와 컨설턴트를 포괄하는 방대한 네트워크가 갖추어져야 좋은 품질의 커피를 생산해낼 수 있다. 그것은 또한 더 많은 소비자를 끌어당기는 방안이다. 커피 재배, 생산에 종사하는 농민과 노동자의 인권을 존중하는 일에서도 브라질 커피 산업계는 한 걸음씩 앞으로 나아가고 있다.

브라질 커피의 경쟁력은 좋은 품질의 커피를 농장에서 재배하는 데 머무르지 않고, 가공, 선적에 이르는 제조사슬을 효율적으로 관리하는 데서 온다. 고부가가치 상품인 인스턴트커피, 로스팅 커피, 커피 음료의 생산 역시 증가하고 있다.

65

콜롬비아 국가 커피 브랜드,
후안 발데스

지난 한 세기 동안 커피는 콜롬비아의 경제적 사회적 성장을 견인해 왔다. 특히 일자리 창출, 경제 성장, 국제수지 개선, 소득 분배, 공공 재정, 지역 개발에서 중추적인 역할을 담당했다. 커피 재배에 적합한 환경 덕분에 콜롬비아는 세계에서 마일드 습식법 커피를 가장 많이 생산하는 국가가 되었다. 토질, 기후, 지형, 해발 고도, 일조량, 강우량 등이 경제학자들이 말하는 이른바 콜롬비아 커피의 비교 우위를 만든 요인이다. 여기에 콜롬비아 농부와 커피 재배자들의 노동 효율성과 생산성이 보태졌다. 하지만 이러한 요인들은 콜롬비아 커피 산업이 지속성장해온 데 대한 부분 설명일 뿐이다. 더 주요한 배경은 이러한 요인을 뒷받침해준 탄탄한 제도와 기관이라고 할 수 있다.

많은 사람들이 생각하는 것처럼 콜롬비아 커피는 대량생산되지 않는다. 약 78퍼센트는 소규모 커피 농가에서 재배된다. 콜롬비아의 다양한 기후 조건은 커피 재배에 경쟁력 있는 환경을 만들어주었다. 1년 내내 커피 수확이 가능한 것이다. 주로 10월부터 1월 사이에 수확하며, 4월과 5월 사이에 2차 수확을 한다. 믿을 수 없을 만큼 다양한 천혜의 기후 조건과 생육 환경 덕분에, 독특한 특징을 지닌 스페셜티 커피를 생산할 수 있는 잠재력이 크다. 콜롬비아에서는 16개 주에서 커피가 재배되는데, 기후, 토양, 고도 등에 따라 82개 구역의 에코토포ecotopo로 나뉜다.

콜롬비아커피생산자협회FNC는 세계에서 가장 큰 지역 비정부기구로서, 콜롬비아산 커피를 관리한다. FNC에는 57만여 개의 카페테로cafetero(커피 농부) 대표단이 회원으로 참여하고 있다. FNC는 창설 이후 콜롬비아 전역에 걸친 사회 안전망을 구축하고, 커피 재배지역의 사회적 안정, 복지, 평화를 위해 힘을 쏟았다. FNC의 80년간의 활동을 자세히 들여다보면, 콜롬비아 커피의 발전동향을 파악할 수 있다. FNC는 카페테로들이 직접 재원을 마련한 국가커피기금을 관리하는 역할도 한다. 국가커피기금의 재원은 기술 지원과 연구, 그리고 커피 재배 농부들의 사회복지를 위해 쓰인다.

커피는 금전적 풍요뿐만 아니라, 사회, 보건 서비스 면에서도 주민들에게 큰 혜택을 가져다준다. 커피 재배지역에 병원 180개, 보건센터 262군데가 설립되었다. 또 커피 산업에서 발생한 수익으로 6천 개 이상의 학교를 지어 40만 명이 넘는 학생들이 공부할 수 있게 되었다. 커피 재배지역에 거주하는 인구의 80퍼센트는 학교 인근에 둥지를 틀고 있다. 다른 지역에 비해 이들 지역의 주민들은 교육 수준이 높은 편이다. 교육 받은 인구가 늘어나면서, 더욱 질 좋은 커피를 재배할 수 있는 선순환 구조가 마련되고 있다. 그밖에도 수도, 도로, 다리 등이 곳곳에 건설되어 주민들의 삶의 질을 개선하는 데 기여했다. 모든 콜롬비아산 커피는 공정무역을 통해 거래된다. FNC는 창설 이래로 생산자들에게 정당한 값을 보장할 것을 약속하였다.

콜롬비아산 커피는 우수한 홍보전략을 채택해 질 좋은 커피로 세계에 알려졌다. 40여 년 동안 FNC는 후안 발데스Juan Valdez 캠페인을 전개하였다.

캠페인을 통해 많은 사람들이 콜롬비아산 커피가 질이 좋다는 인식을 갖게 되었다. 물론 지속적으로 질 좋은 커피를 생산했기 때문에 가능한 일이었다. 후안 발데스 캐릭터는 '올해의 광고 아이콘' 상을 받기도 했다. 최근 들어 커피 산업은 경쟁이 심화되면서 가격이 하락하는 위기를 맞았다. FNC는 그 돌파구로서 고부가가치 커피 및 관련제품을 생산하는 차별화 전략을 채택하였다. 스페셜티 커피, 동결건조 커피, 후안 발데스 커피 캡슐, 커피 추출물, 커피 콜라 등 다양한 상품이 개발되었다. 후안 발데스 커피 매장도 열었다. 그리하여 커피 가격의 하락을 완화하는 성공을 거두었다. 특히 후안 발데스 트레이드마크 커피를 판매해 25퍼센트 가량의 매출을 더 올릴 수 있었다. 수익금은 모두 커피 재배 농부들에게 돌아갔다.

66

애호가들이 최고로 꼽는
안티구아 커피

과테말라는 중앙아메리카에서 가장 인구가 많고 큰 국가다. 아메리카 대륙에서 꽃을 피운 마야 문명의 중심지였다. 고고학적 중요성을 갖는 많은 고대 문명의 유적이 과테말라에서 발견되었다. 고대 도시 티칼이 대표적이다. BBC는 세계를 대표하는 문화 관광지를 소개하면서, 과테말라를 첫 번째 순서로 다루었다. 도처에 흩어져 있는 마야 문명의 신비로운 유적 때문이다. 덕분에 과테말라를 찾는 관광객의 물결이 끊이지 않고 있다. 관광 이외의 과테말라의 주산업은 농업에 기반을 두고 있다. 커피와 설탕이 주요 수출품목이다.

과테말라 커피는 향이 강하고 미묘한 분위기를 풍기는 것으로 높이 평가받고 있다. 커피를 재배하는 지역은 다양한데, 고도, 토양, 기후 조건이 좋아 우수한 커피를 생산한다. 특히 안티구아 커피를 최고로 손꼽는다. 북서부 고지대에서 생산되는 우에우에테낭고는 과일 맛이 강한 뛰어난 커피다. 코반, 프라이하네스, 퀴체는 더러 깊이감이 부족하게 느껴질 수 있지만, 질좋은 커피임에는 틀림이 없다. 아티틀란은 최근 들어 떠오르는 커피다.

오늘의 안티구아 과테말라는 2백 년 넘게 과테말라의 수도였다. 스페인 식민자들에 의해 일찍이 개발된 도시답게 바로크 양식의 건축이 즐비하다. 이곳에 둥지를 틀고 있는 산카를로스 대학은 16세기 중반에 설립되었다. 처음에 이곳 사람들은 커피나무를 관상식물로 길렀다. 그런데 커피를 재배하기에 더 없이 좋은 기후 환경 덕분에, 커피의 주산지로 탈바꿈하였다. 이 지역은 화산 3개가 둘러싸고 있는 산악 분지다. 비옥한 화산토, 일정한 일교차, 낮은 습도 등의 기후 조건이 커피의 생장에 최적의 조건을 만들어주고 있다. 커피 애호가들은 이 지역 커피를 세계 최고로 평가하기도 한다. 안티구아 커피는 풍부하고 부드러운 바디감과 깊고 생동감 넘치는 향, 그리고 섬세하고 또렷한 산미가 특징이다.

프라이하네스 고원 지역은, 호수와 화산, 그리고 여러 도시와 지방자치단체를 포괄하는 방대한 지역을 가리킨다. 현재의 수도인 과테말라시티도 이 지역의 일부다. 프라이하네스 고원은 해발 1,800미터에 이르는 고지대로서 강수량이 풍부하다. 산과 구릉으로 이어진 고지대답게 일교차가 크고 날씨가 변화무쌍하다. 비옥한 화산토 토양인데다 커피나무가 그늘에서 자랄 수 있는 생육 환경을 갖추고 있다. 또한 다양한 종의 철새가 지나가는 길목이며, 생태다양성이 잘 보존되어 있다. 벌도 많아 커피 꽃 수분을 돕는다. 프라이하네스 커피는 향이 우아하고, 바디감이 풍부하며, 산미가 산뜻하다.

쿠추마타네스 산맥 지역에서는 멕시코의 평야 지역에서 불어오는 고온 건조한 바람의 영향으로 해발 2천 미터에서도 커피가 자란다. 지대가 높고 건조한데다 돌투성이 땅이지만, 마야 칸호발 족이 커피 농사를 짓는다. 이곳에서 재배되는 커피는 하일랜드 우에우에라고 불린다. 바디감이 풍부하고, 산미가 뛰어나며, 와인 내음에 가까운 향이 특징이다.

교회는 과테말라 사람들의 정신적 고향 같은 존재다. 에스키풀라스 교회의 검은 그리스도상은 그 같은 문화를 상징한다. 교회는 건조한 산악 불모의 땅에도 어김없이 들어섰는데, 척박한 산악 지방이 새롭게 커피 재배지로 떠오르고 있다.

백여 년 전 독일인들이 과테말라로 이주하기 시작했다. 그들은 코반 지역의 거친 땅을 개간해 커피 산업의 발전에 기여했다. 과테말라 북부에서 중부까지 이어지는 구릉 지역은 1년 내내 강수량이 많고 선선한 기후를 보이는 게 특징이다. 토양은 석회질과 점토다. 레인포레스트 코반 커피는 바디감이 풍부하고, 개성이 강하며, 섬세한 산미와 향긋한 와인 향을 자랑한다. 아티틀란 호 인근에서는 전통적인 아티틀란 커피를 재배한다. 이 지역 커피의 80퍼센트를 소규모 농가에서 생산한다.

주요 커피 재배지가 화산 지역인데다 이상적인 날씨, 그리고 병충해가 적기 때문에, 과테말라 커피는 대부분 유기농으로 재배된다.

67

클린 커피의 나라
코스타리카

세계적인 명성을 갖고 있는 관광 잡지 《트래블 W》는 따뜻한 기후의 코스타리카를 라틴아메리카 최고의 관광지라고 평했다. 설문조사에 참여한 잡지 독자들이 추천한 곳을 합산해 순위를 결정한 것이었다. 코스타리카의 매력은 무엇일까. 열대 기후, 아름다운 자연, 모험 관광, 그리고 코스타리카인들의 친절이 꼽혔다. 코스타리카는 천연자원이 많지 않다. 또 코스타리카를 군사 전략적으로 중요하게 생각한 나라가 없었다. 역설적으로 그 덕분에 코스타리카는 중립적이고 평화로운 역사를 지켜올 수 있었다.

스페인인들이 정복하기 이전 문명의 흔적은 코스타리카에서는 거의 발견되지 않는다. 멕시코 지역을 중심으로 번성했던 아즈텍, 마야, 올멕 문명은 먼 남쪽의 코스타리카 지방까지는 영향을 미치지 못했다. 최근의 고고학적 발견에 의해 일부 독립적인 집단이 코스타리카 지방에 거주했다는 사실은 확인되었다. 그 시기는 적어도 2천 년 전으로 거슬러 올라간다.

크리스토퍼 콜럼버스는 코스타리카 땅에 발을 디딘 첫 번째 스페인인이었다. 그의 '정복'은 점령 이상이었다. 콜럼버스는 푸에르토리몬 근처

코스타리카 커피 농장의 수확 장면

의 카리브 해에 상륙하였다. 스페인의 정복에 저항할 강력한 원주민 세력이 그 지역에는 존재하지 않았다. 스페인은 코스타리카를 식민지 삼으려고 여러 번 시도했다. 당시 존재했던 몇몇 원주민 집단은 얼마 못 가 대부분 사라지고 말았다. 한편으로는 스페인과의 싸움 때문이고, 한편으로는 질병 때문이었다. 따라서 식민지 유지에 필요한 노동력이 존재하지 않게 되었다. 이곳에서는 스페인 사람들이 원주민과 결혼하는 일이 거의 없었다. 그래서 중남미 인종의 다수를 구성하는 혼혈 메스티소도, 그들에 의한 혼혈 문화도 코스타리카에는 형성되지 않았다. 게다가 그 땅은 정복자들이 잔뜩 기대하던 금이나 은 같은 자원이 나지 않는 곳이었다. 코스타리카는 곧 잊히고 버려졌다.

　　1822년에 중앙아메리카 지역이 스페인에서 독립하였다. 코스타리카는 잠시 멕시코의 일부로 편입되었다가, 중앙아메리카 연방공화국의 일원이 되었다. 그러나 내부 분쟁 때문에 연방이 이내 해체되면서, 코스타리카는 완전 독립을 달성하였다.

19세기는 코스타리카 경제성장의 중요 시기였다. 주요 수출품목은 커피였다. 커피 생산자들은 점차 부를 축적하기 시작했고, 코스타리카 사회 내부에 빈부격차가 발생하였다. 경제성장은 20세기까지 이어졌다.

19세기에는 커피를 재배하는 상류층 사이에 정치 싸움이 잦은 나머지 국가발전의 걸림돌이 되었다. 그러나 코스타리카는 중남미에서 민주주의가 가장 잘 정착된 안정된 나라로 발전하였다. 1889년에 첫 민주주의에 입각한 투표가 실시되었는데, 부유한 자, 가난한 자 모두에게 똑같은 1표가 부여되었다. 여성과 소수민족까지 참여하는 진정한 보통선거는 1949년 헌법 제정 이후 실현될 수 있었다. 지금의 코스타리카는 다른 중남미 국가와 달리 교육 수준과 생활수준이 매우 높은 나라이다. 세계 최초로 헌법에 의해 군대를 폐지한 나라이기도 하다.

코스타리카산 커피는 맛이 뛰어나다. 깔끔하고 부드러우며 균형 잡힌 맛이 특징이다. 이런 고전적인 커피 맛을 내기 위해서는 결점두와 불순물이 섞이지 않아야 한다. 커피 전문가들을 이런 커피를 가리켜 '클린'clean이라는 표현을 쓴다. 코스타리카 커피는 생동감을 주는 맛으로 유명한데, 레몬이나 베리 같은 산뜻한 산미를 지녔다. 그리고 부드러운 초콜릿이나 향신료 같은 감칠맛 여운을 남긴다.

코스타리카에는 약 13만 개의 크고 작은 커피 농장이 있으며, 그 가운데는 특출한 농장이 많이 있다. 하지만 해마다 어느 한 농장에서만 최고 품질의 커피를 생산해낼 수는 없다. 그렇기 때문에 코스타리카에서는 농장 단위로 커피를 관리하기보다 가공 공장beneficio에서 개발한 브랜드로 커피를 판매한다.

68

페루 : 코카에서 커피 재배로

페루는 잉카 문명의 본거지이자 질 좋은 커피를 생산하는 나라다. 페루라는 나라 이름은 한 원주민 지도자의 이름 비루Birú에서 유래했다고 한다. 잉카 제국은 아메리카 대륙에서 가장 빛나는 문명을 건설한 나라였다. 페루 남동부 안데스 산맥의 깊은 산속에 위치한 쿠스코는 잉카 제국의 수도였다. 1983년에 도시 전체가 유네스코 세계문화유산으로 지정되었다.

관광객들은 조약돌 포장길을 걸으면서 잉카 제국의 궁전을 비롯한 이색적인 잉카 시대의 건물을 만날 수 있다. 잉카 문화와 함께 어우러져 있는 또 다른 양식은 스페인 식민지 시대의 건물들이다. 산블라스 지역에서는 장인들의 공방 거리를 만날 수 있다. 마법 같은 도시는 고대와 현대, 이질적인 문화를 한데 녹여낸 데 이어, 온갖 취향의 카페, 레스토랑, 바가 어우러진 밤의 문화를 빚어낸다.

페루 국민총생산에서 차지하는 농업의 비율과 인구 점유율은 1950년대부터 점차 감소하였다. 농경지 면적이 증가했음에도 불구하고, 생산량은 늘어나는 인구를 먹여 살리기에 부족했다. 페루의 농경지 비율은 국토 면적의 2.8퍼센트로 집계되었으나, 실질적인 경지 면적은 더 클 것으로 추정된다. 주요 농작물은 커피, 사탕수수, 목화, 쌀이다. 감자, 옥수수, 보리, 밀, 카사바, 고구마, 채소, 과일도 재배한다. 총노동인구의 35퍼센트가 농업에 종사하는데, 1958년의 58퍼센트보다 크게 감소한 수치이다. 국토의 21퍼센트는 초원, 54퍼센트는 숲과 관목 지역이다.

페루는 세계 제2의 코카 재배국이다. 코카는 코카인을 만드는 원료이다. 코카나무는 페루 지역의 안데스 산맥에서 예로부터 자생했다. 코카 잎을 씹고, 차로 마시고, 약으로 사용하는 것은 오래전부터 전해 내려온 토속문화였다. 페루 대통령 알란 가르시아 페레르는 코카 잎이 인후통과 감기에 좋고, 심지어 영양소도 풍부하다고 이야기했다. 그러나 코카는 명백한 마약으로서, 심각한 사회 문제를 야기한다. 우선 코카는 화전농법으로 재배되기 때문에 토양을 황폐화시킨다. 복용하는 사람들의 건강에도 치명적이다. 얼핏 안정적인 산업의 형태를 유지하고 있는 것으로 보이지만, 대부분 소규모 경작지를 가진 농민들이 불법으로 재배한다. 범죄 조직, 부정부패와의 연계는 재배 농민들의 생활상의 안정을 위협할 뿐만 아니라, 체포 구금의 위험이 상존하고 있다.

페루는 브라질과 콜롬비아 같은 이웃국가보다 커피 생산량이 현저하게 적다. 하지만 한 해 사이에 커피 수출이 32퍼센트나 증가하는 등 커피 재배 산업이 빠르게 성장하고 있다. 수출용 커피의 10퍼센트는 유엔마약범죄사무소UNODC의 지원을 받는 농장에서 재배하고 있다. UNODC는 경영, 품질 관리, 수출, 환경보호 등 많은 분야를 지원하고 있다. UNODC의 도움으로 농부들은 토질 관리, 병충해 예방 등 지속가능한 농업 기술을 터득하였다. 그리하여 자신들만의 고유 브랜드를 지닌 특색 있는 커피를 재배하게 되었다.

많은 농부들이 재배 작물을 코카에서 커피로 바꿨다. 코카를 키우는 동안 농부들은 마약상에게 코카 잎을 팔아야 했다. 작은 밭뙤기밖에 없는 그들은 생계를 위해 어쩔 수 없이 코카를 재배했다. 코카밖에는 환금 작물이 없었던 것이다. 코카만이 가족이 살아가는 데 필요한 현금의 유일한 수입원이었다. 많은 농부들이 이제는 코카 잎 대신 커피를 생산해, 자신들을 돕는 협력기구를 통해 판매한다. 그들은 이제 더 이상 두려움에 떨 필요가 없게 되었다. 살림살이도 나아지고, 아이들과 보내는 시간도 더 많아졌다.

페루에서 재배되는 커피는 대부분 유기농이다. 그런데 시장에서 판매되는 유기농 인증 커피 가운데 가장 저렴하다. 페루 커피 때문에 세계 유기농 커피의 가격이 하락하였다. 유기농 커피가 높은 값을 받는 데 주목한 페루 커피 산업계는 유기농 커피를 값싸게 생산할 수 있는 자신들의 역량을 깨닫고 생산량을 늘리는 데 힘을 쏟았다. 그것이 부작용이 되어 과잉생산이 이루어지고, 질 좋은 커피의 가격마저 떨어뜨렸다. 이제는 가격 경쟁을 피하면서 양보다 질에 집중하고 있다.

페루 커피는 전원풍의 소박한 특징을 지니고 있다. 이것은 가치를 떨어뜨리기보다 커피의 풍미에 흥미로운 요소를 더해준다. 그래서 풍부한 바디감에 밝고 깊이감이 있는 매력적인 커피를 빚어내고 있다.

69

세상 모든 커피의 원조,
에티오피아 야생 커피

에티오피아는 커피의 본고장이다. 커피의 유래를 추적해온 학자들은 야생 커피나무가 세계에서 오직 오늘의 에티오피아 땅인 고대 아비시니아에서만 자생했다는 것을 밝혀냈다. 아비시니아의 카파 지역에서 자라던 나무를 재배하기 시작한 것이 오늘의 커피 문화의 뿌리다. 사람들은 신비한 힘을 가져다주는 그 나무를 카파라고 불렀다. 카파는 커피라는 말의 뿌리이기도 하다. 카파는 홍해를 건너 이웃 아라비아 반도의 예멘으로 전해졌다.

커피 문화를 종교에 비유한다면, 에티오피아는 커피의 성지다. 따라서 무슬림들이 메카를 방문하듯이, 독실한 커피 애호가들은 카파를 방문해야 할 것이다.

소말리아 국경에 인접한 에티오피아 동부 데더 지역의 농부 한 무리가 햇볕이 내리쬐는 언덕에서 나지막이 노래 부른다. 이 지역에서 수 세기 동안 불린 수확의 노래다. 그런데 농부들은 커피를 수확하는 것이 아니다. 오히려 커피나무를 뽑아버리고 있다. 커피나무의 뿌리가 뽑힌 자리에는 카트라는 환각 효과가 있는 식물을 심고 있다. 카트 재배는 에티오피아에서 빠른 속도로 확산되고 있다. 몇 년 전까지만 해도 커피 1킬로그램을 팔면 3달러를 벌었다. 큰돈은 아니지만 배고픔을 면할 만큼은 되었다. 그러나 지금은 겨우 1달러밖에 받지 못한다. 도저히 먹고 살 수 없는 수입이다. 그래서 농부들은 대신 카트를 심는다. 카트는 병충해에 강해서 재배가 쉽고, 1년에 3차례나 수확할 수 있다. 수중에 들어오는 돈도 커피보다 3배나 된다.

카트는 꽃을 피우는 상록수로 동아프리카와 아라비아 반도에서 주로 재배된다. 이 지역에서 카트를 씹는 것은 서구 사회에서 커피를 마시는 것과 비슷한 사회적 맥락을 지닌다. 카트를 씹으면 기운이 나기 때문에, 남녀노소 관계없이 시도 때도 없이 씹는 것을 볼 수 있다. 카트는 중독성이 강하다. 마약과 같은 부작용이 있음에도 불구하고, 힘든 일에 시달리는 사람들이 습관적으로 복용하고 있다. 농민들의 주수입원이기 때문에 규제하기도 힘들다.

에티오피아 정부는 카트가 국민들의 건강을 해치는 것을 잘 알지만, 카트 재배를 현실적으로 막을 수 없다는 입장이다. 농민들의 생활을 보장할 방법이 없기 때문이다. 그들은 불공정한 국제 무역체계가 커피 값을 폭락시키고, 농민들이 카파 같은 유해한 작물을 재배하도록 내몰고 있다고 생각한다.

옥스팜이라는 자선단체는 대규모 커피 기업들에게 다음과 같은 요청 사항에 응할 것을 촉구하고 있다. 첫째, 최저가격이 보장되고, 유통업자가 아닌 농부들에게 수익이 돌아가는 공정무역 방식을 도입할 것. 둘째, 국제 커피협회의 기준에 부합하는 커피를 구매할 것. 셋째, 커피 5백만 포대를 파기해 커피 공급 잉여 문제를 해소할 것. 커피 회사들이 이 같은 요청을 받아들인다면, 전 세계 2,500만 커피 농부들에게 큰 힘이 될 것이다. 그러나 아직까지 일부 조항이라도 받아들이겠다고 나선 커피 회사는 없다.

　에티오피아에서는 다양한 방식으로 커피가 생산된다. 여전히 야생 커피를 수확하는 사람들도 있다. 이런 커피를 일컬어 내추럴 커피라고 부른다. 대부분은 현대적인 방법으로 커피를 가공한다. 하라르는 야생 커피와 가공 커피의 중간 정도로, 재배 커피이지만 전통적인 방식으로 가공한다. 습식법은 커피 열매를 따자마자 바로 과육과 생두를 분리해 말리는 가공방식을 말한다. 지나치게 많이 익거나 발효되기 시작한 과육의 잡냄새가 생두에 배지 않게 하기 위해 과육을 씻어낸다. 이렇게 가공한 커피는 더 섬세하고 부드러운 맛이 난다. 건식법은 과육을 분리하지 않고, 열매를 통으로 자연건조한 다음 찧어서 생두를 분리한다. 건식법으로 가공한 커피는 생두가 과육과 오랫동안 맞닿아 있어 과일 향이 강하고, 와인 같은 복합적인 풍미를 낸다. 건식법은 더 많은 공간과 노동력을 필요로 하지만, 기초자본은 거의 들지 않는다. 습식법 혹은 세척법으로 가공한 커피는 더 부드러운 맛이나 유럽인과 미국인들이 선호하며, 대량생산에 더 적합하다. 대부분의 스페셜티 커피는 세척법으로 가공한다.

　프리미엄 건식법으로 가공한 커피는 예멘, 에티오피아, 수마트라에서 생산된다. 에티오피아 커피 가운데 하라르 모카는 해발 3천 미터가 넘는 지역에서 건식법으로 가공한 것이다. 시다모, 이르가체페, 짐마 같은 브랜드는 주로 습식법을 사용한다. 에티오피아 커피는 독특한 흙냄새와 꽃 향기 같은 야생적인 풍미, 그리고 강한 산미가 특징이다.

70
세렝게티에서 마시는
탄자니아 피베리 커피

탄자니아 경제는 농업, 제조업, 광산업, 관광업, 서비스업 등에 걸쳐 성장잠재력이 풍부하다. 하지만 아직까지 농업이 탄자니아 GDP의 50퍼센트, 수출의 75퍼센트를 차지한다. 농업에 종사하는 인구가 전 노동인구의 80퍼센트에 이른다. 탄자니아 농업에서는 환금작물이 상당이 중요한 자리를 차지한다. 주된 환금작물은 커피, 목화, 캐슈넛, 차, 담배 등이다. 잔지바르 섬에서는 정향, 코프라(코코넛 과육을 말린 것), 담배, 바닐라, 페퍼민트, 고무를 많이 재배한다. 옥수수, 기장, 수수, 카사바, 쌀, 바나나 같은 식량 작물의 재배에도 힘을 기울이고 있다.

탄자니아는 가축을 많이 기르는 나라이기도 하다. 아프리카 국가 가운데 사육하는 가축의 수가 4번째로 많다. 모두 1,300만 마리에 이른다. 농업 기술이 점차 개선되고 있어, 농업 부문의 발전을 기대하게 한다. 내수 시장을 위한 식량 생산뿐 아니라, 수출용 농산물의 재배도 크게 늘어날 것으로 예측된다.

탄자니아를 찾는 사람들의 큰 관심사는 사파리 여행이다. 탄자니아는

탄자니아의 커피 농장

국토의 많은 부분이 스텝 지역으로 야생 동물의 천국이다. 유명한 세렝게티 국립공원과 셀루스 동물보호구역은 탄자니아 땅에 자리하고 있다. 그밖에도 동물보호구역으로 지정된 지역이 여럿이다. 아프리카에 서식하는 포유류의 20퍼센트가 탄자니아 내의 동물보호구역에 산다.

　　탄자니아에는 사파리 말고도 흥미로운 것들이 많다. 아프리카에서 가장 높은 킬리만자로 산과 다섯 번째로 높은 메루 산을 품고 있으며, 아프리카에서 가장 큰 호수인 빅토리아 호, 탕가니카 호, 니아사 호가 모두 탄자니아에 있다. 향신료의 섬으로 유명한 잔지바르는 인도양에 면한 아름다운 섬이다. 잔지바르는 해안선과 경치만 아름다운 것이 아니라, 인도와 아라비아, 아프리카를 이어주던 고대 해상무역의 역사를 간직하고 있는 신비로운 섬이다. 탄자니아는 그동안 잘 알려지지 않았다가, 지난 20년 사이에 아프리카에서 가장 역동적이고 인기 있는 관광지로 급부상했다.

탄자니아 커피는 중동부 아프리카 지역의 보편적인 커피 가공방식인 세척법에 의해 주로 생산된다. 산뜻한 산미와 풍부한 풍미를 모두 지녔다. 탄자니아에서는 피베리Peaberry(씨앗이 둘로 나뉘지 않은 둥그스름한 모양의 생두-편집자 주)를 선별해 프리미엄 가격을 매겨 팔기도 한다. 불순물이 많은 편이어서 높은 가격만큼의 가치를 인정하지 않는 사람들이 제법 있지만, 이색 커피로 인기가 많고 잘 팔린다. 언제부터인가 로스터를 비롯한 전문가들이 찾는 커피가 되었다.

탄자니아 커피는 훌륭한 맛을 구현할 수 있는 잠재력이 풍부하지만, 안타깝게도 몇 가지 아쉬운 점이 있다. 그것은 운송, 보관 등의 과정에서 비롯하는 것으로 보인다. 탄자니아는 케냐만큼 뛰어난 커피 운송, 선적 인프라스트럭처를 갖추지 못하고 있다. 가장 우수한 탄자니아 커피는 킬리만자로 산의 북부지역과 모시, 음베야 지역에서 재배된다. 루부마 강을 끼고 있는 남부 송게아 지역에서 생산되는 커피도 훌륭한 맛을 자랑한다.

71

커피를 속칭 '자바'라 부르는 이유

루왁 커피는 인도네시아에서 생산되는 아주 귀한 고메 커피다. 사향고양이가 커피 열매를 따먹은 뒤 배설한 씨앗을 햇볕에 말려 만든다. 배설된 사향고양이의 대변은 커피 생두만 뭉친 모양이다. 이 사향고양이는 진갈색의 고양이와 흡사한데, 나무 위에서 서식하며 가장 잘 익은 커피만 골라 따먹는다고 한다. 커피 과육은 모두 소화되기 때문에, 커피콩만 남는다. 커피콩은 사향고양이의 소화기관을 거치면서 발효되어 쓴맛과 떫은맛이 사라지고 독특한 맛과 향을 내는 커피로 탈바꿈한다. 맛도 맛이지만, 무엇보다 희소성 때문에 커피 애호가들이 높게 평가하는 명품 커피로 자리 잡았다.

인도네시아는 1만 7천여 개의 섬으로 이루어진 지구상에서 가장 큰 군도국가이다. 인구는 2억 명이 넘는다. 중국, 인도, 미국 다음으로 인구가 많다. 국민의 대부분은 이슬람을 믿는다.

자바 커피는 인도네시아 정치, 경제의 중심지인 자바 섬에서 재배되는 커피를 가리킨다. 미국에서는 커피를 속칭 '자바'라 부른다. 자바 커피가 맛이 좋기로 유명하기 때문일 것이다. 이 지역에서 재배하는 아라비카 커피

는 스페셜티 커피에 속한다. 이젠 화산 지역에는 네덜란드 식민시대 때 네
덜란드인들이 조성한 큰 커피 농장 4개가 둥지를 틀고 있다. 지금은 모두
인도네시아 정부가 관리하며, 동부 자바 섬에서 재배되는 커피의 85퍼센트
가 이곳에서 난다. 자바 섬에서 커피를 재배하기에 적절한 환경은 고도 9백
미터에서 1,800미터 사이의 고지대인데, 해발 1,400미터 남짓한 고원지대
에서 대부분의 커피가 산출된다. 오늘날 자바 커피는 세계에서 가장 인기
있는 커피의 하나다. 자바 커피의 주가공법은 습식법이다. 자바 커피는 주
로 다른 원두와 블렌딩해 모카 자바를 만든다. 모카 자바는 초콜릿을 섞은
것이 아니라, 함께 블렌딩한 모카 원두의 원산지가 모카라서 붙은 이름이
다. 자바 커피는 수마트라 커피나 술라와시 커피보다 더 깔끔한 맛이 특징
이다. 감칠맛과 강한 풍미, 묵직한 바디감, 균형 잡힌 산미, 초콜릿 같은 여
운을 지녔다.

  말레이 제도에서 커피를 재배하는 지역은 수마트라, 술라와시, 동티모
르, 파푸아뉴기니, 그리고 자바이다. 인도네시아는 세계에서 세 번째로 큰
커피 생산국이지만, 아라비카 커피는 소량만 재배한다.

  수마트라에서는 1700년경부터 커피를 재배하기 시작했다. 수마트라
섬에서 재배하는 커피는 맛이 전반적으로 균일해 농가 별로 판매하는 경
우는 드물다. 수마트라 커피는 주로 습식법으로 가공한다. 로스팅은 미디
움 다크medium-dark와 다크dark(강배전)를 선호한다. 미디움 다크 로스팅이 이
지역 커피의 특징을 가장 잘 표현해주는 것으로 평가된다. 수마트라 커피
는 깊은 맛과 묵직한 바디감이 특징으로, 향이 풍부하며 전반적으로 감칠
맛이 있다. 미디움 다크로 로스팅하면 견과류 같은 고소한 향이 더 진해진
다. 술라와시 커피는 종종 식민지시대의 이름인 셀레베스로 부르기도 하
며, 수마트라 커피와 매우 흡사하다. 흙내음 향이 나고, 산미가 약한 편이

다. 술라와시 커피는 생두 상태로 오랫동안 보관하는데, 이러한 커피를 일컬어 '숙성 술라와시'라 부른다. 강한 흙향기와 사향을 연상케 하는 끝맛이 독특하다.

동티모르는 술라와시와 오스트레일리아 사이에 위치한 섬으로, 1999년에 인도네시아에서 독립하였다. 커피는 동티모르 국가 경제를 지탱해주는 가장 중요한 작물이다. 동티모르에서 재배하는 커피는 대부분 유기농이며, 습식법으로 가공한다. 흙향기와 깊이 있는 풍미는 인도네시아 커피와 닮았다. 시나몬 향과 부드러운 산미를 지닌 우수한 커피다.

파푸아뉴기니는 뉴기니 섬의 동부에 위치한 국가이다. 파푸아뉴기니 커피는 인도네시아 커피와는 많이 달라서 '야생 커피'라고 불리곤 한다. 대부분 습식법으로 가공한다. 파푸아뉴기니 커피는 농장별로 각기 다른 개성을 지녔다. 공통된 특징은 과일 향, 낮은 산미, 균형 잡힌 바디감이다. 파푸아뉴기니 커피는 대부분 유기농이다.

72

와인처럼 재배하는
하와이 코나 커피

　많은 사람들이 지구상에 하와이 같은 곳은 없다고 말한다. 감미로운 꽃향기 바람이 활력을 불어넣어주고, 온난하고 고요한 바다는 지친 몸을 어루만져준다. 숨이 막힐 만큼 아름다운 자연 앞에서 우리는 다시 태어난 듯한 경이로움을 느끼게 된다.

　1,500년 전 폴리네시아의 마르키즈 제도에서 건너온 사람들이 하와이 섬에 처음 정착했다. 이들은 작은 카누에 몸을 실은 채 밤하늘의 별을 나침반 삼아 2천 마일이 넘는 멀고 험한 바닷길을 건넜다. 그로부터 5백 년 뒤에는 타히티 사람들이 하와이로 이주했다. 그들은 자신들의 토속신앙과 카푸kapu(혹은 타부)라 부르는 계급제도를 퍼뜨렸다. 수 세기에 걸쳐 하와이 문화는 번성했지만, 족장들 사이의 영토 싸움이 잦아서 통일국가로 나아가지 못했다. 19세기 초에 개신교가 하와이에 전래되었다. 개신교는 카푸 시스템이 무너진 빈자리를 파고들어 원주민들 사이에 뿌리를 내렸다. 하와이는 점차 뱃사람들의 항구가 되었다. 장사꾼과 고래잡이 선원들도 하와이로 몰려들었다. 외부인구가 대량 이주해오면서 함께 유입된 질병으로 하와이 원주

민들은 큰 타격을 입었다. 하와이 경제는 어느 사이에 미국인들이 좌지우지하는 지경에 이르렀다. 마침내 1893년에 미국은 하와이 왕국을 무너뜨리고, 자신의 영토로 만들어버렸다. 평화적인 이양 방식을 취했지만, 실제로는 강제 병합이었다. 지금도 그 성격을 두고 많은 논란이 이어지고 있다. 20세기에는 설탕과 파인애플 농장이 하와이 경제를 이끌었고, 일본, 중국, 필리핀, 포르투갈 등에서 많은 이민자들이 밀려들어왔다.

하와이에서 생산되는 코나 커피는 자바 커피와 모카커피에 비견된다. 코나 커피는 바디감이 묵직하고 향이 진하다. 코나 커피는 하와이의 가장 중요한 수출품목이다. 1825년에 한 하와이 추장이 브라질에서 아라비카종 커피나무를 가져왔다. 이렇게 해서 하와이에서도 커피를 재배하게 되었다. 커피나무는 하와이 섬 곳곳으로 퍼졌으나, 사탕수수와의 경쟁에서 밀렸다. 그래서 코나와 하마쿠아에서만 커피가 재배된다. 코나 커피는 기온이 비교적 시원한 후알랄라이 산과 마우나로아 산 기슭에서 재배한다. 소설가 마크 트웨인은 "그 어떤 커피하고도 비교가 되지 않는 풍부한 향을 지닌" 코나 커피를 특히 사랑했다.

코나 지방은 영양분이 풍부한 화산토 지대로서, 오후가 되면 구름이 그늘을 형성하는 매우 독특한 환경을 지녔다. 이 지역의 특징 가운데 하나는 기후 예측이 가능하다는 것이다. 그래서 커피 재배시기를 정확하게 조절할 수 있다. 건조한 겨울이 지나면, 꽃이 피고, 가을에 수확한다. 코나 커피는 고급 스페셜티 커피로 분류되지만, 크기와 모양별로 엄격히 구분된다. 그 가운데서 피베리 커피를 가장 높게 평가한다. 피베리 생두는 코나 커피의 5퍼센트에서 10퍼센트 정도를 차지한다. 한결 농축된 향을 자랑한다. 피베리는 두 개의 꽃이 한 덩어리로 융화된 결과 커피 열매 안에서 완두콩 모양의 둥그런 커피콩이 형성된 것을 가리킨다. 피베리는 코나 커피 가운데 가장 높은 등급인 엑스트라 팬시로 분류된다.

하와이는 미국에서 유일하게 커피를 재배하는 주이다. 하와이에서 코나 조라는 사람이 세계 최초로 포도 시렁으로 커피를 재배했다. 코나 조는 포도 시렁 커피 농장을 만들었으며, 특허를 출원했다. 시렁을 이용해 커피 본연의 단맛을 강화하고, 원두를 미디움으로 로스팅해 코나 원두의 개성을 모두 살렸다.

하와이에서는 전 세계에서 유일하게 와인처럼 커피를 재배한다. 이것이 바로 코나 조의 비법이다. 나무가 시렁을 따라 모양이 잡히기까지 수년간 세심하게 가지치기를 해주어야 한다. 커피나무는 몸통에서 가지가 수평으로 뻗어 나오고, 그 위로 잔가지가 수직으로 자란다. 덕분에 커피 열매에 고르게 햇볕이 스며든다. 열매가 균일하게 잘 익기 때문에, 당도가 더 높고 커피 맛이 풍부해진다. 또 이렇게 재배한 커피는 손으로 수확하기가 수월하다.

73

모카커피의 초콜릿 향은
어디서 오는 걸까

예멘 공화국은 서남아시아에 있는 아라비아 반도의 남쪽 끝에 자리하고 있다. 서쪽은 아프리카와 아시아를 가르는 홍해, 남쪽은 인도양의 북쪽 끝이라 할 수 있는 아리비아 해와 아라비아 해에서 홍해로 접어드는 길목인 아덴만을 접하고 있다. 국토의 동쪽과 북쪽은 육지로 국경이 이루어져 있다. 동쪽 일부는 오만, 나머지 대부분의 국경선은 사우디아라비아와 맞닿아 있다.

예멘은 일찍이 꽃을 피운 인류 문명의 중심지 가운데 하나다. 아프리카에 거주하던 인류의 먼 조상이 유라시아 대륙으로 퍼져나간 길목도 이곳이다. 유사 이래 이곳을 통해 아프리카와 아시아 문명의 교류가 이루어졌고, 독자적인 문명을 잉태하기도 했다. 예멘 남부의 사막에서 고도로 발달한 문명의 흔적이 발견된 것을 계기로, 시바 여왕의 나라가 예멘이었다는 주장이 힘을 얻었다. 지금도 고고학자들은 고대 궁궐을 찾기 위해 발굴중이다. 시바 여왕은 3천여 년 전 이스라엘 왕국의 솔로몬 왕을 방문했다고 전해지는 전설 속의 인물이다. 시바 여왕의 나라가 지금의 에티오피아라는 설도 유력하지만, 기록이 없기 때문에 온갖 설이 난무하고 있다. 그 가운데 예멘설과 에티오피아설이 가장 유력하게 받아들여지고 있다.

모카는 홍해에 면한 항구도시로 15세기부터 17세기까지 커피 무역의 중심지로 유명했다. 아프리카와 아라비아 반도를 이어주는 길목 도시이기도 하다. 이 지역에서 다른 종류의 커피를 재배하기 시작한 이후로도 사나니 혹은 모카 사나니라 불리기도 한 모카커피는 최고 커피의 자리를 내놓지 않았다. 다름아닌 모카라는 도시와 이 지역에서 생산되는 커피에서 오늘날 우리가 아는 모카커피가 유래했다. 모카 원두는 균형감이 좋고 묵직한 바디감과 적당한 산미가 특징이다. 모카커피는 초콜릿을 섞지 않았음에도 불구하고 초콜릿 맛 여운이 진하게 남는다.

모카커피는 소량으로만 재배되기 때문에 구매하기가 힘들다. 모카커피는 여전히 높은 품질의 에스테이트estate 커피로 분류되지만, 유럽인들이

처음 접하고 즐기던 당시의 명성과는 비교할 수 없다. 하늘 높은 줄 모르고 치솟던 모카커피의 인기가 명성을 갉아먹는 원인이 되었다. 유럽에서 모카커피의 인기가 많아지자, 아라비아에서 생산된 다른 커피들도 모두 모카로 분류되기 시작하였다. 심지어 17, 18세기에는 서인도에서 재배된 커피도 모카라는 이름으로 판매되었다. 진짜 모카커피는 예멘 땅 모카에서 재배한 것을 말한다. 모카 인근의 구릉지대에서 재배되는 모카커피는 수 세기 동안 전해져 내려온 재래방식으로 가공된다.

　　모카커피의 묘목은 특별 재배장에서 기른다. 어느 정도 자란 묘목은 고도 9백 미터에서 2천 미터 지점에 위치한 테라스 농장으로 옮겨진다. 모카커피는 아라비카 품종으로 고지대에서 잘 자라며, 항구지역 특유의 기후가 모카커피의 특징을 살려낸다. 강수량이 부족한 지역이기 때문에, 특별한 물 공급 장치를 마련해 습도를 조절해준다. 건조한 기후 속에서 자라는 탓에 열매의 크기가 작고 단단하다. 생두는 연두색에서 노란색을 띠며, 향신료, 견과류, 과일 향이 특징이다. 커피 재배지가 가파르고 고립된 고지대라서, 낙타를 운송 수단으로 이용한다든지 매우 원시적인 방식으로 커피를 생산한다. 그 같은 조건으로 인해 모카커피는 필연적으로 유기농법으로 재배될 수밖에 없다.

74

아프리카 커피의 자존심, 케냐 커피

케냐는 아프리카 동부에 위치한 나라로 적도가 국토의 한가운데를 지나간다. 케냐의 고원지대는 아프리카에서 가장 우수한 농경지 가운데 하나이며, 과학적 경제적 가치가 높은 동식물이 서식한다. 농업은 케냐 경제의 가장 큰 부분을 차지한다. 인구의 75퍼센트가 농업에 종사하고, GDP의 20퍼센트가 농업에서 산출된다. 케냐가 벌어들이는 외화 수익의 60퍼센트를 농업 부문이 감당하고 있다. 물리적 환경의 다양성, 적절한 강수량, 알맞은 기후, 그리고 비옥한 토양은 케냐 농업의 뛰어난 경쟁력이라 할 수 있다.

케냐는 아름다운 자연경관과 따뜻한 기후 덕분에 관광산업이 크게 발달하였다. 관광산업은 농업에 이어 두 번째로 많은 외화를 케냐에 벌어다준다. 케냐의 호텔업계는 사하라 이남 아프리카에서 가장 현대화된 시설을 자랑한다.

케냐를 방문하는 대부분의 여행자들은 야생 동물의 세계를 체험하고 싶어한다. 그것은 사륜 구동 지프를 타고 동물의 왕인 사자 곁을 지나거나, 사파리 평원의 숙소에서 코끼리 무리가 떼 지어 지나는 광경을 바라보는 것일 수도 있다. 혹은 말을 타고 드넓은 평원을 달리거나, 열대 우림 숲속에서 희귀 새를 관찰할 수도 있다. 케냐는 아프리카의 위대한 야생의 세계와 동의어가 되었다. 하지만 그것은 자연환경의 보존을 넘어 인류의 미래를 지키는 일이기도 하다.

케냐 커피는 질이 뛰어나기로 정평이 있다. 베리와 레몬이 섞인 듯한 독특한 향을 내는데, 향신료 같은 강한 향을 풍기기도 한다. 깔끔하고 밝은 와인 맛을 내는 커피도 있다. 케냐 커피의 특징은 밝은 산미와 강한 단맛, 그리고 드라이한 백포도주 같은 맛이다. 최고의 케냐산 커피는 까막까치밥나무 열매의 풍미를 낸다. 케냐산 커피는 수확시기에 맞춰 나이로비에서 경매로 거래된다. 대부분의 커피는 소규모 조합 단위로 재배되고, 습식법으로 가공한다.

커피는 생두 크기에 따라 등급이 분류된다. 크기가 가장 큰 AA가 최상 등급이다. AA 등급의 커피는 부드럽고 쓴맛이 적다. 또한 산미가 강하고, 바디감은 중간 정도이다. 다음 등급은 A, B순으로 이어지고, 생두의 크기도 점차 작아진다. 케냐 커피는 단순히 등급별로 나누어 고정된 가격에 판매되는 것이 아니다. 경매 시장이 열리면 케냐 커피를 확보하기 위한 뜨거운 경쟁이 펼쳐지고, 높은 가격에 거래가 이루어진다. 케냐에서는 좋은 품질의 커피를 생산하기 위해 연구개발과 품질관리에 많은 노력을 기울인다. 농부들도 현장 실습 위주의 철저한 교육을 받는다. 케냐에는 소규모 커피 농장이 약 60만 개 있는데, 그들은 3백여 조합에 소속되어 있다. 대규모 농장도 1,300여 개에 이른다. 커피 산업에 종사하는 사람은 6백만 명 남짓이다.

케냐의 루이루커피연구소는 병충해 저항력이 강한 신품종 커피(루이루 11)를 개발했다. 그러나 커피 애호가들은 이 하이브리드 품종이 기존 케냐 커피만 못하다는 평이다. 케냐커피협회가 홍보에 많은 노력을 쏟고 있으나,

신품종이 다른 나라의 질 낮은 커피와 맛이 비슷하다는 소문 때문에 어려움을 겪고 있다.

지난 30년간 케냐는 빈곤이 점차 심화되어왔다. 농작물 수출과 관광 산업으로 상당한 외화를 벌어들이고, 동아프리카에서 경제가 가장 발전한 나라라는 점을 고려하면 아이러니다. 케냐는 1인당 소득이 평균 천 달러 정도에 머물고 있는 여전한 저소득 국가이다. 인구의 절반이 훨씬 넘는 3천만 명 가까이가 빈곤에 시달리며, 750만 명은 극빈곤층이다. 그런 가운데 지난 30년간 인구는 3배로 증가하였다. 불어나는 인구로 인해 식량, 보건, 교육 문제가 점점 악화되고 있으며, 소득 불균형도 날로 심화되고 있다.

커피는 케냐 경제의 회복을 위해서도 매우 중요하다. 세계의 정치 경제 지도자들이 앞장서 케냐 같은 아프리카의 커피 생산국을 도와야 한다.

75

엘살바도르 경제 백 년을 견인하다

커피 산업이 엘살바도르의 경제를 백 년 이상 견인했다. 엘살바도르에서는 19세기 초 내수용으로 커피가 처음 재배되었다. 19세기 중반이 되자 정부가 앞장서 커피 재배를 적극 장려하였다. 커피 산업의 경제적 잠재력이 괄목할 만하였던 것이다. 커피 재배자들에게 세금 감면 혜택을 주고, 커피 농장에서 일하는 노동자들은 군복무를 면제해주었다. 커피 재배를 새로 시작하는 사람들은 수출세를 면제받았다. 1880년부터 커피는 엘살바도르의 거의 유일한 수출품이 되었다. 커피를 생산하기 이전에는 인디고(검푸른 물감)가 으뜸 수출품이었다. 인디고와 비교했을 때 커피의 수요가 더 컸다. 커피는 인디고와 달리 수년이 지나야 첫 수확을 할 수 있으며, 기초 자본금과 노동력도 더 많이 필요하다. 또 커피는 특정 고도에서만 자랄 수 있는 반면, 인디고는 어디에서든 잘 자란다.

과테말라나 코스타리카와 달리 엘살바도르의 커피 산업은 외부의 기술적 재정적 지원을 받지 않고 발전했다. 그런데도 세계에서 가장 효율성이 뛰어난 커피 생산국의 하나가 되었다. 특히 대규모 플랜테이션 커피 농장의 생산력 증가가 눈에 띄는데, 큰 농장일수록 단위면적당 수확량이 높았다. 이런 사례는 아주 드문 경우다. 커피 산업은 엘살바도르의 사회 전반에 큰 영향을 미쳤다. 특히 도로와 철도 같은 인프라가 구축되는 데 기여하였으며, 오지에 사는 소수민족이 주류사회에 편입되는 데도 도움을 주었다.

엘살바도르는 1980년대 들어 심각한 내전을 겪었다. 그 이전 수십 년 동안 커피 수출을 통해 벌어들인 수익은 목화산업을 비롯한 엘살바드로의 경공업을 일으키는 데 밑거름이 되었다. 하지만 1979년 이후에는 잘못된 정부의 정책과 게릴라 공격, 그리고 자연재해로 인해 투자가 위축되고, 커피 산업도 위기를 맞았다. 엎친 데 덮친 격으로 1986년에 급등한 커피 값이 한 해 만에 35퍼센트나 하락하는 일이 벌어졌다. 덩달아 커피 수출도 큰 타격을 입어, 총수출 규모가 5억 3,900만 달러에서 3억 4,700만 달러로 떨어졌다. 커피 마케팅과 수출을 규제한 정부의 정책 또한 커피 산업에 대한 투자를 가로막았다. 엘살바도르커피협회가 설립된 첫해에 커피 생산량이 오히려 20퍼센트나 하락했으며, 그후 몇 년 동안 커피 생산량은 10퍼센트 이상 더 감소하였다.

경지면적이 18만 헥타르로 큰 변화가 없었음에도 불구하고, 1979년에 17만 5천 톤에 이르던 생산량이 1986년에는 14만 천 톤으로 하락했던 것이다. 이것은 투자의 감소 때문으로 풀이된다. 커피협회는 커피 판매를 제한하는 등의 간섭에 그치지 않고, 수출세를 커피 가격의 50퍼센트나 부과하였다. 한편 커피 재배자들은 게릴라 공격의 표적이 되고, 1980년대에는 전쟁세까지 부담해야 했다. 이 같은 여러 이유가 투자를 가로막은 요인이었다. 커피는 5년에서 15년 정도 된 나무에서 가장 우수한 열매를 수확할 수 있다. 따라서 커피 생산량을 극대화하기 위해서는 주기적으로 커피나무를 뽑고 다시 심어야 한다. 엘살바도르 농부들은 더 큰 손실을 입지 않기 위해

한동안 커피나무를 심지 않았다.

1984년과 85년의 수확 시기에 반정부군은 전쟁세를 거두면서, 농장 노동자들에게 적정임금을 주지 않는 농장을 공격할 것이라고 협박했다. 그들은 45킬로그램당 임금 4달러를 지급하라고 요구했다. 기존 임금보다 1달러 늘어난 금액이었다. 커피 재배자들이 게릴라군과 임금협상까지 하는 것으로 미루어보더라도, 커피가 엘살바도르에서 얼마나 중요한 위치를 점하는지 알 수 있다.

엘살바도르 커피는 질이 좋지 않다는 평가를 받았으나, 이는 대부분 안정적이지 못한 정치 상황 때문이었다. 민주화 혁명 이후 상황은 크게 개선되었다. 이제는 모두가 나서 질 좋은 커피 생산에 박차를 가하고 있다. 토양, 해발 고도, 기후 등 엘살바도르의 자연환경은 질 좋은 커피를 생산하기에 적합하다. 전반적으로 엘살바도르 커피는 과테말라 커피와 흡사하다. 엘살바도르에서 재배되는 커피 가운데 고전미 물씬한 버번과 다소 이색적인 파카마라를 대표 커피로 꼽을 수 있다. 최근에는 유기농 로스나랑호스, 산타리타스, 살라베리아스, 산타아델라이다 같은 최고 품질의 커피를 생산하고 있다.

76
마야 문명의 땅에서 피어나기 시작한
온두라스 커피

　　온두라스는 고대부터 다민족 국가의 성격을 띠고 있었다. 과테말라 국
경에 가까운 서부 온두라스의 코판 지역은 마야 문명의 중심지 가운데 하
나였다. 서기 150년부터 900년 사이에 마야 문명은 이곳에서 꽃을 피웠다.
마야 문명은 9세기 들어 급격히 쇠퇴하였다. 그러나 1200년 무렵까지는 마
야인들이 여전히 코판 주변에 거주하고 있었다. 그후 위대한 도시국가로 번
성하던 코판은 정글 속에 묻히고 말았다. 스페인 사람들이 온두라스 땅에
발을 디딘 것은 1500년 무렵이다. 그 사이에는 렝카 족이라는 인디오 부족
이 서부 온두라스 땅의 주인이었다.

　　1502년 크리스토퍼 콜럼버스는 아메리카 대륙을 향한 그의 네 번째
이자 마지막 항해길에 올랐다. 이때 그는 온두라스 땅의 트루히요에 상륙하
였다. 온두라스는 이내 스페인 사람들에게 정복되고, 1539년 이후에는 과
테말라 총독의 지배를 받았다. 스페인은 온두라스를 3백여 년간 지배하였
다. 1821년 중앙아메리카의 다른 나라들과 함께 스페인의 통치에서 독립하
였다. 온두라스 국토의 대부분은 불모의 땅으로 15퍼센트 정도만이 경작이

가능하다. 경작할 수 없는 곳은 거의 산악지대다. 그래서 사람들은 온두라스를 '중앙아메리카의 티베트'라고 부르기도 한다.

온두라스의 경제는 거의 대부분 농업에 의존해왔다. 1990년대까지도 농업이 GDP의 28퍼센트를 차지하였다. 그런데도 온두라스의 경작지 가운데 실제 농산물 재배에 사용되는 땅은 절반에도 미치지 못한다. 목초지나 숲으로 방치되어 있는 땅이 많고, 일부에서는 바나나가 재배된다. 다른 중앙아메리카 나라의 대부분이 비옥한 화산토 토양인데 비해, 온두라스는 그렇지가 않다. 그래서 농사를 재배하지 않고 있는 땅이 얼마만큼 생산성이 있는 곳인지는 의문이다. 축산업으로 인한 오염과 무분별한 화전농법 때문에 농지의 40퍼센트 이상이 침식되는 등 많은 농경지가 황폐화되었다.

1990년대 초반의 온두라스 내 최대 지주는 온두라스 정부와 대규모 바나나 회사였다. 온두라스 정부와 두 곳의 바나나 회사가 소유한 땅이 온두라스 경작지의 60퍼센트를 차지했다. 이 회사들은 내륙지역에 위치한 농장에서 해안지역까지 바나나를 운송할 수 있는 철도를 깔아주는 대신 대규모 농지를 불하받았다. 바나나 회사는 자신들이 소유한 농지의 대부분을 경작하지 않은 채 방치하였다. 농지에 물을 대기가 어려웠기 때문이다. 1990년까지도 작물을 재배하는 농지의 14퍼센트에만 관개 시설이 설치되었다. 경작하는 땅에서 재배하는 주요 작물은 바나나와 커피다. 그밖에도 멜론이나 겨울 채소 같은 특화된 수출용 작물을 재배한다.

온두라스의 바나나 재배는 거대 공룡 식품회사의 지배 아래 있다. 하지만 커피는 그렇지 않다. 커피는 5만 5천여 곳의 농장에서 재배되는데, 대부분 규모가 작다. 온두라스의 커피 생산성은 다른 나라에 비해 떨어지는 편이다. 그러나 재배하는 인구가 많아 총생산량은 제법 많다. 온두라스는 커피 재배를 지속적으로 늘려갔다. 1980년대에는 국제 시장에서 부여받은 쿼터보다 더 많은 양을 생산하기에 이르렀다. 그 결과 커피 값이 폭락하는 사태에 직면했다.

온두라스 커피의 질은 오랫동안 저평가되어왔다. 기후 환경은 우수한 커피를 재배하기에 충분하다. 절대적으로 부족한 것은 커피 재배와 가공에 필요한 인프라, 그리고 적절한 마케팅과 홍보 전략이다. 그래서 질 좋은 커피를 생산하더라도 제대로 빛을 보지 못하고 만다. 온두라스 커피가 싱글 오리진 커피의 명성을 누리지 못하고, 좋은 블랜딩용 커피로 주로 소비되는 이유다. 온두라스 고원 지대를 여행하다 보면, 세계에서 가장 우수한 커피 재배국의 하나라는 생각을 떨치지 못하게 된다.

온두라스의 커피 재배는 20세기로 접어드는 무렵에 탄탄한 기반을 다졌다. 대부분 아라비카 품종이다. 아직 저평가되고 있지만, 잠재력은 충분하다. 커피 재배, 가공, 보관, 운송 등의 인프라스트럭처가 향상됨에 따라, 온두라스 커피가 뒷자리에서 앞자리로 자리바꿈하는 모습을 분명 보게 될 것이다.

77

판초 비야가 사랑한
멕시코 커피

　　판초 비야(산적 출신의 전설적인 멕시코 혁명가-편집자 주)의 이름을 들어보지
않은 사람은 별로 없을 것이다. 하지만 판초 비야가 데킬라보다 커피를 더
사랑했다는 것을 아는 사람은 드물다. 멕시코는 유서 깊은 역사를 자랑하
는 모험의 나라다. 멕시코는 북쪽으로 미국과 국경을 맞대고 있으며, 남쪽
은 과테말라를 통해 중앙아메리카 나라들과 연결된다. 동쪽은 카리브 해,
서쪽은 태평양이다. 멕시코는 아메리카 대륙에서는 다섯 번째, 세계에서는
15번째로 큰 나라다. 수도인 멕시코시티는 지구상에서 가장 인구밀도가 높
은 도시로 꼽힌다. 멕시코 인구는 1억 천만 명이 넘는다. 스페인어권 국가 가
운데 인구가 가장 많다.

　　멕시코 북부는 사막과 산악 지역으로 이루어져 있다. 이에 반해 중부
는 아름다운 자연경관을 자랑한다. 중부지역 곳곳에 자리한 식민지시대의
그림 같은 도시 가운데 일부는 세계문화유산으로 지정되었다. 남부 멕시코
의 멕시코 만과 태평양에 면한 지역은 늪지대와 무성한 숲으로 덮여 있으
며, 생태 관광과 스릴 넘치는 모험 여행의 최적지다.

멕시코 남동부의 유카탄 반도는 마야 문명의 세계로 들어가는 관문이다. 끝없이 펼쳐진 모래 해변과 세계 두 번째 규모를 자랑하는 산호초 지대는 이 지역을 세계적 관광휴양지로 만들어주었다. 태평양 해안 지역도 서핑과 낚시 같은 수상 스포츠의 낙원이다. 바하칼리포르니아 반도와 코르테스해는 태곳적 시대부터의 역사를 간직하고 있는 곳으로서, 지금은 귀신고래의 생태 같은 신비한 체험을 즐길 수 있는 곳이다. 더욱 좋은 것은 어디에서든 멕시코 커피를 즐길 수 있다는 것이다.

1519년, 에르난 코르테즈가 이끄는 5백 명의 스페인군이 열한 척의 배에 나누어 타고 멕시코로 향했다. 그들은 유카탄 반도에 상륙하였다. 금을 찾는 것이 그들의 목적이었다. 코르테즈는 무엇보다 황금에 대한 열망에 사로잡혀 있었다. 그의 군대는 원주민에게서 금을 갈취하는 데 모든 노력을 기울였다. 그런 그들에게 아즈텍 제국의 소식이 들려온다. 아즈텍 문명은 유럽 문명보다 더 발달된 면모도 갖고 있었지만, 유럽인들의 무기를 견뎌내지 못했다. 스페인 군대의 화승총은 큰 위력을 발휘했지만, 한 번 발사하고 나서 재장전하는 데 시간이 많이 걸리는 게 단점이었다. 따라서 백병전을 피할 수 없었다. 그렇지만 강철로 제작된 스페인군의 칼이 아즈텍 군대의 돌, 나무 무기보다 훨씬 치명적이었다. 아즈텍 병사들은 주로 희생의 제물로 쓸 포로를 얻기 위해 전쟁을 치렀다. 그래서 늘 그래 왔듯이 적진에 달려들어 스페인군을 사로잡으려 하였다. 이에 맞선 스페인군은 응집대형을 이루어 싸웠다. 그것은 뛰어난 전략이었다. 비록 아즈텍인들이 평화에 기반한 문명을 건설하였다 해도, 우수한 무기를 앞세운 스페인군의 전술을 당해내지 못했다. 아즈텍은 삽시간에 점령당하고 만다. 멕시코는 곧 스페인령이 되었다.

아즈텍인들은 멕시코의 북서지역인 아스틀란 평야에 처음 정착했다가 남쪽으로 이동하였다. 그들이 다시 보금자리를 튼 곳은 텍스코코 호수 인근

스페인의 테노츠티틀란 정복. 작가미상

이었다. 1325년 오늘날의 멕시코시티에 아즈텍 수도인 테노츠티틀란이 건설되었다. 전성기의 테노츠티틀란 인구는 20만 명을 넘었다. 아즈텍인들은 복합적인 사회 정부 구조를 가졌으며, 황제가 통치했다. 천문학, 농업, 의학이 발달했으며, 종교 역시 매우 정교했다. 번영을 누리던 아즈텍은 에르난 코르테즈가 침략해 황제 모크테수마 2세를 살해한 이후 급격히 몰락하고 말았다.

멕시코는 유기농 인증을 받은 커피를 대량으로 생산한다. 또 세계 최대의 커피 소비시장인 미국과 인접해 수출하기에도 지리적으로 유리하다. 멕시코 커피는 지역별로 특색이 있는데, 커테펙, 베라크루즈, 오아자칸 플루마스 등이 각기 개성을 지닌 대표 브랜드이다. 남부 지방에서 생산되는 치아파스는 그 맛이 위의 브랜드들과 확연히 다르다. 치아파스는 과테말라의 우에우에테낭고와 인접한 지역이다. 그래서인지 두 지역의 커피 맛은 서로 많이 닮았다. 전반적으로 멕시코 커피는 가벼운 바디감과 부드럽고 섬세한 맛이 특징이다. 가격은 매우 합리적이다. 멕시코 커피는 다양한 개성을 존중하는 커피 애호가들이 탐험할 만한 충분한 가치를 지니고 있다.

78

로부스타 커피 최대 생산국,
베트남

베트남은 브라질에 이어 두 번째로 커피를 많이 재배하는 나라다. 베트남은 인도차이나 반도에서 가장 크고 영향력 있는 나라로, 오랜 역사를 자랑한다. 남북으로 긴 나라이기 때문에 남과 북은 인종, 역사, 문화에서 서로 많은 차이가 있다. 베트남 건국 신화에 의하면, 강력한 힘을 가진 바다의 신 락롱꾸언과 아름다운 산신 어우꺼 사이에서 베트남인들의 조상이 태어났다. 베트남에 사람이 거주하기 시작한 것은 구석기시대부터이지만, 기원전 3세기경 북베트남 홍강 유역에서 꽃핀 동손 문화는 많은 주목을 끈다. 동손 문명은 고대 청동기 문명으로 이웃 동남아시아 지역에 많은 영향을 주었다. 동손인들은 청동 가공기술이 탁월했을 뿐만 아니라, 쌀농사를 짓고 물소와 돼지를 길렀다.

오늘의 베트남은 매우 빠른 속도로 성장하는 나라다. 골드만삭스 투자은행이 선정한 새롭게 떠오르는 11개국 목록에 포함되기도 했다. 거시경제 측면의 안정성, 정치적 성숙도, 무역과 투자 정책의 개방성, 교육의 질 등을 종합 분석한 결과다. 베트남은 인구가 9천 4백만 명에 이르는데, 인구수로도 세계 최상위권에 든다.

20세기 초반부터 베트남에서 커피를 재배하기 시작했으며, 그 규모는 점점 증가하고 있다. 어떤 나라도 베트남처럼 빠른 속도로 커피 농업이 발전한 전례가 없다. 현재 베트남의 커피 재배 인구는 백만 명을 웃돈다. 커피 산업에 우호적인 정책과 더 나은 삶을 살고 싶은 베트남 사람들의 의지가 결합되어 이룬 결실이라 할 수 있겠다. 한편 베트남은 세계 커피 시장에 품질이 떨어지는 커피를 대량 방출함으로써, 공급의 과잉과 가격 하락을 불러왔다는 비난을 감수해야 했다.

베트남에서 재배되는 커피는 거의 전부 로부스타 품종이다. 따라서 콜롬비아, 케냐, 탄자니아, 브라질, 중앙아메리카 등 아라비카 커피를 생산하는 나라의 우수한 커피 수준에 미치지 못하는 것은 사실이다. 그러나 맛이 떨어진다고 해서 커피가 가져다주는 건강상의 혜택이 감소되는 것은 아니다. 코페아 카네포라라고도 불리는 로부스타는 세계 커피 재배량의 20퍼센트를 조금 웃도는 점유율을 차지한다.

로부스타는 아라비카보다 더 혹독한 환경에서도 잘 자라며, 인스턴트 커피를 만들거나 아라비카종과 섞어 블렌딩하는 데 사용된다. 산미가 강하고, 처음에 뚜렷한 맛이 느껴지지 않다가도 2차적으로 센 맛이 느껴지는 게 특징이다. 아라비카 원두와 섞어 약간의 자극적인 맛을 가미하기에 적절하다. 로부스타 커피는 단위면적당 수확량이 더 많고, 생산비용은 아라비카보다 적게 든다. 로부스타 역시 아프리카에서 자생하는 식물이었다. 고도 3백 미터에서 천 미터쯤이면 재배가 가능하다. 나무의 크기는 보통 높이 2미터에서 5미터 사이다. 맑은 녹색 이파리에 열매는 선홍색이다. 1년에 3번 개화하는데, 꽃은 단 며칠 동안만 핀다. 커피 열매의 크기는 아라비카에 비해 작은 편이다.

로부스타 20퍼센트와 아라비카 80퍼센트를 블렌딩한 커피가 아라비카 원두만을 사용한 커피보다 더 풍미가 좋다고 느끼는 사람도 많다. 또한 항산화 클로로겐산 함유량이 아라비카보다 앞서기 때문에 건강에 더 좋을 수도 있다. 최고 품질의 로부스타가 최하 품질의 아라비카보다 맛이 낫다. 관건은 로스팅을 얼마나 잘하느냐에 달려 있다. 커피 블렌딩은 서로 다른 풍미를 섞어 최고의 균형을 창출하는 것이며, 더불어 생리활성 성분의 효능도 높여준다. 최고 품질의 로부스타는 스페셜티 에스프레소를 추출하는 블렌딩에 많이 사용된다. 5퍼센트에서 많게는 80퍼센트까지 섞기도 한다. 더 묵직한 바디감을 원할 때는 로부스타의 비율을 늘린다.

79

암울한 지구의 미래를 위해

지구상에는 수십 억 명의 인구가 산다. 인구가 넘쳐남에 따라 살 공간과 자원을 차지하려는 경쟁이 날로 격화되어왔다. 동물과 식물은 서식지에서 쫓겨나야 했으며, 해가 다르게 환경은 파괴되어간다. 온실 가스 배출량역시 기하급수적으로 증가했다. 환경을 걱정하는 사람들에게 지구의 미래는 암울하기 짝이 없다. 하지만 환경을 지키기 위해 노력하는 사람들이 있고, 해법을 모색중이다.

태양 에너지의 대부로 불리는 독일의 요아킴 루터 같은 과학자가 있고, 열대우림의 대모로 불리는 브라질의 마리나 실바 같은 활동가도 있다. 그들은 뜻을 같이하는 많은 혁신가들과 함께 해결책을 찾기 위해 고심중이다. 실리콘밸리를 만든 주역 가운데 한 명인 벤처 투자자 존 도어는 이제 환경 재앙을 막을 방안을 찾는 녹색 기술에 투자하고 있다. 도어는 우리가 과거로 돌아가지 않고도 혁신을 통해 지구 온난화를 멈추게 할 수 있다고 열정적으로 사람들을 설득하고 있다. 도어는 정치인에서 환경운동가로 변신한 엘 고어와도 힘을 합쳐 지속가능한 기술을 개발하는 회사에 수십 억 달러를 투자하고 있다.

미국에서는 유럽인들이 건너와 살기 시작한 1600년경부터 지금까지 한때 아메리카 대륙을 뒤덮다시피 했던 숲이 처참하게 파괴되었다. 지대가 낮은 48개 주에 형성되어 있던 원시림의 90퍼센트가 사라져버렸다. 남아 있는 숲은 공유지가 대부분이다. 인류가 숲을 파괴하는 것이 얼마나 큰 재앙인지는 굳이 강조할 필요조차 없다. 숲의 파괴가 지구 환경 변화의 주된 요인이고, 생물 다양성의 손실을 가져오는 주범이다.

커피 재배는 아프리카에서 처음 시작되었다. 커피나무는 큰 나무 그늘 아래 심어서 키웠다. 기존 환경과 자연스레 어우러진 그곳은 새와 곤충, 동물의 서식지이기도 하다. 전통적인 방식으로 커피를 재배하는 농부들은 대부분 지속가능한 방식으로 재배한다. 커피 과육을 이용해 퇴비를 만들고, 화학비료나 살충제는 사용하지 않는다. 그들은 또한 커피나무 사이에 식량으로 쓸 곡물을 재배하고, 식량 안보에 도움을 줄 뿐 아니라 부가적인 수입을 가져다주는 바나나와 견과류를 함께 재배한다.

한동안 커피는 환경파괴적인 방법으로 재배했다. 숲을 베어 수많은 야생 동식물의 서식지를 파괴하고, 화학비료와 살충제를 사용함으로써 토양과 수질 오염을 유발했다. 커피 재배의 가장 심각한 악영향은 자연 그대로의 숲을 커피 재배지로 바꾸는 데서 온다. 지속가능한 커피는 환경과 사람모두에게 친화적인 방식으로 재배하는 것이다.

커피를 재배하기 위해 숲을 완전히 베어내거나 일부 간벌하는 것은 어쨌든 환경에 부정적이다. 지상 생태계뿐 아니라 토양 속 생태계의 다양성도해치는 까닭이다. 철새들은 안전한 휴식처를 잃어버리고 말았다. 그늘에 조성된 커피 농장은 양지에 조성된 농장이나 다른 작물 밭보다는 낫지만, 자연 그대로의 숲보다는 못하다.

커피 재배가 환경에 미치는 영향을 최소화하고, 생물 다양성에 해를 입히지 않는 방안은 없는 것일까? 자연환경이 파괴되는 주된 원인은 질 높은 스페셜티 커피의 수요가 급증했기 때문이다. 스페셜티 커피는 주로 고립된 지역의 특별한 토양에서 재배된다. 이런 지역은 경사가 너무 가파르다든지 해서 다른 작물을 재배하기에는 적합하지 않다. 그래서 환경보호론자들은 그늘 재배shade-grown 커피 혹은 조류 친화bird-friendly 커피 같은 인증제도를 고안했다. 새들의 서식지를 제공해주는 숲속 나무 그늘에서 재배되는 커피에 인증을 부여하는 방식이다. 스미소니언 철새조류센터, 열대우림연합, 시애틀 오듀본협회 등은 지속가능한 커피 재배 방식을 확산시키기 위해 노력하는 단체들이다.

나무 그늘 커피 농장과 같이 자연 숲을 보존하는 방식인 혼농임업 시스템은 일종의 탄소 배출구 역할을 한다. 나무를 다시 심는 일 역시 탄소 감축에 도움을 준다. 태양 아래 노출된 커피 농장을 나무 그늘 커피 농장으로 전환시킬 필요가 있다. 지속가능한 커피 혼농임업 시스템은 나뭇잎이나 커피 열매 껍질 혹은 토양 속의 다른 유기물질에 크게 의존한다. 이들은 토양에 적절한 수분을 유지시켜주고, 땅을 비옥하게 만들어준다.

질병을 막아주는
커피의
놀라운 효능

80

간을 보호할 수 있다

불과 몇 년 전까지만 해도 간질환은 사람들의 큰 관심을 끌지 못했다. 미국암협회와 심장협회는 매년 수천만 달러의 기부금을 모으는 데 비해, 간질환에 대한 대중의 관심은 그저 조용할 뿐이었다. 그러나 1976년에 미국간재단이 설립되면서 간 관련 질병에 대한 대중의 관심은 전환점을 맞게 되었다.

간은 우리 몸에서 가장 큰 기관이며, 신진대사와 해독 작용 등의 기능을 수행한다. 간은 가장 중요한 기관의 하나다. 음식을 에너지로 전환하고, 피에서 알코올을 비롯한 독성물질을 걸러내는 게 다름아닌 간이다. 또한 소화에 꼭 필요한 담즙의 분비를 돕는다. 간질환은 다양하다. A, B, C형 간염 같은 바이러스성 질환이 있는가 하면, 약물 남용, 독극물 중독, 혹은 지나친 알코올 섭취로 인한 질병도 있다. 간경화는 질병으로 발생한 간 손상을 말한다. 간질환에 걸릴 경우 황달 증상이 동반되는 경우도 있다.

우리가 음식물을 먹을 때마다 간은 열심히 일한다. 우리 몸은 많은 중요한 기능을 간에 의지한다. 가장 풍부한 혈청 단백질 가운데 하나는 알부민이다. 혈청 알부민의 감소로 인한 간 기능의 손상은 부종으로 이어질 수 있고, 조직 속에 액체가 축적되면 부기가 발생한다. 간은 또한 혈액 응고 단백질을 생성한다. 혈액 응고를 책임지는 단백질이 줄면, 과도한 출혈이 발생한다. 우리 몸속의 물질은 끊임없이 새로운 것으로 대체된다. 세포, 단백질, 지방 모두 분해, 제거, 대체 과정을 반복한다.

적혈구는 대략 4개월 동안 지속되는데, 매일 수백만 개가 활동을 정지한다. 적혈구를 구성하는 물질의 대부분은 제거되고, 새로운 적혈구가 만들어진다. 간은 또한 우리가 먹는 식품이나 음료와 함께 몸속으로 유입되는 모든 화학물질을 분해해 우리 몸을 보호한다.

간은 우리의 몸이 독성 물질에 중독되는 것을 막아주는 문지기다. 섭취한 음식물 가운데 들어 있는 제노바이오틱스같이 잠재적으로 몸에 해로운 물질을 해독하는 데 유용한 물질을 생성한다. 간은 전체적으로 신체의 생화학적인 상태를 바로잡아주는 데 기여한다.

먼저, 간은 탄수화물 대사에서 중요한 역할을 담당한다. 간은 포도당을 글리코겐 형태로 저장함으로써, 음식을 먹은 다음 혈액 속에 적정한 수준의 포도당 농도가 유지되도록 해준다. 과잉 포도당을 제거할 뿐 아니라, 필요시에는 포도당으로 다시 전환시켜 혈당을 유지한다. 이로써 비정상적인 혈당 수치로 인한 질병을 예방해준다. 간은 또한 지방 대사에 기여하는데, 탄수화물을 과잉 섭취할 경우 지방 형태로 저장했다가 필요할 때 에너지원으로 사용한다. 마찬가지로, 간은 아미노산 및 단백질 대사에도 관여한다. 간에 흡수된 아미노산은 혈청 단백질, 호르몬 등의 합성에는 물론 에너지원으로도 사용된다. 간은 우리 몸에 필요한 거의 모든 단백질을 합성한다. 그밖에도 무기질 대사, 호르몬 대사 등을 통해 우리 몸의 건강을 유지시켜준다. 이렇듯 많은 중요한 기능을 갖고 있기 때문에, 간 기능이 떨어지면 건강에 적신호가 발생하는 것이다.

커피가 소화기 계통과 간, 담즙계에 효과가 있는 것은 잘 알려진 사실이다. 커피가 함유하고 있는 카페인, 클로로겐산, 커피산 같은 성분이 도움을 주는 것으로 보인다. 이들 기관의 기능이 향상되는 이유는 가스트린이나 다른 소화계 호르몬의 분비 때문일 수도 있다. 커피 섭취량과 간경화는 반비례한다. 커피 섭취는 알코올과 관련된 췌장염을 예방하는 효과도 있다.

알코올 중독은 전 세계적으로 심각해지고 있다. 특히 젊은이들의 알코올 중독이 큰 문제다. 다시 한 번 말하거니와, 커피 섭취와 알코올 중독, 그리고 간경변은 반비례 관계를 보인다. 오피오이드 길항제(날트렉손, 날메펜)는 최초로 FDA의 승인을 받은 알코올 중독 치료제이다. 커피는 카페인 함유량(1~2.5%)보다 클로로겐산 함유량(6~9%)이 훨씬 높다. 로스팅을 하면 강력한 오피오이드 길항 작용을 하는 락톤이 생성된다. 커피에 들어 있는 클로로겐산, 락톤은 물론 다른 화합물 모두 하나같이 극도의 간 친화 물질이다.

81
심장질환을 줄이는 데 기여한다

전 세계 연간 사망자의 30퍼센트가 심혈관질환 환자다. 선진국일수록 그 어느 질병보다 사망자가 많고, 그로 인한 경제적 부담도 크다. 영국심장재단은 영국 정부와 협력하여 학생들에게 건강한 식단을 마련해주는 정책을 펴고 있다. 어릴 때의 식습관이 심장질환을 예방하는 데 중요하기 때문이다. 심장질환에 적신호를 불러오는 요인으로는 비정상 지질, 흡연, 고혈압, 당뇨, 복부 비만, 심리사회적 요인, 육식, 과다 음주, 운동부족 같은 것들이 거론된다. 카페인도 한동안 목록에 올라 있었는데, 지금은 자취를 감추었다. 카페인을 적절하게 섭취하면 오히려 심장 건강에 좋을 수 있다는 숱한 증거들이 제시됨으로써, 커피의 이미지가 악당에서 영웅으로 변했기 때문이다.

미국심장협회가 포화 지방을 낮추는 것을 기본으로 하는 다이어트를 확산시키기 위해 노력하고 있지만, 다이어트가 건강에 어떤 결과를 가져오는지 알기 위해서는 더 많은 정보가 필요하다. 성인은 편식하지 말고 과일, 야채, 곡물, 콩, 무지방이나 저지방 낙농 제품, 생선, 가금류, 그리고 살코기까지 포함하는 다양한 먹을거리를 섭취하는 식사 습관을 가져야 한다. 미국 심장협회는 남자는 적어도 하루에 2잔, 여자는 하루에 1잔의 알코올음료를 마실 것을 권고한다. 한 발 더 나아가 우리는 낮에는 커피 서너 잔, 저녁에는 와인 한 잔을 마시라고 권하고 싶다.

　의사들은 카페인은 잘 알지 몰라도, 커피는 잘 모른다. 커피에 관한 연구의 대부분이 카페인이기 때문이다. 마흔다섯 살에서 일흔다섯 살 사이의 미국인 남성 4만여 명을 대상으로 대규모 추적 연구를 수행한 결과, 카페인이 함유된 커피를 섭취하는 것과 관동맥성 심장질환이나 뇌졸중은 아무 연관이 없는 것으로 드러났다. 그 이후 카페인이 몸에 해롭지 않다는 연구 결과가 다수 발표되었으니, 커피를 제대로 평가하기 위해서는 앞서의 연구를 다른 관점에서 다시 진행할 필요가 있다. 사실 커피는 심장에 좋을 수 있다. 항산화 물질인 클로로겐산의 효과는 기대 이상이다. 카페인이 몸에 안 좋다고 생각하는 사람은 디카페인 커피를 마시면 된다. 하지만 커피가 몸에 좋지 않다는 너무 강한 믿음은 갖지 않았으면 좋겠다.

　많든 적든 카페인을 함유한 음료가 심혈관계를 손상시킨다는 증거는 어디에도 없다. 건강한 사람은 물론 이미 심혈관질환을 앓고 있는 사람에게서도 마찬가지다. 프래밍햄 연구는, 커피 섭취가 관상동맥 질환, 협심증, 심근 경색, 급사 같은 심혈관질환과 아무런 상관관계가 없음을 보여준 사례로 꼽을 만하다. 그것은 미국에서 12년에 걸쳐 진행된 중요한 연구다. 하지만 카페인이 다량 함유된 음료를 마시는 데 익숙하지 않은 사람은 조심할 필요가 있다. 동맥성 고혈압 증세가 있거나 허혈성 심장질환으로 치료를 받고 있는 중이라면 특히 주의해야 한다.

　의사와 환자 모두 매일 커피를 두 잔 이상 마시면 부정맥을 유발하지는 않을까 우려한다. 그러나 심실성 기외수축과 적정량의 커피 섭취는 아무런 연관성을 보이지 않았다. 하루 6잔까지도 아무런 문제가 없었다. 커피와 관련된 연구 결과가 서로 다르게 나오는 경우가 많은 이유는 카페인 이외의 물질을 모두 고려하지 못했기 때문이다. 또한 습관적으로 커피를 마시는 사람과 그렇지 않은 사람 사이의 효과도 차이가 크다. 그 같은 차이를 감안하지 않고 한 묶음의 집단으로 일반화해버렸던 것이다.

커피를 로스팅할 때 생성되는 락톤 같은 성분은 우울증세를 덜어주는 효과가 있다. 최근의 역학 연구가 밝혀낸 성과다. 따라서 커피를 주기적으로 마시면 자살을 방지하는 데도 도움이 된다. 커피는 심장질환을 줄이는 데 기여할 뿐 아니라, 우울증을 떨쳐냄으로써 건강한 사회를 만드는 데 일조하는 음료다.

82

당뇨의 위험을 낮춰준다

　당뇨병은 인슐린 분비나 인슐린의 작용 혹은 둘 다에 문제가 생겨 고혈당 증세를 보이는 대사 질환이다. 우리 몸은 탄수화물을 분해하고 혈당 수치를 조절하기 위해 인슐린을 분비한다. 필요한 만큼 인슐린이 분비되지 않으면 당뇨병이 발병한다. 고혈당 상태가 오래 지속되면 신장, 망막, 신경계 등에 합병증이 나타난다. 또한 심장 기능이 떨어지고 혈액 순환에 장애가 발생한다.

　당뇨병은 심혈관질환의 위험을 크게 증가시킨다. 당뇨병에 걸리지 않은 사람보다 발병률이 2배에서 4배가량이나 높다. 사람들의 눈을 멀게 하는 주요 원인이기도 하다. 미국에서만 해마다 2만 5천 명이 당뇨병 때문에 시력을 잃는다. 투석을 하는 신부전 환자의 42퍼센트는 당뇨 합병으로 인한 것이다.

　미국의 당뇨병 환자는 천만 명이 넘는 것으로 추산된다. 확진되지 않았지만 당뇨병을 앓고 있을 것으로 추정되는 인구도 5백만 명이 더 된다. 게다가 해마다 60여 만 명의 제2형 당뇨병 환자가 새로 발생한다. 최근에 당뇨병 환자가 급격히 늘어난 데는 비만과 의자에 앉아서 생활하는 문화가 크게 영향을 미친 것으로 꼽힌다. 당뇨병으로 인한 직간접 비용만도 해마다 천억 달러에 이르고 있다. 막대한 비용이 병원비로 지출되고 있는 것이다.

　　브라질 같은 커피 생산국은 비만율이 매우 낮다. 브라질은 커피와 우유를 학교 급식으로 제공한다. 인류 역사에서 음식을 풍요롭게 먹을 수 있었던 시기는 아주 최근일 뿐이다. 물론 아직도 식량 부족이 심각하기는 하지만. 비만은 우리 몸이 만성 식량 부족 상태에서 생존을 위해 적응해온 반갑지 않은 유전적 성공의 결과이다. 호모 사피엔스는 향연과 기근의 세계를 넘나들며 살았다. 그렇기 때문에 인간의 몸은 섭취한 영양소를 효과적으로 저장하도록 진화했다. 우리는 지금 두 개의 세계 속에 살고 있다. 하나는 풍요로운 세계이고, 다른 하나는 풍요로운 세계로부터 무시당하는 빈곤의 세계다.

　　커피를 생산하는 국가에서 많은 아이들이 기아로 목숨을 잃고 있는 반면에, 미국에서는 어른, 아이 할 것 없이 한 사람이 하루에 3,800칼로리를 섭취할 수 있는 분량의 음식이 생산되고 있다. 먹을거리가 풍요로운 사회가 되다 보니, 세태를 반영한 씁쓰름한 새로운 어휘가 만들어질 정도다. 성공하다bring home the bacon, 생계 부양자breadwinner, 금상첨화icing on the cake 같은 말은 음식 이름이 생활 속의 관용어로 정착한 몇몇 사례다. 미국심장협회는 최근 어린이를 위한 영양 지침을 발표하였다. 먹는 음식을 줄이고 운동을 충분히 하지 않으면 동맥경화증으로 발전할 싹을 키우고 있는 것과 다름없다는 위기의식 때문이었다.

　　커피를 정기적으로 마시는 사람들은 제2형 당뇨병에 걸릴 확률이 줄어든다고 한다. 최근 실시된 많은 연구들이 한결같이 내리는 결론이다. 디카페인 커피를 마셔도 같은 효과를 보였다. 정확히 어떤 작용으로 인해 이러한 효과가 생기는지는 아직 밝혀지지 않았다. 동물을 대상으로 진행한 연구에 의하면, 디카페인 커피 추출물과 커피에 함유된 합성 퀴니드(혹은 락톤)는 몸속의 혈당 수치를 낮춰준다고 한다. 혈장 포도당, 인슐린, 위장 호르몬 수치가 다른 것은 커피가 가지고 있는 강력한 생물학적 효과를 입증해주며, 클로로겐산이 포도당의 이동을 방해했다는 것을 보여준다.

83

변비를 막을 수 있다

미국 성인의 10퍼센트에서 15퍼센트 남짓이 변비를 앓고 있으며, 남성보다 여성들에게 더 흔하다. 노인은 변비에 더 쉽게 걸린다. 상습적인 약 복용, 빈약한 식사, 활동량의 감소 등이 원인이다. 노인들에게 동반 질환이 많고, 좁은 공간에 갇혀 지내다시피 하는 것도 변비를 촉진시킨다. 변비는 미국인들이 가장 흔하게 겪는 소화기 계통 질환으로, 4백만 명 이상이 주기적인 변비 증상을 호소할 정도다. 연간 병원을 찾는 발걸음만도 250만 회나 된다고 한다. 유아기 때부터 변비 증상을 보이는 경우도 있다.

변비 환자는 용변을 볼 때 지나치게 힘을 강하게 줘야 하며, 그렇게 해도 용변후 시원한 느낌이 들지 않는다. 증상이 심한 경우에는 손가락을 이용해야 할 만큼 불편하기 짝이 없다. 변비 환자라면 섬유질이 풍부한 채소와 과일을 많이 먹는 게 좋다. 식물은 사람이 소화시키지 못하는 셀룰로스가 주성분이다. 셀룰로스는 형태가 거의 변하지 않은 상태로 대장에 이르기 때문에 배변을 수월하게 해준다.

식이섬유에 대한 관심이 급증한 것은 식물성 섬유 위주의 식생활을 하는 사람들이 게실염, 결장암, 당뇨병, 관상동맥 질환에 걸리는 비율이 현저히 낮다는 역학 증거 때문이다. 그러나 식이섬유와 질병 발생률 사이에 어떤 관계가 있는지는 아직 불확실해서, 연구가 좀 더 뒷받침되어야 한다.

커피를 섭취하면 배변욕이 증진된다는 연구를 접한 적이 있다. 모든 사람은 아니지만 일부에게는 분명한 효과가 나타났다. 민감한 사람이 커피나 디카페인 커피를 섭취하면 소장에서 콜레키스토키닌이, 혹은 위장에서 가스트린이 분비되어 활발한 위장과 대장 운동을 유발하는 것으로 추정된다.

커피는 항산화 물질의 보고이자, 수용성 식이섬유가 풍부한 음료이다. 스페인 마드리드의 프리오연구소 연구진은 커피에는 오렌지 주스(0.19%)나 와인(0.14%) 같은 흔하게 마시는 음료보다 수용성 식이섬유가 더 많이 함유되어 있다는 것을 밝혔다. 커피 음료 백 밀리리터에는 수용성 식이섬유가 0.47그램에서 0.75그램 들어 있다. 신기하게도 에스프레소나 드립커피보다 인스턴트커피에 식이섬유가 더 많았다. 인스턴트커피 백 밀리리터에 포함

된 식이섬유는 0.752그램이었다. 커피에 들어 있는 주요 수용성 식이섬유는 아라비노갈락탄과 갈락토만난이다.

유럽인들이 하루 평균 16그램에서 21그램의 식이섬유를 섭취하는 데 비해, 스페인 사람은 하루 7그램 남짓에 그친다고 한다. 에스프레소 커피를 하루 3잔 마시면 식이섬유 0.66그램을 섭취하는 셈으로, 스페인 사람이 하루에 섭취하는 식이섬유의 10퍼센트에 해당한다. 그런 만큼 커피는 우리 몸에 필요한 식이섬유를 섭취하는 데 매우 중요한 의미를 갖는다는 게 프리오 연구소의 주장이다.

항산화 효과가 뛰어난 커피의 중요성은 식이섬유 함유량에서도 빛을 발하고 있다. 전 세계의 하루 평균 커피 소비량은 1잔 반이다. 반면 미국인들은 평균 세 잔을 마신다. 이런 이유로 추천하는 하루 커피 섭취량은 4잔이다.

커피는 우리가 즐겨 마시는 와인이나 오렌지 주스 같은 음료보다 식이섬유를 더 많이 함유하고 있다. 식이섬유가 풍부한 커피를 즐겨 마시면, 변비를 예방하는 데 도움이 될 것이다. 카페인은 대장운동을 촉진하는 기능도 갖고 있다.

84

천식 환자에게 좋다

천식은 기도와 기관지가 자극에 지나치게 예민한 반응을 일으켜 기도가 좁아지는 일종의 호흡기 질환이다. 증세는 저절로 사라지기도 하지만, 치료를 받아야 회복되는 경우도 많다. 미국 전체 인구의 2퍼센트에서 6퍼센트 남짓이 천식을 앓고 있는 것으로 추정된다. 미국에만 천만 명 이상의 천식 환자가 있다는 이야기다. 천식 환자의 절반은 이미 열 살 이전부터 병을 앓기 시작하였으며, 3분의 1은 마흔 살 이전에 증상이 나타났다. 천식은 목숨을 위협할 수 있는 병이다. 따라서 반드시 전문의의 진찰과 치료를 받아야 한다.

천식 치료제는 그 효능에 따라 여러 그룹으로 나눌 수 있다. 테오필린이라는 약물은 카페인과 화학구조가 흡사하다. 테오필린은 찻잎에 포함되어 있는 흰색, 부정형의 알칼로이드 유도체로 포스포디에스테르 가수분해 효소의 작용을 저해하는 기능이 있다. 또한 수용체와 아데노신이 결합하지 못하도록 방해하는 작용과 부기를 빼주는 역할도 한다. 부작용도 많아서, 구토, 복통, 설사, 두통, 불면증 같은 증상이 나타날 수 있다. 심장 자극에 따른 기외수축과 부정맥의 가능성도 있다.

카페인은 호흡계에 두 가지 영향을 미친다. 첫째, 호흡기를 관장하는 뇌 부위를 자극해 호흡의 깊이와 속도를 상승시킨다. 둘째, 테오필린처럼 강력한 기관지 확장제의 역할을 한다. 천식 환자가 카페인이 함유된 음료, 특히 커피를 마시면 이 같은 효과를 경험할 수 있다.

인간은 천 년 이상의 기간 동안 커피를 마셔왔다. 그리고 누구라도 일생을 살면서 적어도 한 번쯤은 커피를 마셨을 것이다. 하지만 커피를 마셔서 호흡기 질환에 걸렸다는 소리를 들어본 적 있는가. 통상적인 커피 섭취는 사람에게 아무런 해를 끼치지 않는다. 건강한 사람뿐만 아니라 천식 환자가 커피를 마셔도 마찬가지다. 만성 기관지염이나 폐암, 폐기종을 앓는 환자라고 해서 다를 건 없다. 그러나 사람에 따라 커피 생두를 만지거나 생두 가루를 흡입하는 경우 알레르기 증세나 천식 증세가 나타날 수 있다.

커피를 정기적으로 마시면 건강한 호흡계를 유지하는 데 보탬이 될 것이다. 일반 사람은 물론 천식 환자, 흡연자, 만성 기관지 환자, 심하게 오염된 지역에 사는 사람 모두 마찬가지다. 카페인은 호흡량을 증대시키는 생리 작용을 한다. 만성 폐쇄성 폐질환을 앓고 있는 환자도 카페인이 호흡중추의 이산화탄소에 대한 민감도를 증진시켜주므로 호흡 효과가 개선된다. 카페인은 또한 기관지 평활근을 이완시켜준다. 성인 천식 환자는 하루에 커피 서너 잔 속에 함유된 카페인량인 최대 5백 밀리그램, 어린이 천식 환자는 몸무게 1킬로그램당 10밀리그램의 카페인을 섭취하면 폐 기능이 향상된다.

모든 천식 환자는 매일 규칙적으로 카페인이 함유된 커피를 마시는 것만으로 큰 효과를 볼 수 있다. 자연스레 병원 방문 횟수를 줄일 수 있게 된다. 카페인을 섭취하지 않았던 사람은 몇 주에 걸쳐 서서히 마시는 양을 늘려가는 게 좋다. 카페인은 천식 환자뿐만 아니라 만성 흡연자와 만성 폐질환 환자를 위한 순한 기관지 확장제가 될 수 있다. 시중에는 카페인이 들어 있는 커피 브랜드가 많기 때문에, 카페인 함유량이 많은지 적은지 혹은 전혀 없는 디카페인 커피인지 구별하는 게 필요하다. 특정 브랜드 속에 들어 있는 카페인이 천식 환자에게 일어나는 급성이나 만성 기류 폐쇄 증상을 방지하는 데 효과적이라는 가설에 빠질 수 있다. 그것은 물론 미래에 임상 실험을 통해 확인할 가치가 있겠지만, 아직 섣부른 예단은 금물이다.

85

흡연자의 폐를 보호한다

1492년 10월 12일 크리스토퍼 콜럼버스는 카리브 해의 한 섬에 도착하였다. 자신이 산살바도르 섬이라고 명명한 그곳 원주민에게서 그는 말린 잎담배를 선물로 받았다. 콜럼버스를 통해 담배는 유럽에 소개되었다. 얼마 지나지 않아 유럽에서도 담배가 재배되기 시작하였다. 유럽에서 담배가 빠르게 인기를 얻은 이유는 치료 능력을 갖고 있다고 사람들이 믿었기 때문이다. 유럽 사람들은 담배가 입 냄새에서부터 암까지 거의 모든 병을 고치는 만병통치약이라고 생각했다. 수도사와 성직자들 사이에 담배가 지나치게 빠르게 확산되자, 가톨릭교회는 1590년 흡연을 금지하는 칙령를 내렸다. 이를 어기는 성직자에게는 파문 처분을 내렸다.

1600년대에는 담배가 너무 인기 있어서 담배를 돈으로 사용할 정도였다. 담배는 말 그대로 금덩이처럼 귀한 몸이었다. 탐험가, 선원, 상인, 선교사 같은 사람들은 거의 광적으로 담배를 즐겼다. 이교도를 기독교로 개종시키는 일보다 유럽인을 담배로 바꾸는 것이 더 쉽다는 말이 나돌 정도였다.

흡연자의 사망률은 비흡연자에 비해 50퍼센트에서 80퍼센트 가량 높다. 담배는 치료할 수 있는 질환 가운데 사망률이 가장 높다. 많은 나라가 담배와의 전쟁에 힘을 쏟는 이유다. 미국에서는 연간 약 40만 명이 흡연으로 인한 질병 때문에 사망한다. 흡연은 폐암뿐만 아니라 다른 종류의 암도 유발한다. 직접 흡연하는 사람은 물론이고 흡연자의 가족, 직장 동료, 친구 등 담배 연기를 간접 흡연하는 사람의 건강도 위협한다. 흡연은 고혈압과 심장질환을 가진 환자의 사망 위험을 높인다. 폐암 환자의 80퍼센트 남짓이 흡연 때문이다. 후두암, 구강암, 식도암, 방광암도 흡연과 관련성이 높다. 부모 가운데 담배를 피우는 사람이 있는 가정의 젊은이들이 흡연에 빠져들 가능성이 훨씬 높다. 임신한 여성이 담배를 피우면 저체중 아이를 낳을 확률이 증가한다. 임신한 여성이 담배를 끊기만 해도 해마다 신생아 4천 명의 목숨을 구할 수 있다.

흡연자의 대부분은 커피를 마신다. 그렇기 때문에 한때는 커피가 흡연과 관련된 질병을 유발한다고 알려지기도 했다. 그러나 그것은 사실과 다르다. 오히려 커피가 중앙신경계를 자극해 호흡 기능을 증진시키는 효과가 있다는 것이 밝혀졌다. 기관지 확장제 효과도 가지고 있다. 커피 섭취는 사람의 건강에 아무런 해도 끼치지 않는다. 그럼에도 불구하고 커피의 효능은 거의 알려진 게 없다. 흡연자가 커피를 마시면 얻을 수 있는 장점이 무엇인지 좀 더 연구가 필요하다.

흡연시에는 기관지가 확장되는 비율이 감소하고, 흡연을 중단할 경우 다시 정상으로 돌아온다고 한다. 커피가 천식 환자들의 기관지를 확장시켜주고 급성 기류 폐쇄 증상을 방지한다는 최근의 연구 성과를 고려하면, 특정 카페인을 함유하고 있는 커피를 지속적으로 섭취하면 천식 환자는 물론 흡연자에게 나타나는 만성 기관지염을 완화하는 데도 효과가 있을 것이다.

니코틴 중독은 우울증과 깊은 연관이 있다. 우울증은 금단현상 가운데 하나이며, 금연을 포기하게 만드는 주된 원인이다. 혈중 니코틴 농도의 증가에 따라 우울감이 감소하는 것은 니코틴이 내인성 오피오이드의 분비를 촉진하기 때문으로 알려졌다. 니코틴의 단기 금단현상을 연구한 결과 초기 데이터는 날록손이 흡연 욕구를 감소시키는 것으로 나타났다. 그러나 장기적인 효과는 검증되지 않았다. 지난 10여 년간의 의료 데이터를 살펴보면, 일반 커피에 비해 디카페인 커피가 흡연량을 늘리는 것을 알 수 있다. 흡연자가 카페인 함유량이 높은 커피를 마시면, 피우는 담배량이 줄어든다. 알맞게 로스팅한 커피를 매일 마시면 피우는 담배 개피 수를 줄일 수 있는 것이다.

커피는 크게 두 가지 방법으로 흡연자의 폐를 보호한다. 첫째, 폐 기능을 강화해 흡연과 관련된 질병을 예방한다. 둘째, 흡연 욕구를 줄여준다. 어서 빨리 담배 연기의 악취를 향긋한 커피 향으로 바꿀 일이다.

86

알츠하이머병을 예방한다

치매는 뇌세포가 파괴되면서 인지 능력이 서서히 감퇴하는 질병이다. 치매 증후군에는 여러 형태의 질환이 있다. 그 가운데 가장 흔한 것이 알츠하이머병과 혈관성 치매다. 65세 이상 노인의 5퍼센트 남짓이 알츠하이머병을 앓는다. 55세 남성이 알츠하이머병에 걸릴 확률은 16퍼센트이고, 같은 나이의 여성이 걸릴 확률은 33퍼센트로 2배 이상 높다. 혈관성 치매는 뇌세포에 혈액 순환이 원활하게 이루어지지 못해 발생한다. 알츠하이머병이 심해질수록 성격과 행동에 변화가 나타나, 불안, 의심, 동요, 망상, 환각 증세를 보인다.

알로이스 알츠하이머 박사는 독일 남부 바바리아 지방의 작은 마을에서 태어났다. 그는 베를린, 뷔르츠부르크 등지의 의과대학에서 공부하고, 1887년에 학위를 받았다. 알츠하이머는 프랑크푸르트 정신병원과 뮌헨 의과대학에서 진행성마비의 감별진단을 연구했다. 그러던 중 자신의 이름을 딴 질병을 발견하게 된다.

알츠하이머는 1901년에 프랑크푸르트 정신병원에 입원한 51세 여성

아우구스테 데터를 처음 만났다. 데터는 스스로를 돌볼 수 없는 상태였다. 기억력 장애는 물론이고 글을 읽고 쓰는 능력과 시간, 장소를 인식하는 능력이 현저히 떨어졌다. 병세는 더욱 심각해져 환각 증세가 나타나고, 정신적 기능을 상실하는 상태까지 진전되었다. 뮌헨으로 근무지를 옮긴 알츠하이머는 1906년에 55세의 나이로 사망한 데터의 소식을 전해 들었다. 그는 진료기록을 열람한 다음 데터의 뇌 부검을 요청했다. 부검을 해보니, 대뇌 피질이 일반인보다 훨씬 얇았으며, 이상단백질 덩어리인 플라크가 70세 노인 수준으로 형성되어 있었다. 1906년에 알츠하이머 박사는 아우구스테 데터의 병변과 대뇌 피질 조직검사 결과를 학계에 보고하였다. 그후 알츠하이머가 처음 발견한 이 같은 증상을 '알츠하이머 치매'라고 명명하게 되었다. 오늘날 알츠하이머병을 진단하는 방법은 놀랍게도 1906년에 사용된 방법에서 크게 진전된 게 없다. 다른 질병에 대한 조사 연구와 치료법이 혁신적으로 개선된 것에 비하면 아주 드문 사례다.

건망증이 있다고 해서 반드시 치매라고 단정할 수는 없다. 노화나 스트레스 혹은 우울증 때문에도 기억력이 떨어질 수 있다. 커피는 건망증이나 기억력 상실 증상을 완화하는 데 효과가 있다. 비록 아직까지 알츠하이머병을 치료하는 획기적인 방법은 발견되지 않았지만, 질병 생물학에 대한 연구가 가속됨으로써 새로운 치료법이 수면 위로 떠오르고 있다. 포르투갈 리스본 의과대학교의 L. 마이아와 A. 데멘둥카는 알츠하이머병을 앓는 것으로 추정되는 사람 54명을 대상으로 흥미로운 연구를 실시했다. 그 결과, 연구가 진행되는 동안 카페인을 섭취한 사람들은 알츠하이머병 증세가 상당히 완화된 것을 발견하였다.

남플로리다 대학교와 피츠버그 의과대학교에서 공동 실험한 결과도 카페인의 효능을 입증하였다. 연구진은 한 사람당 매일 5백 밀리그램의 카페인을 제공하였다. 통상 커피 5잔에 들어 있는 카페인의 양이다. 그랬더니 알츠하이머병의 증세가 눈에 띄게 감소되었다. 연구진은 카페인이 뇌를 자극해 보호하는 기능을 가지고 있으며, 뇌 에너지 대사, 피질 활동, 세포외 아세틸콜린 농도를 증가시켜 정신을 맑게 유지해준다는 사실을 밝혀냈다.

커피는 사람들이 카페인을 섭취하는 주요한 원천이다. 또한 커피는 카페인을 다량 함유하고 있을 뿐 아니라, 뇌세포의 기능이 떨어지는 것을 막아주는 다른 많은 성분을 가지고 있다. 따라서 잘 로스팅된 커피를 이용해 커피가 알츠하이머병을 예방하는 데 어떤 효과를 보이는지 정교하게 실험할 필요가 있다. 캐나다 오타와 대학교는 규칙적인 운동이 알츠하이머병을 예방하는 데 도움을 준다고 밝혔다. 따라서 주기적으로 커피를 마시고 규칙적인 운동을 하면, 알츠하이머병을 더 효과적으로 예방할 수 있을 것이다.

87
알코올 중독증을 예방한다

17세기에 들어서면서 양조 혁명이 일어났다. 르네상스 시대 이전까지는 술을 증류하는 기술이 세련되지 못했다. 양조업자들은 중세시대에 길드를 구성한 첫 번째 직종 가운데 하나였고, 엄격한 도제 시스템을 통해 기술을 전수하였다. 르네상스 시대에 발명된 온도계를 비롯한 양조 도구들은 과거에 비해 훨씬 과학적이고 정확한 방법으로 술을 증류할 수 있게 해주었다. 그리하여 더 순수하고 도수 높은 술을 빚을 수 있게 되었다. 진, 브랜디, 아쿠아 비타이(스웨덴의 전통 증류주) 같은 증류주의 주조는 16세기 무렵에 시작되어 17세기에 꽃을 피웠다. 독일, 벨기에, 영국에서도 독특한 양조 문화가 발전하였다.

왕권신수설을 주장하고 영국, 스코틀랜드, 아일랜드를 다 같이 통치한 제임스 1세가 왕으로 있던 17세기 초의 사회상을 그린 소설에 자주 등장하는 인물의 하나가 주정뱅이다. 어떤 계층인가에 관계없이 살아가는 낙 가운데 하나가 맥주나 와인 같은 술에 탐닉하는 것이었다. 급기야 영국에서는 주정뱅이를 제제하는 법안을 제정하였고, 미국 매사추세츠에서도 가정과 술집을 아울러 과음을 통제할 수 있는 법을 통과시켰다.

시간이 지남에 따라 각 나라를 상징하는 특색 있는 술이 생산되기 시작하였다. 러시아 보드카, 스코틀랜드 위스키, 멕시코 데킬라, 그리스 우조, 이탈리아의 스트레가와 삼부카, 브라질의 카샤사와 카이피리냐를 비롯해 세계 도처에서 빚어내는 숱한 술이 술꾼들을 유혹한다. 전 세계 성인 인구의 90퍼센트가 주기적으로 술을 마신다고 한다. 그 가운데 절반 가까이는 음주 부작용을 경험한 적이 있다. 기억 상실, 주의력 결핍, 부실한 반사신경, 인지 능력 저하 같은 증상으로, 주로 남성들이 심하다. 전 세계 남성의 10퍼센트, 여성의 5퍼센트 남짓이 지속적인 알코올 의존증을 겪고 있다고 한다. 음주를 지나치게 많이 하면 알코올 내성이 생기고, 정신적 의존 증세가 나타난다. 알코올 중독증은 젊은 사람들 사이에서도 광범위하게 퍼져가고 있다. 젊은이들의 신체, 정신 건강을 위협할 뿐 아니라, 범죄, 사고, 생산성 저하 등으로 이어지기 때문에 심각한 문제가 아닐 수 없다.

미국에서도 알코올로 인한 피해가 상당하다. 알코올 때문에 발생하는 직간접적 피해가 한 해 2천억 달러 이상이다. 알코올은 질병률을 높이는 주 원인이며, 연간 20만 명에 이르는 사람이 지나친 음주로 인해 목숨을 잃는다. 알코올 중독자의 수명은 일반인보다 10년 이상 짧다. 알코올 중독자가 아니더라도 과음은 심각한 문제를 야기한다. 교통사고 사망자의 50퍼센트 이상이 평범한 사람들의 과음 탓이었다. 살인 사건의 70퍼센트, 자살의 30퍼센트 이상이 지나친 알코올 섭취와 관련이 있다.

커피는 알코올 섭취를 감소시키고 대체할 수 있는 가능성을 가지고 있다. 특히 운전자에게 효과적이다. 커피가 알코올의 대체재로서 어떤 기능을 할 수 있는지 과학적인 연구가 필요하다. 알코올을 대신한 커피의 섭취는 수많은 사람들의 목숨을 구하는 것은 물론, 보건 의료 등에 들어가는 사회적

비용을 획기적으로 감축시켜줄 것이다.

알코올 환자는 의사들이 가장 꺼려하는 부류다. 알코올 중독자들은 다른 어떤 환자보다도 자신의 병을 강하게 부정한다. 재활 의지가 부족하고, 정서적으로 불안정하고, 치료도 거부하기 때문에, 매우 다루기 힘든 환자들이다. 사람들이 술을 마시는 이유가 무엇인지는 한마디로 이야기하기 힘들다. 우울감을 완화하기 위해 약을 복용하듯 술을 마시는 것으로 의사들은 추정한다. 알코올 중독과 우울증 질환은 전혀 다른 모습을 지닌 별도의 신체장애다. 우울증은 알코올 중독의 원인이 되기도 하고, 알코올 중독으로 인해 증상이 생길 수도 있다. 하지만 우울증 증상을 갖고 있는 알코올 중독자라도 알코올 중독 증상을 치료하고 나면, 더 이상 우울증을 보이지 않는다.

사람들이 술을 마시는 이유의 하나는 즐거움을 얻기 위해서일 것이다. 문제는 습관적인 음주로 인해 중독증이 생기고, 다른 사람들에게 혐오감을 불러일으키는 점이다. 음주 폐해를 최소화하기 위해 마시는 즐거움이 있고 건강에 좋은 커피를 다시금 주목할 때다.

88

우울증과 자살을 예방한다

왜 자살하는 사람들이 많을까? 그 이유를 이해하고 명확히 설명하기는 어렵다. 자살 행위는 자신이 처한 상황을 지나치게 과민하게 받아들이거나 제어할 수 없는 격한 감정에 휩쓸리는 상황 속에서 발생한다. 사회적 고립, 사랑하는 사람의 죽음, 정서적 트라우마, 신체 질환, 노화, 실업이나 재정 문제, 죄의식 같은 것들이 주된 원인이다. 하지만 알코올이나 약물 중독에 의한 경우도 많다. 빈센트 반고흐, 버지니아 울프, 어니스트 헤밍웨이, 클레오파트라... 이들은 모두 자신의 목숨을 스스로 거뒀다는 공통점이 있다. 셰익스피어의 희곡 〈안토니우스와 클레오파트라〉에는 클레오파트라의 비극적인 최후가 등장한다. 독사로 하여금 자신의 가슴을 물게 하여 자살하는 장면이다.

자살률이 가장 높은 연령대는 노인층이다. 최근에는 청소년층의 자살률이 꾸준히 증가하고 있다. 열다섯 살부터 열아홉 살 사이 청소년들의 사망원인은 사고사가 가장 많고, 다음은 살인과 자살의 순이다. 자살 행위의 징후는 우울증, 긴장이나 불안 증세, 죄책감, 신경질, 충동적인 모습으로 나타난다. 불안감에 사로잡혀 있다가 극단적인 침묵에 빠진다든지, 자신의 물건을 주위 사람에게 나누어준다든지, 직접적이든 간접적이든 자살하겠다고 위협한다든지 하는 갑작스러운 행동의 변화는 위험신호다. 미국에서만 해마다 2백만 명 남짓이 자살을 기도한다. 그 가운데 의학적 치료를 받는 사람은 70만 명에 불과하다고 한다.

딱 집어 자살의 보편적 원인이라고 인정되는 것은 없다. 하지만 우울증이 가장 일반적인 원인이라는 데는 대부분 동의한다. 우울증 증상을 보이는 사람 가운데 3분의 2는 자신의 병을 알아차리지조차 못한다. 증세를 인지하지 못하니 그대로 방치하게 되고, 환자들은 영문도 모른 채 고통에 시달려야 한다. 심각한 우울증은 심장질환 같은 다른 질병을 유발한다. 우울증 초기증세를 보이는 사람에게 사회적 지원을 제공하면, 증세가 크게 호전될 수 있다. 약물 치료도 가능하다. 다만 이렇다 할 예방법은 아직 없다.

커피를 매일 정기적으로 마시면 중앙신경계의 기능이 향상되는 효과가 있다. 하루에 커피를 서너 잔 마시는 사람은 기분, 사회성, 자존감, 활력, 동기부여가 증진된다고 한다. 최근 일본에서 커피산caffeic acid의 효능을 실험한 적이 있다. 비록 실험용 쥐를 대상으로 한 것이긴 하지만, 커피에 함유된 페놀 화합물의 일종인 커피산이 우울증을 예방하는 효과를 보였다고 한다. 매일 커피를 마시면 알코올 중독은 물론 우울증과 자살까지 낮춰준다니 역설이라고도 할 수 있겠다. 하지만 많은 실험에서 확인된 엄연한 진실이다.

하버드 의과대학교 채닝연구소와 보스턴 여성병원은 커피 섭취와 자살 위험 사이의 상관관계를 연구하였다. 서른네 살부터 쉰아홉 살 사이의 여성 간호사 8만여 명을 대상으로 10여 년간 관찰하는 큰 연구 프로젝트였다. 커피 섭취와 자살은 뚜렷한 반비례 현상을 보였다. 비록 커피가 가져다준 효과를 그 원인까지 밝혀낸 것은 아니지만. 커피를 마실 때의 고양된 분위기 덕분일 수도 있다. 또는 카페인이 아니라 커피에 함유되어 있는 클로로 겐산 같은 다른 성분이 우울감을 완화시켰을 가능성도 있다. 하지만 분명한 것은 습관적으로 커피를 마시는 사람은 유쾌한 기분은 고양되는 반면에, 화를 내거나 흥분하는 경향은 줄어드는 효과를 보였다는 점이다.

일본에서도 커피와 우울증 사이의 관계를 연구한 일이 있다. 커피를 많이 마신 여성은 우울증 증상이 뚜렷하게 줄어들었다. 흥미롭게도 남성은 그 같은 효과를 보이지 않았다고 한다. 카이저 퍼머넌트 의학센터는 커피 섭취와 자동차 사고 사망률 사이에 역의 관계가 나타난다는 것을 밝혀냈다. 하버드 의과대학의 보고서도 자동차 사고와 커피 섭취 사이의 역비례 관계를 뒷받침해준다. 자살이 자동차 사고로 잘못 분류된 사례도 있을지 모른다. 하지만 카페인의 섭취가 졸음과 피로를 방지함으로써 자동차 사고를 줄이고, 사고시의 치사율을 감소시켰을 것이란 추정은 가능할 것이다.

89

파킨슨병을 예방한다

파킨슨병은 제임스 파킨슨이라는 영국인 의사가 1817년에 발견한 질병이다. 런던 출신의 파킨슨은 의학뿐 아니라 라틴어, 그리스어, 자연철학 등을 두루 공부한 지식인이었다. 그는 1917년에 출판한 책*Essay on the Shaking Palsy*으로 의학사에 지워지지 않을 발자취를 남겼다.

파킨슨병은 중앙신경계에 찾아오는 진행성 질환이다. 미국인 가운데 이 병을 앓는 사람만 150만 명에 이른다. 자발적 운동의 감소, 보행 능력 저하, 불안정한 자세, 신체 경직, 떨림 등의 증상이 나타난다. 파킨슨병은 뇌의 흑질에 있는 착색된 뉴런이 퇴화해 도파민 분비가 현저히 감소하는 질병이다. 1960년대가 되어서야 파킨슨병에 걸린 환자들의 뇌에 정확히 어떠한 변화가 생기는지 밝혀졌고, 치료약도 개발되었다.

남성과 여성 모두 파킨슨병에 걸린다. 60세 이상의 노인에게서 많이 나타나지만, 최근에는 젊은 사람의 발병률이 급격히 증가하고 있다. 현대사회의 기대수명이 획기적으로 늘어나고 있는 점을 생각하면, 헬 수 없이 많은 사람이 파킨슨병의 피해자가 될 수밖에 없다.

여전히 파킨슨병의 정확한 원인은 밝혀진 게 없다. 개발된 치료약은 주로 신체에 나타나는 불균형을 바로잡는 대증 치료제이다. 증상 완화 약물은 환자들의 삶의 질을 개선하고 수명도 연장해주지만, 병의 진행을 완전히 막지는 못한다.

파킨슨병과 커피의 상관관계를 밝히는 연구가 속속 보고되고 있다. 커피를 많이 섭취할수록 파킨슨병에 걸릴 확률이 감소한다고 한다. 아데노신 수용체에 미치는 카페인의 영향으로 뇌세포가 신경퇴화 질병에 걸릴 확률은 감소하고, 반면 중앙신경계의 건강이 효과적으로 유지되는 것으로 판단된다. 커피의 효과는 파킨슨병의 경우 아주 극적이다. 커피에 함유되어 있는 카페인과 다른 성분의 양을 고려할 때, 카페인만이 파킨슨병에 긍정적인 영향을 미치는 것은 아닐 것이다.

호놀룰루 심장 프로그램 보고서는 커피 섭취와 파킨슨병이 역비례 관계에 있다는 것을 말해준다. 오랫동안 파킨슨병을 추적한 또 다른 연구에서도 커피를 마시면 파킨슨병에 걸릴 위험이 줄어든다는 것을 밝히고 있다. 흡연이나 음주를 즐기는 사람에게서도 같은 결과가 나왔다. 파킨슨병을 앓고 있는 사람들이 병이 없는 사람들보다 커피 섭취량이 적거나 아예 마시지 않는다는 것을 두 연구는 발견하였다. 파킨슨병에 걸린 사람들은 자신들이 병에 걸렸다는 사실을 진단받은 시점 이전에 비해 훨씬 적은 양의 커피를 소비한다는 사실도 확인되었다. 여러 연구를 통해 커피 섭취와 파킨슨병이 분명한 역비례 관계임을 관찰할 수 있었다.

중년 남성은 커피를 마시는 횟수가 적을수록 파킨슨병에 걸리는 확률이 높았다. 파킨슨병에 걸릴 확률이 높은 사람들이 카페인에 예민한 반응을 보인다는 결론을 도출해볼 수 있겠다. 카페인은 파킨슨병에 직접적인 역할을 하는 것이 아니라, 관련된 증상을 완화시키는 일종의 자가 약물치료 같은 작용을 하는 것으로 보인다. 아직 이를 뒷받침할 의학적 근거는 없다.

카페인을 도파민 작용 약물 혹은 엘-도파와 함께 투여하는 소규모 임상실험을 실시한 결과, 카페인과 파킨슨병의 증상완화와는 특별한 상관관계가 나타나지 않았다. 그밖에도 다수의 실험을 통해 카페인이 파킨슨병에 미치는 영향을 연구했으나, 긍정적인 결과는 아직 도출된 바 없다. 하지만 정확한 것을 밝히기 위해서는 더 많은 연구가 진행될 필요가 있다. 커피에 들어 있는 클로로겐산이나 락톤 같은 물질이 뇌의 도파민 분비에 작용하는 기능은 없는지도 살펴야 할 대목이다.

90

비만을 예방한다

오늘날 비만은 세계적인 유행병의 한가운데 자리한 질병이다. 미국 성인 가운데 65퍼센트가 과체중 또는 비만이다. 어린이와 청소년의 비만 또한 급격한 속도로 퍼지고 있다. 해마다 비만 때문에 삼사십만 명이 목숨을 잃는다. 비만은 수많은 다른 질병을 불러오는 주범이기도 하다. 미 질병통제예방센터는 여섯 살부터 열아홉 살 사이의 청소년 가운데 16퍼센트가 비만을 앓고 있다고 발표했다. 심지어 유아들의 비만도 심각하다. 2천 2백만 명이나 되는 세계의 다섯 살 미만 아이들이 과체중에 시달린다고 한다. 정크푸드와 운동 부족, 컴퓨터 게임, 텔레비전 시청 같은 게 주된 원인이다.

인류는 지금 식량 공급의 과잉이라는 특별한 경험을 하고 있는 중이다. 그런데도 우리가 살아가는 문화는 여전히 음식이 부족하던 세계에 맞추어져 있다. 인류가 음식을 먹고 싶은 만큼 먹을 수 있게 된 것은 그리 오래 되지 않았다. 더러 배부른 시기도 있었지만, 대부분의 시기는 늘 기근과 함께였다. 그렇기 때문에 인간의 몸은 섭취한 영양소를 효과적으로 저장하도록 진화했다.

미국심장협회는 최근 아이들을 위한 양양섭취 지침서를 발표하였다. 특히 눈에 띄는 대목은 동맥경화증이 어린 나이부터 진행된다는 부분이었다. 성인당뇨라고 불리는 제2형 당뇨도 어린이들 사이에서 나타나기 시작했다고 한다. 지금의 추세가 지속된다면 미래 세대의 주인공인 우리 어린이들은 자신의 부모보다 더 수명이 단축될 것이다. 담배, 술 혹은 중독성 약물보다도 음식이 더 몸에 해롭다니 얼마나 충격적인 일인가. 당뇨는 심혈관 계통에 위험을 불러오는 요인이기 때문에, 지금 같은 상황이 지속되면 10년 이내에 심근 경색을 앓는 어린이가 나타날 것이다.

비만은 제2형 당뇨를 유발하는 주된 원인이다. 비만도를 측정하는 데는 체질량지수를 사용한다. 몸무게를 키의 제곱으로 나눈 값이다. 체질량지수가 25에서 30 사이인 사람은 과체중, 30 이상인 사람은 비만으로 분류된다. 체질량지수가 40 이상이면 제2형 당뇨에 걸릴 확률이 15배 증가한다.

커피를 즐겨 마시는 사람은 제2형 당뇨에 걸릴 확률이 줄어든다고 한다. 이를 뒷받침하는 많은 연구가 있다. 디카페인 커피 역시 같은 효과를 보였다. 커피 속의 어떤 성분이 이 같은 효과를 가져오는지, 그리고 그 메커니즘이 무엇인지는 아직 자세히 밝혀지지 않았다. 아연 같은 무기질이나 카페인 혹은 클로로겐산일 수도 있고, 다른 성분일 수도 있다. 동물을 대상으로 진행한 실험 가운데는 디카페인 커피 추출물과 로스팅한 커피의 주요 성분인 합성 퀴니드나 락톤 같은 물질이 몸 전체의 포도당 배출을 촉진한다는 것을 보여주는 사례도 있다.

커피에 들어 있는 어떤 성분이 당뇨병을 막아주는 효능을 갖고 있는 것일까? 그것을 확인하는 유일한 방법은 함유 성분에 차이가 나는 서로 다른 커피를 가지고 실험해보는 것이다. 특정 성분만 분리해 실험하면 보통의 커피를 섭취했을 때 나타나는 현상이 재현되지 않을 수 있기 때문이다.

커피 섭취는 또한 만성 간질환의 위험을 줄여준다. 비만은 담석증 같은 간 관련 질환의 발생 확률도 현저히 높여준다. 커피가 간세포를 보호하는 항산화 작용에 기여하거나 담즙 흐름을 원활히 해줌으로써, 간질환의 위험도를 줄여주기 때문일 것이다. 단순히 당뇨병 환자에게 좋지 않은 다른 음료를 대체했기 때문일 수도 있다. 저칼로리, 저지방 음료로서 커피는 매우 효용성이 높다. 녹차나 커피 혹은 카페인 알약을 섭취하면 제2형 당뇨에 걸릴 확률이 감소한다는 연구도 있다. 일본 오사카 대학교의 과학자들이 밝혀낸 내용이다.

91

암을 예방한다

현대 세계의 경제는 암을 유발하는 토대 위해 구축되어 있다 해도 과언이 아니다. 암은 사람들이 가장 두려워하는 질병이다. 소리 없이 사람의 목숨을 위협하는 암은 사망률이 가장 높은 질병에 속한다. 수천만 명의 사람들이 암으로 고통을 겪고 있다. 많은 종류의 암이 있는데, 모두 건강하지 못한 체세포가 비정상적인 속도로 빠르게 분열하면서 시작한다. 대부분의 암세포는 신체의 다른 부위로 빠르게 전이된다. 암은 담배를 끊고 몸에 좋은 음식을 먹는 등 생활습관을 개선함으로써 예방할 수 있다. 수 세기 동안 카페인은 암을 유발하는 주범 가운데 하나라는 멍에를 짊어져야 했다. 이제는 실험을 통해 전혀 그렇지 않다는 사실이 입증되었다.

암을 가리키는 영어 단어는 캔서cancer다. 그리스어로 게를 뜻하는 카르키노스karkinos에서 유래했다. 암 조직이 퍼져가는 모양이 게 다리같이 생겼다고 해서 붙은 이름이다. 의학의 아버지로 불리는 히포크라테스가 처음 사용하였다.

현대과학은 암을 유발하는 물질 몇 가지를 발견하였다. 콜타르와 콜타

르를 증류할 때 발생하는 벤젠, 탄화수소, 아닐린 따위의 물질, 그리고 석면
같은 것들이다. 또 햇빛을 포함한 다양한 형태의 방사선도 암을 일으키는
것으로 알려졌다. 간염 바이러스, 헤르페스, 엡스타인바 바이러스 같은 바
이러스 종류도 암을 유발할 수 있다.

　미국암학회ACS는 암을 예방하기 위해서는 건강한 식습관을 갖는 게
중요하다며, 채소와 과일을 많이 섭취할 것을 권장하고 있다. 학회의 지침
에 식물인 커피가 포함되는지는 분명하지 않다. ACS는 우선 건강한 몸무게
를 유지할 수 있는 수준을 넘어서는 식품의 섭취를 경고한다. 매일 다섯 가
지 이상의 다양한 야채와 과일을 먹고, 가공한 곡물보다는 정제하지 않은
자연 상태의 곡물을 섭취하고, 육류의 소비를 줄이는 게 건강을 유지하는
길이다.

과학자들은 방사선과 일부 화학 물질이 암을 유발하는 원인이 무엇인지 밝히기 위해 많은 노력을 해오고 있다. 다른 물질과 반응을 잘하고, 안정적이지 못한 분자인 유리기遊離基가 가장 유력한 용의선상에 올라 있다. 유리기는 짝이 없는 홀전자의 형태를 하고 있기 때문에, 안정감을 유지하기 위해 다른 분자와 반응하려 한다. 유리기가 다른 분자와 결합하는 과정에서 세포에 손상이 일어날 수 있는데, 핵에 담긴 유전물질에까지 영향이 미치기도 한다. 일부 유리기는 발암물질 전구체를 발암물질로 발전시킨다. 세포 성장을 저해하거나 암세포의 성장을 막는 데 필요한 면역체계에 손상을 입히기도 한다. 항산화 물질이 우리 신체를 유리기로부터 보호하는 최전선이라 할 수 있겠다.

커피가 항산화 물질을 함유하고 있는 것은 많은 연구를 통해 밝혀졌다. 특히 스위스 네슬레연구센터의 이 부문 연구는 아주 독보적이다. 커피에 항산화 물질이 들어 있다는 것은 곧 커피가 암 예방과 치료에 도움이 될 수 있다는 것을 시사한다.

미국 노스캐롤라이나 주에 있는 국립환경보건연구원은 카페스톨과 카월에 관한 가장 중요한 논문을 발간했다. 커피에만 들어 있는 카페스톨과 카월은 항암작용이 있다고 한다. 카페스톨과 카월은 모두 미未비누화 지방질로서, 커피를 추출하는 방식에 따라 그 농도가 달라진다. 커피를 추출할 때 커피 가루에서 카페스톨과 카월을 함유한 지방 성분이 함께 배어 나온다. 커피를 끓여 추출하는 스칸디나비아식이나 터키식 커피에 가장 많이 함유되어 있고, 인스턴트와 드립 방식의 커피에는 거의 없다. 또 커피에 함유된 폴리페놀 화합물의 일종인 클로로겐산은 쥐의 대장암을 축소하는 효과가 있었다고 한다. 더 나아가 커피와 쌀에 함유된 페룰산은 대장암의 강력한 징후로 여겨지는 이상선와소의 형성을 저해하고, 쥐의 소장암을 예방

하는 효능을 보였다. 따라서 커피와 쌀이 사람에게도 대장암을 예방하는
데 도움이 될 것으로 추정된다.

92

담석을 예방한다

고대 메소포타미아 사제들은 제물로 바친 동물의 내장을 관찰해 해부학 구조를 연구했다고 한다. 점치는 데 사용한 찰흙으로 만든 양의 간 모형도 발굴되었다. 기원전 1900년경의 것으로 추정된다.

오늘날의 이라크에 해당하는 메소포타미아는 매우 복잡한 의학 시스템을 갖추고 있었다. 당시 그곳에는 세 가지 종류의 치유사가 있었다. 첫째는 점쟁이였다. 병에 걸리게 만든 신을 찾아내고, 무슨 영문으로 받는 벌인지 알아냈다. 점쟁이들은 종종 재물로 바친 동물의 간을 가지고 점을 쳐서 병을 진단했다. 간에 목숨이 붙어 있다고 믿었기 때문에, 그들은 이런 방식이 매우 효과적이라고 생각했다. 둘째는 퇴마사였다. 마법을 사용해 심기가 불편한 신을 위로하거나 환자의 몸에서 악신을 쫓아냈다. 셋째는 의사였다. 그들은 약초를 이용해 약을 처방하고, 간단한 수술까지 시행했다.

간은 우리 몸의 신진대사 과정에서 발생하는 두 가지 종류의 노폐물을 처리해 몸 밖으로 내보내는 일을 담당한다. 간에서 분해된 지방 성분은 담관을 통해 담낭으로 모였다가 다시 장을 거쳐 배출된다. 또 한 종류는 주로 요소인데, 신장으로 보내졌다가 방광을 거쳐 배출된다. 담즙은 연두색 빛깔의 액체로서, 간세포에서 합성되어 담관으로 분비된다. 담즙은 잠시 담낭에 저장되었다가 소화를 돕기 위해 작은창자로 보내진다. 담즙은 콜레스테롤, 인지질, 빌리루빈(적혈구 헤모글로빈의 대사산물), 담즙산염 등으로 이루어졌다. 담즙산염은 섭취한 지방을 작은 방울로 분리해 소화와 흡수를 돕는다. 간 손상이나 담석 같은 것에 의해 담관의 기능에 문제가 발생하면, 담즙울체(담즙 분비가 중지되어 지방질 흡수를 방해하는 현상), 지방변증(흡수되지 않은 지방으로 인한 악취가 심한 설사), 황달로 이어질 수 있다. 담석증이 심해져 담즙의 흐름을 막으면 극심한 통증이 발생한다.

　　담즙울체와 담관 염증 질환은 점점 심각한 의료 문제로 부상하고 있다. 미국에서는 40세 이상 성인의 10퍼센트가 담석증을 갖고 있다. 65세가 넘은 경우에는 남성의 10퍼센트, 여성의 20퍼센트가 담석증을 앓는다. 2천만 명 이상이 담석증을 앓고 있는 셈이다. 담석증은 여성과 남성 모두에게 생기는 질병이며, 인종과 관계없이 나이가 많을수록 더 많이 발생한다. 비만은 특히 여성이 담석증에 걸릴 확률을 높여주는 위험 요인이다. 뚱뚱한 사람이 급격히 체중이 감소할 때도 담석증에 걸릴 가능성이 높아진다. 미국에서만 한 해에 수억 달러가 담석증 치료를 위해 지출되고, 수만 건의 담낭절제 수술이 시행된다.

　　커피가 담석증을 방지하는 데 효과가 있을까? 다행스럽게도 '물론 그렇다'이다. 커피가 여성의 몸에 담석이 형성될 위험을 줄여주는 여러 가지 대사 효과를 가지고 있다는 것이 최근의 연구에서 입증되었다. 만일 담관이 노폐물을 실어 나르는 기능이 느려지면, 우리 몸에 증상이 나타나기 시작한다. 우선 변비 현상이 나타날 수 있고, 담석이 형성되어감에 따라 음식물에 거부감을 갖게 된다든지 하는 심각한 문제가 야기된다. 클로로겐산이나 락톤 같은 로스팅에서 생기는 커피 화합물은 몸의 기능을 바로잡아주는 치료 속성을 지니고 있다. 따라서 담즙이 잘 분비되고 이동할 수 있도록 간을 보호해준다.

커피는 담즙의 흐름이 원만히 이루어지고 작은창자의 소화 기능이 잘 작동하도록 하는 시스템의 기능을 향상시켜준다. 물론 소화 능력이 최적으로 발휘되기 위해서는 섬유질을 충분히 섭취한다든지 하는 합리적인 식습관이 형성되어야 한다. 간-쓸개-장으로 이어지는 일련의 기능이 향상되면 커피 애호가들이 느끼는 생기도 한결 생동감이 있을 것이다. 커피를 자주 마시는 사람한테서 나타나는 낮은 담석증 발병률은 녹차라든지 다른 카페인 음료에서는 확인되지 않았다. 커피를 마시지 않는 사람이 저지방식 등 건강 식단을 유지한다 해도 담석증에 걸릴 가능성이 여전히 높은 이유다.

93
통풍을 예방한다

단백질을 섭취할 기회가 적었던 과거에는, 통풍은 단백질 과다섭취로 걸리는 부자 병으로 여겨졌다. 통풍은 혈중 요산 농도가 높아져 관절과 같은 부위에 축적되어 생기는 질병이다. 관절이 붓고 극심한 통증을 동반하는 재발성 발작을 일으킨다. 여성보다 남성에게 더욱 흔하다. 남성은 중년 이후, 여성은 갱년기 이후에 주로 발생한다. 통풍은 유전으로 대물림되는 경우가 많다.

혈중 요산 농도가 높아지면 요산염 결정이 관절에 축적된다. 요산염 결정은 관절의 조직과 관절액 속에 형성된다. 통풍은 발과 발가락같이 온도가 낮은 신체 부위에 흔히 발생한다. 특히 엄지발가락이 가장 쉽게 침범되는 관절이다. 발목, 무릎, 팔목, 팔꿈치에도 자주 발생한다. 통풍이 온도가 낮은 관절 부위에 발생하는 이유는 요산염 결정이 차가운 온도에서 더 빠르게 형성되기 때문이다. 그러나 척추, 골반, 어깨 같은 온도가 높은 부위에 발생하는 경우도 더러 있다.

통풍은 아무런 전조증상 없이 발현될 수 있다. 하지만 부상, 수술, 과

음, 퓨린purine이 풍부한 음식물의 섭취, 질병이 원인이 되어 나타나는 경우
가 많다. 통풍 발작은 주로 환자가 잠들어 있는 동안에 일어난다. 하나의 관
절에서 시작하지만, 나중에는 여러 관절에서 동시에 증상이 나타난다. 극심
한 통증이 특징인데, 관절을 움직이거나 손을 대면 심해진다. 관절이 붓기
때문에 열이 나고, 멍든 것처럼 붉은색이나 푸른색을 띤다. 가벼운 발작은
몇 시간 안에 사라지지만, 몇 주간 지속될 수도 있다. 시간이 흐를수록 발작
빈도가 높아지고, 더 심하게 오래 지속된다.

통풍 발작이 일어나면, 최대 섭씨 38.9도에 이르는 고열과 몸살 증상
이 나타날 수 있다. 초기에는 증상이 멎으면, 원상으로 기능이 회복된다. 발
작이 자주 일어나 만성으로 발전한 경우에는, 관절이 기형이 되거나 굳는
경우까지 발생한다.

통풍환자 가운데 5분의 1 가량은 요산으로 이루어진 신장결석 때문
에 고통을 겪는다. 결석이 요로를 막아 극심한 통증이 발생한다. 제때 치료
하지 못할 경우에는 염증이 생기고, 신장 손상에까지 이를 수 있다. 통풍 외
에 당뇨나 고혈압과 같이 신장에 무리를 주는 다른 질병을 앓는 환자는 신
장 기능이 더욱 떨어져 통풍 증상이 급속히 심화된다. 병원에서는 통상적
으로 통풍 특유의 증상과 발병 부위 검사를 통해 병을 진단한다. 통풍은 관
절염과 증상이 비슷하다. 그래서 관절염의 한 형태로 오진되기 쉽다.

커피는 다양한 메커니즘을 통해 통풍과 혈중 요산 농도에 영향을 미
칠 수 있다. 캐나다 브리티시컬럼비아 대학교의 관절염연구센터는 커피와
차, 그리고 카페인의 섭취와 혈중 요산 농도간의 상관관계를 연구하였다. 그
들은 1988년부터 1994년까지 실시된 3차 국민건강영양조사의 대상이었
던 20세 이상의 남녀 1만 4,758명의 자료를 분석하였다. 선형 회귀법은 물
론 로지스틱스 회귀법을 사용해 고요산혈증高尿酸血症과의 관계도 검사하였

다. 그 결과 매일 커피를 4~5잔 마신 사람이 커피를 전혀 마시지 않은 사람보다 혈중 요산 농도가 낮았다. 커피 섭취량이 6잔 이상인 사람의 결과도 마찬가지였다. 흥미로운 것은 디카페인 커피를 마신 사람의 혈중 요산 농도가 카페인이 들어 있는 커피를 마신 사람과 다르지 않다는 점이었다. 커피나 차 혹은 다른 음료를 통해 섭취한 카페인의 총량과 혈중 요산 농도는 상관관계가 없었다.

커피는 혈중 요산 농도를 낮추는 효과가 있는 반면에, 마찬가지로 카페인을 함유하고 있는 음료인 차는 그렇지 않다는 의미다. 따라서 카페인이 아닌 커피의 다른 성분이 이러한 효과를 일으킨 것이라고 할 수 있겠다.

커피를 둘러싼 오해:
유령은 사라졌다

COFFEE DOES NOT ...

94

열대우림을 해치지 않는다

세계 온실 가스 배출량의 20퍼센트는 개발도상국에서 자행되는 삼림 벌채 때문이다. 지구 표면적의 약 8퍼센트는 열대우림으로 덮여 있다. 일찍이 무서운 빙하가 온대지방을 휩쓸어버린 일이 있었다. 그 영향으로 많은 생명체가 지구상에서 사라졌고, 동물들은 따뜻한 곳을 찾아 열대지방으로 이동하였다. 열대지방은 기후 변화가 적고 안정적이다. 덕분에 풍부하고 복잡한 생태계가 형성되었다. 브라질, 멕시코, 콜롬비아, 중부 아프리카, 동남 아시아 같은 곳이 여기에 해당한다.

열대우림은 지구상에서 가장 넓은 지역을 차지한다. 남아메리카 땅의 45퍼센트가 열대우림이다. 적도를 중심으로 남북으로 펼쳐지는데, 남아메리카 대륙의 5분의 2 지점까지가 열대우림 지대다. 세계에서 가장 긴 강인 아마존 강이 그곳 열대우림의 한가운데를 서에서 동으로 흐른다. 아마존 강 일대 열대우림의 가치는 3조 달러로 평가된다. 남아메리카 전체 국가가 안고 있는 국가 채무 3천억 달러의 열 배에 해당하는 금액이다.

지구 유전자 풀의 30퍼센트 이상이 열대우림에 둥지를 틀고 있다. 그곳에 서식하는 동식물만도 12만 7천 종을 헤아린다. 자연과 과학에 대한 진짜 위협은 이 같은 유전자원이 너무 빨리 소멸되어버리는 것이다. 하루빨리 이들 자원이 인류에게 어떤 혜택을 가져다줄 수 있는지 분석하고 연구해야 한다. 브라질 과학자들은 수십 년 동안 아마존 지역의 식물을 조사 분류하는 일에 힘을 쏟았다. 그리하여 약으로 개발할 가능성이 큰 식물만도 천 종 이상 찾아냈다. 열대우림 지역에는 아직 알려지지 않은 식물도 많은데, 그 수가 10만을 헤아린다. 지역이 매우 넓은데다 생물학적 다양성과 생태적 복잡성을 가지고 있기 때문이다.

아마존 숲에는 세상에서 가장 많은 종의 영장류가 서식하고 있다. 어떤 인디오 부족은 개구리와 두꺼비에서 살상용 독을 구하기도 한다. 그들은 그 독을 화살촉에 묻혀 자신들의 숲을 파괴하러 온 백인들과 맞서 싸웠다. 약품으로 사용할 수 있는 식물과 커피를 포함한 식량 농업을 발전시키는 것만이 불법적인 마약의 재배를 뿌리 뽑는 방안이다.

커피는 아마존 산림의 벌채나 지구 온난화와 아무런 관련이 없다. 주로 목재를 벌채하거나 목축업을 하기 위해 숲을 파괴한다. 중남미의 우림을 파괴해 생산한 값싼 쇠고기는 주로 북아메리카, 중국, 러시아로 수출된다. 여기에 적용되는 화전농법이 열대우림 파괴의 주범이다. 나무가 없는 땅은 사막화 현상이 진행되어 오래 사용할 수가 없다. 불과 몇 년이면 풀이 말라 죽는 건조한 사막으로 변해버린다. 그러면 가축을 키우는 농민은 다른 곳으로 장소를 옮겨야 하고, 목초지를 조성하기 위해 또 열대우림을 파괴하게 된다.

브라질농업연구협회EMBRAPA는 지속가능한 농업을 구축하기 위한 방안을 마련하는 데 고심하고 있다. EMBRAPA는 아마존의 사막화된 지역에 커피나무를 심어 토양을 복원하고 있다. 커피는 그늘 재배 방식으로 재배한다. 그늘 재배 커피란 높은 나무 그늘 아래서 재배하는 커피다. 남미에서는 전통적으로 직사광선에서 커피를 재배해왔다.

의사들이 처방하는 많은 종류의 의약품이 천연 자원을 원료로 해 개발한 것이다. 고등식물에서 채취한 백여 종이 넘는 천연 물질이 전 세계에서 약으로 사용되고 있다. 과학자와 제약회사들은 더 늦기 전에 라틴 아메리카에서 자라는 식물에 특별한 관심을 가질 필요가 있다.

95

골다공증을 일으키지 않는다

"몽둥이나 돌멩이는 뼈를 부러뜨릴 뿐이지만, 말은 마음에 상처를 준다"는 말이 있다. 뼈가 없는 사람의 몸은 상상할 수 없다. 골격은 우리 신체의 틀을 만들어주고, 부드러운 장기를 보호한다. 골다공증은 현대인에게 가장 흔히 발생하는 대사성 뼈질환이다. 골다공증으로 인한 골절 사례도 헤아릴 수 없이 흔하다. 여성의 25퍼센트, 남성의 10퍼센트는 60대 이후에 적어도 한 번 이상 척추 골절이나 골반 골절을 겪는다. 해마다 150만 명 이상의 미국인이 골다공증 관련 골절로 병원 신세를 진다고 한다.

골다공증은 골절이 생기기 전까지는 아무런 증상을 보이지 않는다. 종종 요통이나 자연 골절 혹은 허탈성 척추 증상이 나타날 수 있다. 척추의 변형이나 굽은 자세로 인해 키가 줄어들게 된다. 중년기에 접어들면 골다공증 발생 가능성이 높아지기 때문에 예방에 노력해야 한다. 규칙적인 운동과 금연, 금주, 그리고 충분한 칼슘 섭취가 중요하다. 갱년기가 지난 여성은 매일 적정량의 칼슘(1~1.5g)을 몸에 공급해주어야 한다. 근력운동은 골밀도를 높여준다. 일부 시대에 뒤처진 책은 마치 카페인이 골다공증에 책임이 있는 것처럼 서술하고 있다. 카페인이 칼슘을 오줌으로 배출하게 하는 기능을 촉진한다는 견해가 한때 존재했기 때문이다.

칼슘의 흡수, 혈장 농도 유지, 배출은 엄격한 통제 시스템을 갖고 있어, 외부 요인의 영향을 거의 받지 않는다. 뼈는 평생에 걸쳐 활발한 대사 활동을 수행한다. 뼈의 성장이 멈춘 성인은 한 해 동안에 새로 생성되는 뼈가 흡수되는 뼈를 대체하는 골㉦ 전환율이 10퍼센트 정도다.

카페인을 함유한 음료의 섭취가 골밀도를 감소시켜 골절을 유발한다는 견해가 한때 제기된 적이 있다. 이러한 결과는 관찰 대상자들이 우유 대신 카페인 음료를 마셨기 때문일 것이다. 우유와 카페인이 들어 있는 음료의 소비 사이에는 반비례 관계가 존재한다. 칼슘을 적게 섭취하면 분명 뼈가 취약해진다. 그리고 카페인이 든 음료를 많이 마시게 될 경우 칼슘 섭취가 줄어들 가능성이 있다. 하지만 카페인 음료 한 잔으로 인한 칼슘 섭취 감소량은 아주 미미해서, 우유 한두 모금만 마셔도 충분히 상쇄할 수 있다. 적정량의 커피 섭취는 칼슘의 체내 흡수를 방해하지 않을뿐더러, 오줌이나 대변을 통한 배설을 촉진하지도 않는다. 모든 증거가 분명하다. 커피를 하루 1리터 이상 마실 경우에는 오줌으로 배출되는 칼슘의 양이 증가한다. 따라서 커피를 너무 사랑하는 나머지 극단적으로 많이 마시는 사람은 커피에 우유를 타 마시는 게 해법이 될 것이다.

적정량의 카페인 섭취는 뼈 대사에 직접적인 영향을 주지 않는다. 노인 골다공증이나 골절을 유발하지도 않는다. 카페인이 골다공증과 노인 골절의 주범이라는 의심을 불러일으킨 그간의 오해는 최근의 연구 성과로 해소되었다. 카페인을 다량 섭취할 경우(커피 4잔 이상) 골반 골절에 미미한 영향을 줄 수 있다는 연구도 있으나, 대부분 칼슘, 우유, 인, 단백질, 비타민 C, 그리고 카페인의 섭취는 골반 골절과 아무런 상관관계가 없다고 결

론짓고 있다.

청소년기 때부터 운동을 열심히 하는 게 골절 예방에 좋다. 갱년기에 접어들면 호르몬 분비량이 줄어들어 골밀도가 감소하고 골다공증 유발 가능성이 높아진다. 흡연은 칼슘의 흡수를 방해하기 때문에 골다공증을 악화시킨다. 적정량의 카페인 섭취는 전혀 문제가 되지 않는다. 하지만 노인과 갱년기 여성은 과도한 섭취를 자제하는 게 좋다. 매일 카페인을 5백 밀리그램 이상 섭취하면 골다공증에 걸릴 위험이 있다. 그렇지만 칼슘 섭취량이 8백 밀리그램 미만인 여성에게만 해당하기 때문에, 칼슘을 충분히 먹는 사람은 그마저도 걱정할 필요가 없다.

"커피는 골다공증을 불러일으키는 위험 요인이다"라는 말은 "스무 살에서 쉰 살 사이의 여성 가운데 하루에 최소 한 잔의 우유를 마시지 않으면서 평생 커피를 마시는 사람은 골밀도가 낮아질 가능성이 높다"로 바뀌어야 한다. 골다공증의 주범은 칼슘을 충분히 섭취하지 않는 것이다. 따라서 해법은 커피를 못 마시게 하는 것이 아니라, 칼슘을 충분히 공급해주는 것이어야 한다. 어린 시절부터 우유를 탄 커피를 마시는 습관을 들인다면, 골다공증을 걱정할 이유가 없다. 커피를 마시면 생기가 돌아 육체적 활동이 증진되기 때문에, 오히려 골다공증 예방에 도움이 된다.

96

심장질환을 일으키지 않는다

심장질환은 전 세계가 두려워하는 질병이다. 앞으로 한동안 관동맥성 심장질환이 사망원인의 가장 윗자리를 차지할 것으로 예측된다. 커피는 한때 심혈관질환에 좋지 않다고 알려졌다. 하지만 하루 서너 잔 정도 마시는 것으로는 심장에 전혀 해가 되지 않는다. 지난 수십 년 동안 이루어진 대부분의 연구는 이렇게 결론 내리고 있다. "카페인 섭취와 관동맥성 심장질환은 아무런 상관관계가 없다. 이 같은 결론은 심장에 나쁜 영향을 끼치는 다른 위험 요인이 없는 한 유효하다." 그것은 어떠한 방식의 커피 추출방법을 사용하든 마찬가지다.

1980년대 초에 진행된 트롬쇠 연구Tromsø Study는 커피가 혈청 콜레스테롤과 역기능의 관계에 있다고 결론지었다. 이 실험에는 만 5천 명 정도의 남성과 여성이 피실험자로 참여하였다. 그런데 커피를 많이 마시는 사람일수록 콜레스테롤 수치가 상승했다. 당시는 콜레스테롤 수치가 높으면 심장질환을 유발한다고 생각하던 시기이기 때문에, 커피 섭취가 심장질환의 위험 요인이라고 본 것이었다. 연구 결과는 신문과 잡지에 대대적으로 소개되었다. 그것이 대중의 가슴 속에 크게 각인되어, 커피가 심장질환에 좋지 않다는 통설로 자리 잡게 되었다. 과학자들은 의견이 갈렸다. 커피가 심장질환에 부정적이라는 게 확인되었다는 의견과 근거가 부족하다며 커피에 대한 의혹을 받아들이지 않는 부류로 나뉘었다.

　오랫동안 뚜렷한 과학적 증거도 없이, 카페인은 심장질환을 유발하는 나쁜 음료로 여겨졌다. 그후 시간이 흐르면서 많은 연구가 진행되었다. 그에 따라 카페인과 관동맥성 심장질환 사이에 아무런 상관관계가 없다는 것이 밝혀졌다. 프래밍햄 심장 연구, 조지아 심장 연구, 호놀룰루 심장 연구, 스웨덴 지역사회 연구, 루터교 연구, 고혈압 예방 및 추후관리 프로그램 등이 커피에 덧씌워진 혐의를 벗기는 데 중요한 역할을 수행하였다. 과거의 연구 가운데는 흡연과 같은 다른 요소들을 추적하지 않은 게 적지 않았다. 하지만 프래밍햄 심장 연구 등에서는 커피 섭취뿐 아니라 흡연도 중요한 요소로 고려하였다. 프래밍햄 연구의 분석에 의하면, 커피를 하루 평균 1잔 미만 마신 여성의 23퍼센트가 흡연자였으나, 6잔 이상 마시는 사람의 56퍼센트는 비흡연자였다. 미국의학협회 과학심의회 역시 유사한 결론을 내렸다. "커피 섭취, 곧 카페인의 섭취는 동맥경화성 심혈관질환을 촉진하는 요인이 아니다."

　적정량을 섭취할 경우 커피는 심혈관계 질환뿐만 아니라 심근경색 예방에도 도움이 될 수 있다. 순수 카페인은 심혈관계에 영향을 미치는데, 섭취량과 섭취 습관에 따라 다를 수 있다. 카페인 3백 밀리그램은 아라비카 원두커피 2~3잔 속에 들어 있는 양이다. 커피를 주기적으로 마시지 않는 사람은 심장 박동, 두근거림, 혈압이 증가할 수 있다. 로부스타 원두는 아라비카 원두보다 카페인의 양이 두세 배 많다. 대부분의 커피는 아라비카와 로부스타를 섞어 만든다. 따라서 카페인의 양을 줄이기 위해서는 로부스타를 20퍼센트 이상 섞지 않는 게 좋다.

우울증을 앓는 환자는 그렇지 않은 사람보다 관상동맥 질환에 걸릴 확률이 더 높다. 건강관리에도 소홀하다. 우울증이 관상동맥 질환을 직접 유발하기보다는 관상동맥 질환으로 이어지는 행동을 유발할 가능성이 있다.

스코틀랜드 심장건강 연구는 1980년대 중반부터 1990년대 초까지 진행된 국가 차원의 연구다. 마흔 살에서 쉰아홉 살까지의 남녀 만 천 명을 무작위로 선정한 다음, 장기간에 걸쳐 사망시의 사망 원인과 심장 관련 내용을 추적하였다. 커피를 많이 섭취하는 사람일수록 수명이 길고 심장질환 사망률이 낮았다. 그렇지만 차를 많이 마시는 사람은 그렇지 않았다. 커피가 항산화 작용을 하는 클로로겐산, 락톤 같은 성분을 함유하고 있을 뿐 아니라, 항우울 작용, 오피오이드 길항 작용, 디피리다몰(관상동맥 혈관 확장약) 같은 효과를 발휘한다는 점을 기억하자. 제대로 로스팅한 커피를 마시면 질병 예방에 도움이 된다.

97

고혈압을 일으키지 않는다

고혈압은 미국인의 20퍼센트가 걸리는 아주 위험한 질병이다. 초기에는 뚜렷한 증세를 보이지 않는다. 그러나 치료시기를 놓치면 관동맥성 심장 질환, 뇌졸중, 심부전, 신부전, 시각 장애 같은 심각한 건강상의 문제가 발생할 수 있다. 뇌졸중은 특히 위험한 질병으로, 뇌 손상은 물론 심할 경우 목숨까지 위태로워질 수 있다. 몸을 움직이지 못하거나, 감각 마비, 시각 장애, 언어 장애, 인지능력 저하 같은 증상이 나타난다. 뇌졸중에 걸리지 않으려면 평소에 건강한 생활 습관을 들여야 한다.

카페인과 고혈압의 상관관계를 다룬 논문과 책이 많이 발간되었다. 1978년 이탈리아에서 실시된 커피 섭취와 고혈압에 관한 연구는 커피가 고혈압 예방에 효과가 있다는 것을 입증하였다. 주기적으로 술을 마시는 고혈압 환자나 고혈압 초기증상을 보이는 남성이 하루에 커피 3잔 이상을 마시면, 혈압이 낮아진다는 연구도 있다. '에스프레소 역설'인 셈이다.

보르도산 와인이 콜레스테롤을 없애준다는 뉴스를 종종 접하게 된다. 프랑스 사람들이 와인에서 맛보는 역설을 이탈리아에서는 에스프레소에서

만나게 된다. 이탈리아인의 사망률 감소는 에스프레소의 소비 증가와 관련
이 있다. "프랑스 여자는 살이 찌지 않는다"(미레유 길리아노의 베스트셀러 책 제목
에서 빌려옴)는 말에 빗대 말하자면, 이탈리아 여성이 멋지게 보이는 것도 다
이유가 있다.

이제 세계는 하나의 큰 마을이다. 민족적 특성으로 잘 차려진 스모가
스보드(온갖 음식이 다양하게 나오는 뷔페식 식사. 스웨덴어. ─편집자 주)에서 마음에 드
는 것을 고를 수 있는 것이다. 독일인의 정확함, 네덜란드인의 관용, 프랑스
인의 우아함, 이탈리아인의 낭만… 지중해 사람들의 삶의 방식은 인생을 적
극적으로 살아가는 열정이다. 누가 그들을 존중하고 부러워하지 않을 수 있
을까? 그들의 건강한 삶의 한가운데 에스프레소 커피가 있다.

일본에서는 커피 생두에서 추출한 물질이 고혈압에 효과가 있다는 것
을 밝혀냈다. 사람을 대상으로 한 임상실험은 엄격한 과학적 기준에 입각
해 수행되었다. 고혈압 환자들에게 생두 추출 물질을 투여해 상관관계를 밝
히는 연구였다. 낮은 수준의 고혈압을 앓는 환자에게서 혈압이 내려가는 더
긍정적인 결과를 도출할 수 있었다.

이제부터는 커피의 효과를 말할 때 아라비카인지, 로부스타인지 혹은
어떻게 블렌딩한 것인지, 커피의 품종을 염두에 둘 필요가 있다. 또한 카페
인 외의 커피 성분도 고려해야 한다. 혈압에 영향을 주는 요인들은 아주 많
다. 몸무게(비만), 운동(정주 생활양식), 소금 섭취량, 흡연, 음주, 스트레스 같은
생활 요인뿐 아니라 유전적 요인도 포함된다. 고혈압은 관동맥성 심장질환,
뇌졸중, 심부전 등의 주요한 위험 요인이기 때문에, 고혈압 증상이 조금만
줄어도 공공 보건 및 재정 측면에서 큰 도움이 될 수 있다. 카페인 섭취와
고혈압 사이의 관계를 밝히기 위해서는 좀 더 많은 임상 실험이 진행되어야
한다. 카페인을 섭취하면 단기적으로는 혈압이 꽤 높아졌지만, 복용이 거듭

될수록 점차 그 효과는 줄어들었다.

　대다수의 의사와 과학자들은 카페인 섭취가 고혈압에 어떤 영향을 미치는지 장기적 효과 차원에서 접근해야 한다고 주장한다. 카페인 함유 음료를 너도나도 일상적으로 즐겨 마시게 되었기 때문에, 공공 보건을 위해 관점의 전환이 있어야 한다는 것이다. 카페인뿐만 아니라 로스팅한 커피 속에 들어 있는 다른 성분을 과학적으로 분석하는 일도 게을리 하면 안된다. 그렇지 않으면, 잘못된 연구에 엄청난 예산이 낭비될 뿐이다. 스트레스, 흡연, 음주 역시 건강을 위해 삼가야 할 일상생활의 중요한 부분이다.

98
이를 변색시키지 않는다

치과의사들은 환자를 더 많이 유치하고 환자들에게 더 많은 서비스를 제공하기 위해, 흔히 커피가 치아에 착색 현상을 일으킨다고 주장한다. 로스팅한 커피의 짙은 갈색이 이빨을 보기 흉하게 변색시키는 원인이라는 것이다. 커피를 마실 때 이빨이 커피 속에 잠기는 위쪽 앞니가 변색될 가능성이 가장 크다고 한다. 그렇기 때문에 될 수 있는 대로 커피를 빨리 마시고, 물로 입을 헹궈낼 것을 권장한다. 커피를 마시는 시간이 짧을수록 커피가 이빨을 변색시킬 가능성이 줄어든다는 것이다. 그러나 이는 의사들이 받아들이기 힘든 주장이다. 커피를 마시는 데 도대체 얼마나 오랜 시간이 걸리는가? 한 시간? 일 분? 검붉은 케첩이나 진노랑 당근을 먹을 때보다 커피가 더 오래 입안에 머물기라도 한단 말인가!

라이코펜은 검붉은 색깔을 띤 일종의 카로티노이드 색소로서, 토마토, 수박, 자몽, 붉은 피망 등에 들어 있다. 커피보다 더 착색이 잘 되고 광범위하게 소비되고 있다. 하지만 라이코펜이 치아에 물든다고 경고하는 치과의사를 본 적이 있는가?

　　치아 변색의 가장 주요한 원인은 흡연과 노화다. 치과의사들의 밝혀낸 과학적 연구의 결과다. 그리고 여성보다 남성이 더욱 심하다. 흡연이 치아를 변색시키는 가장 중요한 요인이라는 것은 분명하다. 그런데 담배를 필 때 많은 사람이 커피를 마시기 때문에, 커피가 더불어 치아 변색의 원흉으로 지탄받는지도 모르겠다. 차와 커피가 치아를 변색시킨다는 주장은 입증된 적이 없다. 커피가 이빨을 보기 흉하게 만든다는 것은 단순한 억측일 뿐이다. 식사를 마치고 양치질하듯이, 그런 근거 없는 생각은 머릿속에서 깨끗이 지워버리기 바란다.

　　실제로는 커피를 자주 마시는 사람의 치아가 더 건강하다고 한다. 미국화학학회 기관지에 실린 한 논문은 로스팅한 커피 원두의 항생 효과를 강조하고 있다. 항생 효과 때문에 커피가 충치를 유발하는 세균을 살균하는 작용을 한다는 것이다.

이탈리아에서도 일부 커피 분자가 충치를 일으키는 세균이 치아 에나멜에 흡착하지 못하도록 방지한다는 것을 밝혀냈다. 연구를 이끈 이탈리아 파비아 대학의 가브리엘라 가자니 박사는 "커피 생두 속에도, 로스팅한 커피 원두 속에도 들어 있는 분자의 작용으로, 모든 커피 용액은 치아 에나멜에 이물질이 붙는 것을 막는다"고 말했다.

트리고넬린이라는 수용성 화합물이 이 같은 작용에 깊이 관여하는 것으로 추정된다. 트리고넬린은 커피 음료의 맛과 향에 기여하는 물질이다. 항생작용과 항부착 작용이 다름아닌 커피가 충치를 예방하는 원인이라는 가설이 가능할 것이다. 커피가 치아 표면에서 세균이 증식하는 것을 억제하고, 아울러 세균으로 인해 충치가 발생하는 것을 막아준다는 것이다. 커피 애호가들이여, 안심하고 활짝 미소 짓기 바란다! 그래도 정 걱정되면, 하루에 2번씩 이빨을 닦으면 된다.

99

소화기 장애를 일으키지 않는다

사람들은 그 무엇보다 음식을 사랑한다. 소화불량이란 복통, 복부 팽만감, 트림, 속쓰림 같은 증상을 말한다. 치료를 받는 사람은 극히 드물지만, 이 같은 증상을 갖고 있는 사람이 성인 네 명 가운데 한 사람일 정도로 흔하다. 소화기 계통의 불편을 호소하는 환자에게 의사들은 커피 섭취를 자제하라고 당부한다. 변비, 트림, 식도 역류, 위염, 장염, 위궤양 환자들에게도 마찬가지다. 커피가 소화기 장애와 관련이 있다는 증거는 어디에도 없다. 하지만 소화불량, 메스꺼움, 구토, 속쓰림, 위염, 위궤양 같은 증상을 호소하는 환자라면 지나친 커피 섭취는 피하는 게 좋다.

잘 추출한 커피는 환상적인 맛이지만, 잘못 추출한 커피는 맛이 끔찍하다. 맛없는 커피라도 커피를 마시지 못하는 것보다는 낫다는 말이 있기는 하지만, 그 차이는 하늘과 땅처럼 멀다. 커피에 예민한 사람들이 커피를 마실 경우 위액 분비가 증가할 수 있다. 하지만 건강한 사람은 매일 커피를 마셔도 위염에 걸리지 않는다. 카푸치노, 프라푸치노, 카페오레처럼 우유를 섞은 커피는 소화기 계통의 증상을 호소하는 사람들에게 좋다. 저산성, 저자극 커피도 시장에 출시되어 있다. 물론 위궤양이나 궤양성 대장염 환자들은 커피 섭취를 자제하고, 적절한 의학적 치료를 받아야 한다.

이제는 디카페인 커피에 이어 속이 쓰리지 않은 커피가 출시되고 있다. 지난 몇 년간의 커피 전쟁에서 가장 치열한 싸움은 업계 대표 브랜드 사이에서 일어났다. 맥도날드와 던킨도너츠가 스타벅스와 커피 시장에서 경쟁을 시작했고, 캐리부커피, 피츠커피앤티 같은 새로운 커피 프랜차이즈가 등장하였다. 버거킹에서는 카페인 함유량이 더욱 높은 커피를 출시하였다.

스타벅스와 미국 시장 점유율 1위를 다투는 폴저스는 위에 부담을 주지 않는 커피를 내놓아 전쟁의 새로운 국면을 열었다. '심플리 스무스'Simply Smooth라는 상품명으로 등장한 이 제품은 커피를 줄여야 한다고 생각하는 사람들을 겨냥한 것이다. 다른 소규모 회사들도 잇따라 부드러운 커피를 출시하였다.

이렇듯 부드러움을 약속하는 커피가 줄줄이 시장에 선보였지만, 일부 저명한 위장병 학자들은 커피가 정말로 위장에 문제를 일으키는지 근본적인 의문을 제기하고 있다. 스탠퍼드 대학교 연구진은 커피를 비롯한 특정 음료를 끊으면 속쓰림 치료에 도움 된다는 주장은 과학적 근거가 없다고 밝혔다. 담배, 술, 커피, 매운 음식, 감귤류, 초콜릿이 위식도 역류를 악화시킨다는 증거도 없다고 한다.

위장에 부담을 주지 않는 커피는 1927년부터 유럽에 등장하였다. 다보벤이 특허 출원한 산도가 낮은 이데 커피는 오늘날에도 인기가 많다. 같은 부류의 저산 커피로는 프랑스의 알레제, 독일의 라이자마 카페 등이 있다.

심플리 스무스는 독일의 저산 커피를 보고 폴저스가 자사 브랜드의 저산 커피로 개발한 것이다. 소비자 조사를 해보니 커피를 마시면 속이 좋지 않다고 답한 사람들이 많았던 것이다. 이런 소비자를 위한 커피를 출시

하면, 190억 달러인 미국 커피 시장의 10퍼센트를 점유할 수 있을 것이라고
생각했다. 그러나 다른 저산 커피와 달리 심플리 스무스는 일반 커피와 산
도가 비슷하다. 가격은 일반 커피보다 20퍼센트 가량 비싸다.

속이 괜찮은 날에는 일반 커피를 마시지만, 위산과다를 겪는 날에는
저산 커피를 마시는 사람이 생겨나고 있다. 위장이 좋지 않을 때 일반 커피
를 마시면 위산 역류가 생기기 때문에, 대안으로 저산 커피를 찾는 것이다.
디카페인 커피를 포함한 어떤 종류의 음료도 카페인과 마찬가지로 혹은 더
강하게 위산 분비를 자극할 수 있다. 따라서 위궤양 환자들은 카페인뿐만
아니라 커피나 콜라 열매로 만든 음료 모두를 삼가야 한다.

100

암을 일으키지 않는다

암은 정말 무서운 병이다. 암은 심혈관질환과 더불어 가장 많은 사람들의 목숨을 앗아가는 질병이다. 수십 년 동안 카페인은 위암, 간암, 췌장암, 유방암 등 다양한 암을 일으키는 원인의 하나로 생각되었다. 하지만 최근에는 카페인이 오히려 요로암, 신장암, 방광암에 걸릴 확률을 낮춰준다는 주장이 제기되었다.

긍정적이든 부정적이든 이 같은 주장의 문제점은 연구가 불충분하고, 완성도가 떨어지며, 만족스럽지 못하다는 것이다. 따라서 카페인을 함유한 음료가 암 유발과 상관관계가 있는지 여부는 아직까지 입증된 바 없다. 현재로서는 카페인은 매우 안전하다고 말할 수 있다. 카페인을 섭취한다 해서 암에 걸릴 위험은 없다.

1981년에 하버드 대학 연구진은 커피가 췌장암을 유발한다는 연구 결과를 발표하였다. 이로 인해 많은 사람들이 한때 공황 상태에 휩싸였다. 일시적으로 커피 소비가 급락하기도 했다. 하지만 얼마 지나지 않아 주범은 커피가 아니라 흡연이라는 게 밝혀졌다. 수차례의 장기 역학 연구를 통해 커피와 췌장암 사이에 아무런 상관관계가 없음이 입증되었다. 실수한 인생이 무위도식하는 삶보다는 한층 명예롭고 유용한 법이다.

방광암과 신장암은 흡연자들이 비흡연자보다 3배가량 많이 걸린다. 그런데 커피를 마시는 사람들이 흡연도 한다는 사실을 고려하지 못했기 때문에, 커피가 방광암과 신장암을 유발한다고 단정 지은 연구가 여럿 나왔다. 니코틴이 방광과 신장에 부정적인 영향을 끼치는 것은 의심할 나위가 없다. 니코틴이 분해되면서 코티닌이라는 물질이 발생하는데, 코티닌은 방광과 신장에 축적된다. 코티닌은 강한 발암물질로서, 흡연자들에게서 흔히 검출된다. 커피는 유방암을 유발한다는 오해를 받기도 했다. 커피 섭취가 섬유 낭포 유방 질환과 가벼운 상관관계가 있다는 것이다. 그러나 이 역시 거짓으로 판명 났다.

일본에서는 습관적으로 커피를 마시는 사람들이 간세포암에 걸릴 확률이 줄어들었다는 연구가 발표되었다. 일본인들에게 녹차는 매우 인기 있는 음료다. 하지만 녹차와 간세포암 사이의 연관성은 발견되지 않았다. 커피가 간에 좋은 영향을 미친다는 것은 국립당뇨소화신장질환연구소에서 입증하였다. 만여 명의 피실험자를 상대로 조사한 결과, 커피를 마시는 사람과 마시지 않는 사람의 간질환 발생률이 현저하게 달랐다. 하루에 커피를 한 잔 이상 마시는 사람들이 지난 20년간 간질환으로 입원하거나 사망한 경우는 커피를 한 잔 이하 마시는 사람의 절반에 지나지 않았다.

대장암은 암 가운데 사망 원인이 가장 높은 2대 암으로 꼽힌다. 미국인의 5퍼센트가 대장암에 걸리고, 해마다 대장암 환자 가운데 5만 5천 명이 목숨을 잃는다. 이탈리아 밀라노에 자리한 마리오네그리 약학연구소는 커피가 대장암을 예방하는 효과가 있다는 것을 밝혀냈다. 캐나다 캘거리 대학교의 연구진은 커피가 원위부 대장암보다 근위부 대장암을 예방하는 효과가 더 크다고 판단하였다.

한편 하버드 의과대학에서는 디카페인 커피가 직장암을 예방하는 효과가 있다는 것을 찾아냈다. 디카페인 커피를 주기적으로 마신 사람의 직장암 발병률이 현저히 낮았다. 카페인 함유량이 적거나 거의 없는 커피에서 이 같은 효과가 나타난 이유는 무엇일까? 커피에 들어 있는 클로로겐산이나 디테르펜 같은 다른 성분이 효능을 발휘하게 만든 요인일 수 있다.

커피에서 검출되는 생리활성 화합물을 분석한 연구는 거의 없다. 그것이 커피 과학자들이 커피 섭취와 대장암 사이의 상관관계를 선뜻 동의하지 못하는 이유일 수 있다. 많은 연구자들은 모호한 입장을 가지고 있다. 적절히 로스팅한 커피(갈색)는 강배전 로스팅 커피(검은색)에 비해 사람의 건강에 확연히 다른 효과를 갖고 있는 것으로 보인다.

커피와 카페인을 둘러싸고 근거 없이 떠돌던 유령은 이제 완전히 사라졌다.

101

어린이에게 해롭지 않다

　어린이는 세상에서 가장 값진 자원이다. 어린이가 카페인이 들어 있는 커피를 마실까봐 걱정하는 부모들이 많다. 하지만 그들은 아이들이 콜라와 같이 카페인이 듬뿍 들어 있는 음료를 늘 마신다는 것을 간과하고 있다. 콜라야말로 어린이 비만의 주범이다. 삶의 질을 떨어뜨리고, 기대수명을 크게 단축시킨다.

　식품이 어린이들의 과잉 행동 장애나 정서 장애 등을 유발할 수 있다는 믿음이 확산되면서, 이에 대한 반응의 하나로서 카페인이 크게 주목받고 있다. 미국에서는 아이들에게 커피를 권장하지 않는다. 그러면서도 카페인을 함유한 탄산음료에 대해서는 말이 없다. 큰 콜라 병에는 커피 4잔 분량의 카페인이 들어 있다. 뿐만 아니라 칼로리도 높아 비만을 유발한다. 건강을 걱정하는 사람들을 위해 저칼로리 혹은 무칼로리 탄산음료가 대안으로 등장하였다. 비만을 방지하고 각종 질병을 예방하는 데 분명 도움이 될 것이다.

　그러나 많은 연구자들은 설령 저칼로리라 하더라도 탄산음료를 하루에 한 잔 이상 마시면 대사성 질병에 걸릴 확률이 높아진다고 이야기한다. 대사성 질병 환자들은 관동맥성 심장질환, 뇌졸중, 말초혈관계 질환, 제2형 당뇨 같은 질병에 걸릴 확률이 더 높다. 대사성 질병은 점점 증가하는 추세다.

카페인을 둘러싼 많은 논란 가운데는 임신중 태아에 영향을 준다는 주장이 있다. 출산후 젖먹이의 행동 발달에 반영된다는 것이다. 식품으로 섭취하는 카페인이 아이들의 행동에 부정적인 영향을 미치는지, 긍정적인 영향을 미치는지 논란이 많다.

미국국립보건원 산하의 국립정신의학연구소는 카페인이 어린이들에게 미치는 영향을 연구한 모든 논문을 분석하였다. 그 결과 카페인이 아이들에게 미치는 영향은 아주 미미해서 해롭지 않다는 것을 확인할 수 있었다. 커피가 어린이의 건강에 좋지 않다는 생각은 잘못된 것이며, 하루빨리 바로잡아야 한다. 카페인의 유무, 우유 혼합 여부와 관계없이 모든 커피는 어린이의 건강에 해롭지 않다.

카페인이 어린이들에게 어떤 영향을 끼치는지 살피기 위해 주의력 결핍 장애가 있는 어린이와 정상 어린이 2백여 명을 대상으로 조사 연구가 진행되었다. 과격하거나 파괴적인 행동을 보인다는 부모들의 평가가 있었지만, 그것은 어린이들의 세계에서 평균적으로 나타나는 수준이었다. 카페인이 해롭다는 증거는 어느 것 하나 도출되지 않았다. 어린이들과 청소년들이 커피를 마시지 못하게 할 이유가 전혀 없다.

브라질과 같이 커피를 재배하는 나라에서는 우유를 섞은 커피를 학교급식으로 제공한다. 이들 나라의 비만율은 매우 낮다. 오직 라틴아메리카 국가에서만 커피가 학교 급식에 들어가 있다. 우유를 탄 커피는 라틴 아메리카의 사회문제의 하나인 배고픔을 이기는 데 도움을 준다. 뿐만 아니라

학교 성적 증진에도 효과가 있었다. 학교급식 프로그램에 열심히 참여한 학생은 수학 성적이 높아지고, 결석이나 지각이 눈에 띄게 줄었다. 하지만 학교급식 프로그램에 참여하지 않은 학생들은 종전대로였다. 학교급식으로 인한 효과는 사회심리적인 영역에서도 나타났다.

카페인은 전 세계 어린이들이 흔하게 섭취하고 있다. 적은 양의 카페인은 아이들에게 해롭지 않다. 오히려 건강에 유익할 수 있다. 아직까지 커피에서 검출된 미네랄, 니아신, 클로로겐산, 락톤 등이 어떤 유익함을 가져다주는지 충분히 연구되지 못했다. 커피의 효능을 제대로 알기 위해서는 커피를 마시는 것과 탄산음료, 에너지 음료를 마시는 것이 어린이와 청소년들에게 어떤 영향을 가져다주는지 비교 연구할 필요가 있다. 그럼으로써 천연음료인 커피를 마시는 것과 인공 음료를 마시는 것이 어떤 차이가 있는지 확인할 수 있을 것이다. 물론 우리는 커피가 인공 음료보다 훨씬 건강에 유익하다는 것을 잘 안다. 우리 아이들에게 몸에 해로운 인공 음료 대신 커피를 제공하는 데 주저하지 말자. 우유를 섞은 커피라면 더욱 좋다.

참고문헌

Chapter 1

1. Clifford M.N. and Willson K.C.(Editors), *Coffee; botany, biochemistry and production of beans and beverage*, London: Croom Helm, 1985.

2. Clarke R.J. and Macrae R.(Editors), *Coffee*, London: Elsevier Applied Science Publishers, 1987.

3. Willet, W., *Eat, Drink, and Be Healthy: The Harvard Medical School Guide to Healthy Eating*, Simon and Schuster, 2001.

Chapter 2

1. Clifford M.N. and Willson K.C.(Editors), *Coffee; botany, biochemistry and production of beans and beverage*, Croom Helm, 1985.

2. Clarke R.J. and Macrae R.(Editors), *Coffee*, London: Elsevier Applied Science Publishers, 1987.

3. Santos, RM & Lima, DR, *Coffee, the Revolutionary Drink for Pleasure and Health*, USA: XLibris, 2007.

Chapter 3

1. López-Galilea I, De Peña MP, Cid C., Correlation of selected constituents with total antioxidant capacity of coffee beverage: influence of brewing procedure, *J Agric Food Chem*, 2007 Jul.

2. Yen WJ, Wang BS, Chang LW, Duh PD., Antioxidant properties of roasted coffee residues, *J Agric Food Chem*, 2005 Apr.

3. Gómez-Ruiz JA, Leake DS, Ames JM, In vitro antioxidant activity of coffee compounds and their metabolites, *J Agric Food Chem*, 2007 Aug.

Chapter 4

1. Trugo LC, Macrae R., Chlorogenic composition of instant coffees, *Analyst*, 1984 Mar.

2. Trugo LC, Macrae R, Dick J., Determination of purine alkaloids and trigonelline in instant coffee and other beverages using high performance liquid chromatography, *J Sci Food Agric*,1983 Mar.

3. Moreira RF, Trugo LC, de Maria CA, Matos AG, Santos, SM, Leite JM., Discrimination of Brazilian arábica green coffee samples by chlorogenic acid composition, *Arch Latinoam Nutr*, 2001 Mar.

Chapter 5

1. Dorea, JG and da Costa, H., Is coffee a functional food?, *Br J Nutr*, 2005 Jun.

2. Higdon, JV and Frei, B., Coffee and health: a review of recent human research, *Crit Rev Food Sci Nutr*, 2006.

3. Santos, RM & Lima, DR, *Coffee, the Revolutionary Drink for Pleasure and Health*, 2007.

Chapter 6

1. Satel S., Is caffeine addictive? - a review of the literature. *Am J Drug Alcohol Abuse*, 2006.

2. http://www.wada-ama.org/rtecontent/document/2009_Prohibited_List.

3. Weinberg, BA & Bealer, BK, *The Caffeine Advantage; How to sharpen your Mind, Improve your Physical Performance and Achieve your Goals—The Healthy Way*, NY: Free Press, 2002

Chapter 7

1. Weissman, M., *God in a Cup: The Obsessive Quest for the Perfect Coffee*, USA: Andrews MacMeel Pub, 2007

2. Ernesto Illy and Diego Pizano(editors), *Coffee and Health: New Research Findings*, London: The Commodities Press, 2004.

3. Santos, RM & Lima, DR, *Coffee, the Revolutionary Drink for Pleasure and Health*, 2007.

Chapter 8
1. Espejo Sema A. et al., Orchids from coffee-plantations in Mexico: an alternative for the sustainable use of tropical ecosystems, *Rev Biol Trop*, 2005 Mar-Jun.

2. Jaramillo J, Borgemeister C, and Baker P., Coffee berry borer Hypothenemus hampei (Coleoptera: Curculionidae): searching for sustainable control strategies, *Bull Entomol Res*, 2006 Jun.

3. Jaffee, D., *Brewing Justice: Fair Trade Coffee, Sustainability, and Survival*, 2007.

Chapter 9
1. http://www.globalexchange.org/campaigns/fairtrade/coffee

2. http://www.oxfam.org.au/shop/buy-fairtrade

3. http://www.organicconsumers.org/starbucks/index.cfm

Chapter 10
1. Winkelmayer WC, Stampfer MJ, Willett WC, Curhan GC., Habitual caffeine intake and the risk of hypertension in women, *JAMA*, 2005 Nov.

2. Saldana TM, Basso O, Darden R, and Sandler DP., Carbonated beverages and chronic kidney disease, *Epidemiology*, 2007 Jul.

3. Tucker KL et al., Colas, but not other carbonated beverages are associated with low bone mineral density in older women: The Framingham Osteoporosis Study, *Am J Clin Nutr*, 2006 Oct..

Chapter 11
1. Lotito, SB and Frei, B., Consumption of flavonoid-rich foods and increased plasma antioxidant capacity in humans: cause, consequence, or epiphenomenon, *Free Radic Biol Med*, 2006 Dec.

2. Erdman, JW Jr, Carson L, Kwik-Uribe C, Evans EM, Allen RR, Effects of cocoa on risk factors for cardiovascular disease, *Asia Pac J Clin Nutr*, 2008.

3. Kumar N., Titus-Ernstoff L., Newcomb PA, Trentham-Dietz A., Anic G., Egan KM, Tea consumption and breast cancer, *J Natl Cancer Inst*, 2005 Feb.

Chapter 12
1. Chen L. et al., Alcohol consumption and the risk of nasopharyngeal carcinoma: a systematic review, *Nutr Cancer*, 2009.

2. Nayak RB, Murthy P., Fetal Alcohol Spectrum Disorder, *Indian Pediatr*, 2008 Dec.

3. Walzem RL, Wine and health: state of proofs and research needs, *Inflammopharmacology*, 2008 Dec.

Chapter 13
1. Collins MA et al., Alcohol in Moderation, Cardioprotection and Neuroprotection: Epidemiological Considerations and Mechanistic Studies, *Alcohol Clin Exp Res*, 2008 Nov.

2. Li Y, Baer D, Friedman GD Md, Udaltsova N, Shim V, Klatsky AL., Wine, Liquor,beer and risk of breast cancer in large population, *Eur J Cancer*, 2008 Dec.

3. Klatsky AL., Alcohol, wine and vascular diseases: an abundance of paradoxes, *Am J Physiol Heart Circ Physiol*, 2008 Feb.

Chapter 14
1. Shoham DA et al., Sugary soda consumption and albuminuria: results from the National Health and Nutrition Examination Survey, 1999-2004, *PLoS ONE*, 2008.

2. O'Connor TM, Yang SJ, and Nicklas TA, Beverage intake among preschool children and its effect on weight status, *Pediatrics*, 2006 Oct.

3. Harnack L, Stang J, Story M., Soft drink consumption among US children and adolescents: nutritional consequences, *J Am Diet Assoc*, 1999.

Chapter 15, 16 1. Reissig CJ, Strain EC, Griffiths RR., Caffeinated energy rinks- A growing problem, *Drug Alcohol Depend*, 2009 Jan.

2. Miller KE, Energy drinks, race and problem behaviors among college students, *J Adolesc. Health*, 2008 Nov.

3. Miller, KE, Wired: energy drinks, jock identity, masculine norms, and risks taking, *J Am Coll Health*, 2008 Mar-Apr.

Chapter 17 1. Hayashi M, Masuda A, Hori T., The alerting effects of caffeine, bright light and face washing after short daytime nap, *Clin Neurophysiol*, 2003 Dec.

2. Michael, N, Johns M, Owen C, Patterson J., Effects of caffeine on alertness as measured by infrared reflectance oculography, *Psychopharmacology*, 2008 Oct.

3. Brice, C. and Smith, A., The Effects of Caffeine on Simulated Driving, Subjective Alertness and Sustained Attention, *Human Psychopharmacology*, 16, 2001.

Chapter 18 1. Lopez-Garcia, van Dam, Li, Rodriguez-Artalejo, and Hu, The Relationship of Coffee Consumption with Mortality, *Annals of Internal Medicine*, 2008 June.

2. Debry, G., *Coffee and Health*, Paris: John Libbey, 1994.

3. Santos, RM & Lima, DR, *Coffee, the Revolutionary Drink for Pleasure and Health*, 2007.

Chapter 20 1. Leviton, L. Cowan, A review of the literature relating caffeine consumption by women to their risk of reproductive hazards, *Food and Chemical Toxicology*, 40, 2002.

2. Al-Hachim, G., Teratogenicity of caffeine; a review, *European Journal of Obstetrics, Gynecology and Reproductive Biology*, 1989.

3. Bodil Hammer Bech et al., Effect of reducing caffeine intake on birth weight and length of gestation: randomised controlled Trial, *BMJ*, 2007 Jan.

Chapter 21 1. F.X. Castellanos, J.L. Rapoport, Effects of caffeine on development and behavior in infancy and childhood: a review of the published literature, *Food and Chemical Toxicology*, 40, 2002.

2. Baer, R.A., Effects of caffeine on classroom behavior, sustained attention, and a memory task in preschool children, *Journal of Applied Behavior Analysis*, 20, 1987.

3. Bernstein, G.A. et al., Caffeine effects on learning, performance, and anxiety in normal school-age children, *Journal of the American Academy of Child and Adolescent Psychiatry*, 1994.

Chapter 22 1. Adhami VM, Syed DN, Khan N, Afaq F., Phytochemicals for prevention of solar ultraviolet radiation-induced damages, *Photochem Photobiol*, 2008 Mar-Apr.

2. Lu YP, Lou YR, Peng QY, Xie JG, Nghiem P, Conney AH., Effect of caffeine on the ATR/Chk1 pathway in the epidermis of UVB-irradiated mice, *Cancer Res*, 2008 Apr.

3. Rogozin EA et al., Inhibitory effects of caffeine analoqgues on neoplastic transformation: structure-activity relationship, *Carcinogenesis*, 2008 Jun.

Chapter 23
1. Smith, A.P, Effects of caffeine on human behavior, *Food and Chemical Toxicology*, 40, 2002.
2. Brice, C.F. & Smith, A.P., Effects of caffeine on mood and performance: a study of realistic consumption, *Psychopharmacology*, 2002.
3. Smith, A. P.; Brockman, P.; Flynn, R.; Maben, A. and Thomas, M, Investigation of the effects of coffee on alertness and performance during the day and night, *Neuropsychobiology*, 1993.

Chapter 24
1. Zhu SP et al., Study on factors related to top 10 junk food consumption at 8 to 16 years of age, in Haidian District of Beijing, *Zhonghua Liu Xing Bing Xue Za Zhi*, 2008 Aug.
2. Bayol SA, Macharia R, Farrington SJ, Simbi BH, and Stickland NC., Evidence that a maternal "junk food" diet during pregnancy and lactation can reduce muscle force of offspring, *Eur J Nutr*, 2008 Dec.
3. Boone-Heinonen J, Gordon-Larsen P, Adair LS., Obesogenic clusters: multidimensional adolescent obesity-related behaviors in the U.S., *Ann Behav Med*, 2008 Dec.

Chapter 25
1. Santos, RM & Lima, DR, *Coffee, the Revolutionary Drink for Pleasure and Health*, 2007.
2. Johnson-Kozlow, M. et al., Coffee Consumption and Cognitive Function among Older Adults, *American Journal of Epidemiology*, 2001.
3. Smith, A. and Brice, C., Behavioural Effects of Caffeine, *American Chemical Society*, 2000.

Chapter 26, 29, 31, 32, 34, 40
1. Santos, RM & Lima, DR, *Coffee, the Revolutionary Drink for Pleasure and Health*, 2007.
2. James, JE, *Caffeine and Health*, London: Academic Press, 1991.
3. Gerard, D., *Coffee and Health*, Paris: John Libbey, 1994.

Chapter 27
1. Nguyen-Van-Tam, D.P. and Smith, A.P., Caffeine and human memory: a literature review and some data, *Proceedings of the 19th ASIC Colloquium*, Trieste, 2001, CD-Rom.
2. Van Boxtel, M. P. J. and Jolles, J., Habitual coffee consumption and information processing efficiency, *Proceedings of the 18th ASIC Colloquium*, Helsinki, 1999.
3. Riedel, W.; Hogervorst, E.; Leboux, R. et al., Caffeine attenuates scopolamine-induced memory impairment in humans, *Psychopharmacology*, 122(2), 1995.

Chapter 28
1. Nguyen-Van-Tam, D.P. and Smith, A.P., Caffeine and human memory: a literature review and some data, *Proceedings of the 19th ASIC Colloquium*, Trieste, 2001.
2. Di Chiara G. et al., Effects of caffeine on dopamine and acetylcholine release on short term memory function, *Proceedings of the 19th ASIC Colloquium*, Trieste, 2001, CD-Rom.
3. Van Boxtel, M. P. J. and Jolles, J., Habitual coffee consumption and information processing efficiency, *Proceedings of the 18th ASIC Colloquium*, Helsinki, 1999.

Chapter 30
1. Paluska AS, Caffeine and exercise, *Curr Sports Med Rep*, 2003.
2. Graham TE, Caffeine and exercise: metabolism, endurance and performance, *Sports Med*, 2001.
3. Rodrigues LO et al., Effects of caffeine on the rate of perceived exertion, *Braz J Med Biol Res*, 1990.

351

Chapter 33   1. Santos, RM & Lima, DR, *Coffee, the Revolutionary Drink for Pleasure and Health*, 2007.

                   2. Lindskog M., et al., Involvement of DARPP-32 phosphorylation in the stimulant action of caffeine, *Nature*, 2002 Aug.

                   3. Fisone G, Borgkvist A, Usiello A., Caffeine as a psychomotor stimulant: mechanism of action, *Cell Mol Life Sci*, 2004 Apr.

Chapter 35   1. Santos, RM & Lima, DR, *Coffee, the Revolutionary Drink for Pleasure and Health*, 2007.

                   2. Gerard, D., *Coffee and Health*, Paris: John Libbey, 1994.

                   3. http://en.wikipedia.org/wiki/Main_Page

Chapter 37, 38, 39, 41, 42, 43, 44, 45, 46, 47, 48
                   1. Santos, RM & Lima, DR, *Coffee, the Revolutionary Drink for Pleasure and Health*, 2007.

                   2. Lima, DR, *History of Medicine*, Rio: Koogan, 2004.

                   3. Standage, T., *A History of World in 6 Glasses*, New York: Walker & Company, 2005.

Chapter 49   1. Clifford M.N. and Willson K.C.(Editors), *Coffee; botany, biochemistry and production of beans and beverage*, London: Croom Helm, 1985.

                   2. Clarke R.J. and Macrae R.(Editors), *Coffee*, London: Elsevier Applied Science Publishers, 1987.

                   3. Santos, RM & Lima, DR, *Coffee, the Revolutionary Drink for Pleasure and Health*, 2007.

Chapter 50   1. http://www.ota.com/index.html

                   2. Santos, RM & Lima, DR, *Coffee, the Revolutionary Drink for Pleasure and Health*, 2007.

                   3. http://www.coffeescience.org

Chapter 51   1. http://members.scaa.org/default.aspx

                   2. http://www.coffeeresearch.org

                   3. http://www.coffeescience.org

Chapter 52   1. Davis. K: Coffee, *A Guide to Buying, Brewing, and Enjoying*, Fifth Edition, NY: St. Martin's Griffin, 2001.

                   2. Santos, RM & Lima, DR, *Coffee, the Revolutionary Drink for Pleasure and Health*, 2007.

                   3. Illy, A & Viani, R., *Espresso Coffee, Second Edition: The Science of Quality*, Elsevier, 2005.

Chapter 53   1. Lingle, T., *The Coffee Brewing Handbook*, 1996

                   2. Hukers, W., *All about Coffee*, Martino Publishing, 2007.

                   3. Coffee Basics—*A Complete Guide to Brewing to Perfect Cup*, Bunn Corporation, 2003.

Chapter 54   1. http://www.coffeeresearch.org

                   2. http://www.coffeescience.org

                   3. http://www.positivelycoffee.org

Chapter 55, 79 1. http://www.coffeeresearch.org

                   2. http://www.coffeescience.org

3. Santos, RM & Lima, DR, *Coffee, the Revolutionary Drink for Pleasure and Health*, 2007.

Chapter 56   1. http://www.coffeeresearch.org
2. http://www.coffeescience.org
3. http://www.ineedcoffee.com/02/drinks

Chapter 57   1. Santos, RM & Lima, DR, *Coffee, the Revolutionary Drink for Pleasure and Health*, 2007.
2. Hoffman JR et al., Faigenbaum AD., Effect of nutrionally enriched coffee consumption on aerobic and anaerobic exercise performance, *J Strength Cond Res*, 2007 May.
3. McCarty MF, Nutraceutical resources for diabetes prevention- an update, *Med Hypotheses*, 2005.

Chapter 58   1. Santos, RM & Lima, DR, *Coffee, the Revolutionary Drink for Pleasure and Health*, 2007.
2. Lima, DR, *History of Medicine*, Rio: Koogan, 2004.
3. http://biden.senate.gov/committee_work/drug_caucus

Chapter 59   1. Santos, RM & Lima, DR, *Coffee, the Revolutionary Drink for Pleasure and Health*, 2007.
2. Pendergrast, M: Uncommon Grounds, *The History of Coffee and How it Transformed our World*, Basic Books, 1999.
3. *Holy Bible*, King James Version, Kindle Edition, 2008.

Chapter 60   1. Santos, RM & Lima, DR, *Coffee, the Revolutionary Drink for Pleasure and Health*, 2007.
2. Lima, DR, *History of Medicine*, Rio: Koogan, 2004.
3. Washburn, S.L., The evolution of man, *Scientific American*, 1978 Sep.

Chapter 61   1. Murphy, J.M. et al., The relationship of school breakfast to psychosocial and academic functioning, *ARCH PEDIATR ADOLESC MED*, 1998.
2. Flores, G., Andrade, F. & Lima D.R., Can coffee help fighting the drug problem, *ACTA PHARMACOLOGICA SINICA*, 2000.
3. Santos, RM & Lima, DR, *Coffee, the Revolutionary Drink for Pleasure and Health*, 2007.

Chapter 62   1. Anderson C, Horne JA., Placebo response to caffeine improves reaction time performance in sleepy people, *Hum Psychopharmacol*, 2008 Jun.
2. Lohi JJ et al., Effect of caffeine on simulator flight performance in sleep-deprived military pilot students, *Mil Med*, 2007 Sep.
3. Sparaco P., Combating fatigue to enhance safety, *Aviat Week Space Technol*, 1996 Nov.

Chapter 64   1. http://www.cafesdobrasil.com.br/idiomas/en
2. http://www.sweetmarias.com/coffee.southamr.brasil.html
3. www.abic.com.br

Chapter 65   1. http://www.cafedecolombia.com
2. http://juanvaldez.com
3. http://www.askjuan.com/html/map_mm.htm

Chapter 66 1. http://www.guatemalancoffees.com
2. http://www.sweetmarias.com/coffee.central.guatemala.html
3. http://www.equalexchange.coop/guatemala

Chapter 67 1. http://www.visitcostarica.com
2. http://www.icafe.go.cr/homepage.nsf
3. http://www.sweetmarias.com/coffee.central.costarica.html

Chapter 68 1. http://www.sweetmarias.com/coffee.southamr.peru.php
2. http://www.new-ag.info/07/03/focuson/focuson6.php
3. http://www.equalexchange.coop/history-of-coffee-in-peru

Chapter 69 1. http://www.sweetmarias.com/coffee.africa.ethiopia.php
2. http://www.coffeeresearch.org/coffee/ethiopia.htm
3. http://www.africanmarket.com

Chapter 70 1. http://www.tanzania.go.tz
2. http://www.tanzania-web.com
3. http://www.sweetmarias.com/coffee.africa.tanzania.html

Chapter 71 1. http://www.tourismindonesia.com
2. http://www.indonesia-tourism.com
3. http://www.sweetmarias.com/coffee.indonesia.java.html

Chapter 72 1. http://www.gohawaii.com
2. http://www.sweetmarias.com/coffee.islands.hawaii.html
3. http://www.konajoe.com

Chapter 73 1. http://www.yementourism.com
2. http://yementimes.com
3. http://www.sweetmarias.com/coffee.arabia.yemen.html

Chapter 74 1. http://www.visitkenya.com/guide
2. http://www.sweetmarias.com/coffee.africa.kenya.html
3. http://www.ico.org

Chapter 75 1. http://www.procafe.com.sv/menu
2. http://www.salvadorancoffees.com
3. http://www.sweetmarias.com/coffee.central.costarica.html

Chapter 76 1. http://www.cafehonduras.com
2. http://www.sweetmarias.com/coffee.central.honduras.html
3. http://www.ico.org

Chapter 77   1. http://www.visitmexico.com/wb2/Visitmexico/Visi_Home

2. http://www.cafesdemexico.com

3. http://www.sweetmarias.com/coffee.central.mexico.html

Chapter 78   1. http://www.vietnamtourism.com

2. http://www.dakmancoffee.com

3. http://www.sweetmarias.com/coffee.central.mexico.html

Chapter 80   1. Daglia M. et al., Isolation of higher molecular weight components and contribution to the protective activity of coffee against lipid peroxidation in a rat liver microsome system, *J Agric Food Chem*, 2008 Dec.

2. Poyrazoglu OK et al., Effect of unfiltered coffee on carbon tetrachloride-induced injury, *Inflammation*, 2008 Dec.

3. La Vecchia C., Cancer and liver prevention, *Hepatology*, 2008 Jul.

Chapter 81   1. James A. Greenberg, PhD, Grant Chow, MDb, and Roy C. Ziegelstein, Caffeinated Coffee Consumption, Cardiovascular Disease, and Heart Valve Disease in the Elderly, *Am J Cardiol*, 2008.

2. Woodward, M.; Tunstall-Pedoe, H., Coffee and tea consumption in the Scotish Heart health Study follow-up, *J. EPIDEMIOL COMMUNITY HEALTH*, 1999.

3. Santos, RM & Lima, DR, *Coffee, the Revolutionary Drink for Pleasure and Health*, 2007.

Chapter 82   1. Rosengren, A. et al., Coffee and incidence of diabetes in Swedish women, *J. Intern. Med.*, 2004.

2. Salazar-Martinez, E. et al., Coffee Consumption and Risk for Type 2 Diabetes Mellitus, *Ann. Intern. Med.*, 2004.

3. van Dam, R.M. and Feskens, E.J.M., Coffee consumption and risk of type 2 diabetes mellitus, *Lancet*, 2002.

Chapter 83   1. Gniechwitz D. et al., Coffee dietary fiber contents and structural characteristics as influenced by coffee type and technical and brewing procedures, *J Agric Food Chem*, 2007 Dec.

3. Díaz-Rubio ME, Saura-Calixto F., Dietary fibre in brewed coffee, *J Agric Food Chem*, 2007 Mar.

3. Hughes LA et al., Higher dietary fiber, flavones, flavonol and catechin intakes are associated with less of an increase in BMI over time in women, *Am J Clin Nutr*, 2008 Nov.

Chapter 84   1. Henderson, J.C. et al., Decrease of histamine induced bronchoconstriction by caffeine in mild asthma, *Thorax*, 48, 1993.

2. Schwartz, J. and Weiss S.T., Caffeine intake and asthma symptoms, *Annals of Epidemiology*, 2(5), 1992.

3. Kivity, S. et al., The effect of caffeine on exercise induced bronchoconstriction, *Chest*, 97, 1992.

Chapter 85   1. Lima, D.R. et al., Cigarettes & Caffeine, *CHEST*, 95(1), 1989.

2. Lima, D.R. et al., How to Give up Smoking by Drinking Coffee, *CHEST*, 97(1), 1990.

3. Santos, R.M. & Lima, D.R., Coffee as a Medicinal Plant and Vitamin Source for Smokers, *ITALIAN JOURNAL OF CHEST DISEASES*, 1989, 43(1).

Chapter 86
1. Maia, L. and de Mendonça, A., Does caffeine intake protect from Alzheimer's disease?, *European Journal of Neurology*, 9(4), 2002.

2. Barranco Quintana JL et al., Alzheimer's disease and coffee, *Neurol Resw*, 2007 Jan.

3. Arendash GW et al., Caffeine protects Alzheimer's mice against cognitive impairment and reduces brain beta-amyloid production, *Neuroscience*, 2006 Nov.

Chapter 87
1. Santos, R.M, Vieira, S., Lima, D.R., Effects of Coffee In Alcoholics, *Ann Int Med*, 115(6), 1991.

2. Cadden IS, Partovi N, Yoshida EM, Review article: possible beneficial effects of coffee on liver disease and function, *Aliment Pharmacol Ther*, 2007 Jul.

3. Klatsky AL et al., Coffee, cirrhosis, and liver transaminases, *Arch Intern Med*, 2006 Jun.

Chapter 88
1. Takeda H. et al., Rosmarinic acid and caffeic acid produce antidepressive-like effect in the forced swimming test in mice, *Eur J Pharmacol*, 2002 Aug.

2. Kawachi, I. et al., A prospective study of coffee drinking and suicide in women, *Archive Internal Medicine*, 156(5), 1996.

3. Klatsky, A.L. et al., Coffee, Tea and Mortality, *Annals of Epidemiology*, 3, 1993.

Chapter 89
1. Tan, E.K. et al., Dose-dependent protective effect of coffee, tea and smoking in Parkinson's disease, *J Neurol. Sci.*, 216(1), 2003.

2. Hernán, M.A. et al., A Meta-analysis of Coffee Drinking, Cigarette Smoking, and the Risk of Parkinson's Disease, *Ann Neurol*, 52, 2002.

3. Ascherio, A. et al., Prospective study of caffeine consumption and risk of Parkinson's disease in men and women, *Annals of Neurology*, 50(1), 2001.

Chapter 90
1. Huang Z, Chang C., Advances of study on glucose and lipids metabolism of chlorogenic acid regulating, *Wei Sheng Yan Jiu*, 2008 Sep.

2. Caraco, Y., Caffeine pharmacokinetics in obesity and following significant weight reduction, *International Journal of Obesity and Related Metabolic Disorders*, 19(4), 1995.

3. Yoshida,T. et al., Relationship between basal metabolic rate, thermogenic response to caffeine, and body weight loss following combined low calorie and exercise treatment in obese women, *International Journal of Obesity and Related Metabolic Disorders*, 18(5), 1994.

Chapter 91
1. Ganmaa D. et al., Coffee, tea, caffeine and risk of breast cancer, *Int J Cancer*, 2008 May.

2. Michels, KB et al., Coffee, tea, and caffeine consumption and incidence of colon and rectal cancer, *J Natl Cancer Inst*, 2005 Feb.

3. Yagasaki, K. et al., Bioavailabilities and inhibitory actions of trigonelline, chlorogenic acid and related compounds against hepatoma cell invasion in culture and their modes of actions, *Animal Cell Technology*, 12, 2002.

Chapter 92
1. Ishizuk H. et al., Relation of coffee, Green tea and caffeine intake to gallstone disease in middle-aged Japanese women, *Eur J Epidemiol*, 18(5), 2003.

2. Leitzmann MF et al., Coffee intake is associated with lower risk of symptomatic gallstone disease in women, *Gastroenterology*, 2002 Dec.

3. Leitzmann MF et al., A prospective study of coffee consumption and the risk of symptomatic gallstone disease in men, *JAMA*, 1999 Jun.

Chapter 93
1. Choi HK, Curhan G., Coffee, tea and caffeine consumption and serum uric acid level, *Arthritis Rheum*, 2007 Jun.

2. Choi HK, Willett W, Curhan G., Coffee consumption and risk of incident gout in men, *Arthritis Rheum*, 2007 Jun.

3. Yuan SC et al., Effect of tea and coffee consumption on serum acid levels by liquid-chromatographic and uricase methods, *Bull Environ Contam Toxicol*, 2000 Sep.

Chapter 94
1. J. Duke and R. Vasquez, *Amazonian Ethnobotanical Dictionary*, CRC Press, 1994.

2. Haapoja, M., *Tropical Medicine: An Interview with Sadie Brorson*, Hemispheres March, 1997.

3. Joyce, C., *Earthly Goods Medicine Hunting in the Rainforest*, New York: Little Brown & Company, 1994.

Chapter 95
1. Heaney RP, Effects of caffeine on bone and the calcium economy, *Food and Chemical Toxicology*, 40, 2002.

2. Santos, RM & Lima, DR, *Coffee, the Revolutionary Drink for Pleasure and Health*, 2007.

3. Gerard, D., *Coffee and Health*, John Libbey, 1994.

Chapter 96
1. Greenberg JA et al., Caffeinated coffee consumption, cardiovascular disease, and heart valve disease in the elderly, *Am J Cardiol*, 2008 Dec.

2. Cornelis MC, El-Sohemy A., Coffee, caffeine, and coronary heart disease, *Curr Opin Clin Nutr Metab Care*, 2007.

3. Sofi F. et al., Coffee consumption and risk of coronary heart disease: a meta-analysis, *Nutr Metab Cardiovasc Dis*, 2007 Mar.

Chapter 97
1. Palatini P. et al., Association between coffee consumption and risk of hypertension, *Ann Med*, 39(7), 2007.

2. Voutilainen S. et al., Coffee intake and the incidence of hypertension, *Am J Clin Nutr*, 2007 Oct.

3. Klag MJ ,et al., Coffee intake and risk of hypertension: the Johns Hopkins precursors study, *Arch Intern Med*, 2002 Mar.

Chapter 98
1. Koksal T, Dikbas I., Color stability of different denture teeth materials against various staining agents, *Dent Mater J.*, 2008 Jan.

2. Daglia M. et al., Antiadhesive effect of green and roasted coffee on Streptococcus mutans' adhesive properties on saliva-coated hydroxyapatite beads, *J Agric Food Chem*, 2002 Feb.

3. Kitchens M, Owens BM., Effect of carbonated beverages, coffee, sports and high energy drinks, and bottled water on the in vitro erosion characteristics of dental enamel, *J Clin Pediatr Dent*, 2007 Spring.

Chapter 99   1. Gerard, D., *Coffee and Health*, John Libbey, 1994.

2. Fiebich BL et al., Effects of coffee before and after special treatment procedure on cell membrane potentials in stomach cells, *Methods Find Exp Clin Pharmacol*, 2006 Jul-Aug.

3. Martin, A., Decaf Being Joined by De-Heartburn, *The New York Times*, March 14, 2007.

Chapter 100   1. Nkondjock A., Coffee consumption and the risk of cancer: an overview, *Cancer Lett*, 2008 Sep.

2. Villanueva CM et al., Coffee consumption, genetic susceptibility and bladder cancer risk, *Cancer Causes Control*, 2008 Sep.

3. Michels, KB et al., Coffee, tea, and caffeine consumption and incidence of colon and rectal cancer, *J. Natl. Cancer Inst.*, 2005 Feb.

4. Lee, KJ et al., Coffee consumption and risk of colorectal cancer in a population-based prospective cohort of Japanese men and women, *Int J Cancer*, 2007 Sep.

5. Santos, RM & Lima, DR, *Coffee, the Revolutionary Drink for Pleasure and Health*, 2007.

Chapter 101   1. F.X. Castellanos, J.L. Rapoport, Effects of caffeine on development and behavior in infancy and childhood, *Food and Chemical Toxicology*, 40, 2002.

2. Stein, Mark A. et al., Behavioral and Cognitive Effects of Methylxanthines, *Arch Pediatr Adolesc Med*, 150, 1996.

3. Molenaar EA et al., Association of lifestyle factors with abdominal subcutaneous and visceral adiposity, *Diabetes Care*, 2008 Dec.

4. Whalen DJ et al., Caffeine consumption, sleep, and effect in the natural environments of depressed youth and healthy controls, *J Pediatr Psychol*, 2008 May.

5. Bramstedt KA, Caffeine use by children: the quest for enhancement, *Subst Use Misuse*, 42(8), 2007.

6. Knight CA, Knight I, Mitchell DC., Beverage caffeine intakes in young children in Canada and US, *Can J Diet Pract Res*, 2006 Summer.

7. Santos, RM & Lima, DR, *Coffee, the Revolutionary Drink for Pleasure and Health*, 2007.

한국어판 출간 후기

《咖啡无罪的101个理由》. 이 책의 중국어판 제목이다. 중국 칭다오의 작은 북카페에서 우연히 발견하였다. 제목이 눈길을 끈데다, 디자인 또한 깔끔하였다. 카페의 품격을 일러주는 책으로 안성맞춤이다 싶었다. 알고 보니 미국, 브라질, 중국에서 동시 출판한 책이었다.

중국어판 표지에는 "커피 한 잔은 건강 한 잔"(一杯咖啡 一杯健康)이라는 문구가 들어 있다. 저자들의 주장을 함축적으로 표현한 멋진 표현 아닌가 싶다. 커피는 인류가 가장 사랑하는 음료다. 그런데도 사람들의 마음 한구석에 불편함이 없지 않다. 카페인이 몸에 나쁘다는 인식 때문이다. 저자들은 이 책을 "자신 있게 커피를 변호하는 사상 최초의 책"이라고 일컫고 있다. 커피 주위를 배회하던 낡은 유령을 걷어내고, 커피가 건강에 유익하다는 사실을 학계의 최신 연구성과를 집약해 보여주고 있다.

저자들은 사람의 건강에 혜택을 가져다주는 커피의 효능을 연구해온 개척자들이다. 이제 그들은 외롭지 않다. WHO는 올 6월 커피를 '인체 암 유발 가능 물질'에서 제외하였다. 오히려 커피 섭취가 암에 걸릴 위험을 줄여준다고 평가하였다. 하버드 대학교 공중보건대학원은 커피가 심장질환, 파킨슨병, 당뇨 같은 질병으로 고통을 겪는 사람의 생명을 연장해준다는 연구 결과를 발표하였다. 올 11월 중국 쿤밍에서는 국제 커피 과학자대회가 열린다. 학술회의 일정의 절반이 커피의 생리적 효과 및 그 원천인 화학 성분을 분석하는 세션으로 채워져 있다. 이 책의 저자인 산토스 박사도 발표자로 참석한다.

커피 애호가들이여, 마음껏 커피를 즐기자. 커피의 맛과 향에 취하고, 분위기에 취하고, 더불어 건강에도 취해 보자. 커피의 오묘한 세계, 그 끝은 어디인가.

2016년 11월 1일 초판 1쇄 찍음
2016년 11월 10일 초판 1쇄 펴냄

지은이   로잔느 산토스, 다르시 리마
옮긴이   김정윤
디자인   노성일 designer.noh@gmail.com

펴낸이   이상
펴낸곳   가갸날
주 소   10386 경기도 고양시 일산서구 강선로 49 BYC 402호
전 화   070-8806-4062
팩 스   0303-3443-4062
이메일   gagyapub@naver.com
블로그   blog.naver.com/gagyapub

사진 저작권 ⓒShaun McRae(39p), ⓒGiustino(208p)

ISBN   979-11-956350-8-5 (03570)

이 도서의 국립중앙도서관 출판예정도서목록(CIP)은 서지정보유통
지원시스템 홈페이지(http://seoji.nl.go.kr)와 국가자료공동목록시스템
(http://www.nl.go.kr/kolisnet)에서 이용하실 수 있습니다.
(CIP제어번호: CIP2016024191)